植物与生命

主　编　秦路平　张德顺　周秀佳

副主编　卢宝荣　曹晓清　辛海量　黄宝康
　　　　刘国璋

编　委（按姓氏笔画为序）

王　振　孙　慧　卢宝荣　李秀芳

李宏庆　乔勇进　刘国璋　有祥亮

张文驹　张俊芳　张建锋　张德顺

宋志平　辛海量　周秀佳　郗金标

曹　同　曹晓清　黄宝康　秦路平

蒋益萍　韩　婷

世界图书出版公司

上海・西安・北京・广州

图书在版编目（CIP）数据

植物与生命 / 秦路平,张德顺,周秀佳主编. —上海：
上海世界图书出版公司，2017.1
ISBN 978-7-5192-2158-4

I.①植… Ⅱ.①秦… ②张… ③周… Ⅲ.①植物—普
及读物 Ⅳ.①Q94-49

中国版本图书馆CIP数据核字（2016）第295837号

责任编辑：李　晶
责任校对：石佳达

植物与生命

秦路平　张德顺　周秀佳　主编

上海世界图书出版公司出版发行

上海市广中路88号9—10楼

邮政编码　200083

上海锦佳印刷有限公司印刷

如发现印刷质量问题,请与印刷厂联系

（质检科电话：021-56401314）

各地新华书店经销

开本：787×1092　1/16　印张：14　字数：300 000
2017年1月第1版　2017年1月第1次印刷
ISBN 978-7-5192-2158-4 / Q·9

定价：58.00元

http://www.wpcsh.com

序 言

植物是地球上最常见的生物，这些形态各异、数量巨大的植物分布非常广泛。它们的重要作用是固碳放氧，为一切生物提供了生存所需要的有机物和氧气。我们在日常生活、普通教材和一般读物中了解了植物、生态、环境之类的知识，知道了生态系统的能量流动和物质循环。本书将从植物的系统与进化、丰富多彩的植物多样性、植物的栽培驯化、引种和入侵、植物与医药健康、植物与能源、转基因植物及其生物安全和植物资源利用与保护等等方面，极大地丰富了我们对植物的认识。

为了使该书编辑具有新颖性、趣味性、科学性和乡土特点，上海市植物学会组织了该学科的专家、学者、教授多次研讨，在此基础上，撰写《植物与生命》专著。该部书将努力成为系统内最优秀的读物。

参加本书编写的人员分工如下：第一章绪论由周秀佳、曹晓清编写；第二章植物的系统与进化由李秀芳、有祥亮、刘鸣、商侃侃、李科科编写；第三章丰富多彩的植物多样性由曹同、李宏庆、王幼芳、于晶编写；第四章园林植物由张德顺、王振、王维霞、段培奎、苏宪春、章丽耀、田旗编写；第五章园艺植物由郗金标、李秀芳、张建锋、李维娜、刘红权编写；第六章植物与医药健康由辛海量、黄宝康、秦路平、孙慧编写；第七章植物与能源由辛海量、韩婷、蒋益萍、秦路平编写；第八章农作物的生物多样性由乔勇进、张俊芳、王梦晗、李东明、王铖、王吉栋编写；第九章植物的栽培驯化、引种和入侵由卢宝荣、宋志平、张文驹、张德顺编写；第十章转基因植物及其生物安全由卢宝荣、宋志平、张文驹编写；第十一章珍稀濒危植物及其保护由黄宝康、秦路平、孙慧、贾敏编写；第十二章《植物与生命》课题实践活动拓展及探索由刘国璋、曹晓清编写。

该书图文并茂，深入浅出，既涵盖了植物学的普通知识，又展示了植物学最新研究的成果动态和发展趋势，启发读者热爱自然，保护环境和珍惜资源，使地球家园更加美好，人与自然更加和谐。全书由周秀佳、秦路平统稿、审定。

周秀佳、秦路平、张德顺

目 录

Plants with Life

第一章 绪 论

1

植物与生命，说的是植物是最重要的生物，正是植物的出现，整个地球才变成丰富多彩、生机盎然、生气勃勃的世界。

1972 年，联合国在瑞典首都斯德哥尔摩召开的人类环境会议上第一次通过了人类环境会议决议，提出了"只有一个地球"（Only One Earth）的口号。它提醒人们：生命，包括人类生命在内，它的存在是有条件的，只有地球才具备着生命存在与发展的条件，归根到底不外乎能量和物质两个条件。在此，人们要问什么是生命？生命是活的东西，就是指生命可以不断地与周围环境进行物质和能量的交换，即新陈代谢，一旦新陈代谢停止，生命也就不复存在了。

植物是地球生物圈的重要组成部分，它们形态各异、数量巨大，分布广泛。植物可以固碳放氧，对于维持地球生态系统至关重要。植物还为人类提供了所需要的氧气、食物、工业原料，可以说它们是我们真正的"衣食之源"。我们设定"植物与生命"这样一个命题，是想说明植物本身作为生命存在形式，其本身即充满许多已经弄清和有待弄清的奥秘。且植物对于包括人类在内的其他生物生命存在，亦扮演着重要的角色。

目前，已经知道的植物种类多至 30 余万种，包括藻类、菌类、地衣、苔藓、蕨类和种子植物等，它们的大小、形态结构和成长方式各不相同，共同组成了复杂的植物界。其实，现存的如此复杂的植物界的形成，经历了与地球演化相伴而生、相互作用的漫长历程，可以说是植物装点着地球、地球承载着植物。尤其是在 35 亿年前，陆生植物的出现。绿色植物首先出现在水中（包括海水、淡水），再到水边湿地，随即第一批陆生植物开始活跃其间，以后它们相互依赖、相互促进，慢慢向内陆、高山扩展，最终占据了整个陆地，形成地球上广袤的植被。生物的大量出现，使地球上的物质和能量变化、演进，进而逐渐形成稳定的地球大环境，植物在其中功不可没。

一、植物是物质和能量来源的基础

南非科学家斯瓦茨兰在前寒武纪中期岩石中得到最早的光合细菌和蓝绿藻的化石,证明了约35亿年前已形成了能进行光合作用的生物。当含有叶绿体的生物在海洋中繁殖、蔓延,消耗CO_2,产生了分子氧,又经过20亿年的漫长过程,出现了氧化性的大气,再经物理、化学作用产生了臭氧层,得以可抵挡强大的紫外线辐射,因此,水生的原始植物就有条件着陆并发展成为陆生植物和陆生生物。

人类及其他生物赖以生存的地球是由一系列圈层结构组成。地球的圈层结构分为地球外部圈层和地球内部圈层两大部分。地球外部圈层可进一步划分为三个基本圈层,即水圈、生物圈和大气圈;地球内圈可进一步划分为三个基本圈层,即地壳、地幔和地核。地壳和上地幔顶部(软流层以上)由坚硬的岩石组成,合称岩石圈。生物圈与地壳、大气圈、水圈交叉分布且相互渗透,是包括人类在内的生命最活跃的圈层。

1. 岩石圈

地壳由各种岩石组成称岩石圈。它是水圈的牢固基础,陆生生物的栖息地。其物质基础是化学元素,天然的有92种,分布不均,其中氧、硅、铝、铁、钙、钠、钾、磷8种占化学元素总量的97.13%。这些化学元素不仅是成土母质、海洋盐质的最初来源,也是组成生命的基本元素。

2. 水圈

大约38亿年前才出现水圈,地球形成早期不存在水圈,水圈是次生的,主要来源于岩浆内部的结晶水。水和生命关系密切,具有不可替代的作用,它是溶剂,新陈代谢主要介质,平衡热量,保持体温恒定。生命在水中诞生,生物进化从水生到陆生,水堪称生命的摇篮。但水资源分布极不均衡,海水储水量占总水量的96.5%,而淡水量还不到全球水量的1%,可见淡水资源之宝贵。联合国1993年1月18日通过了《21世纪行动议程》,并将每年3月22日定为世界水日。

3. 大气圈

大气圈由围绕地球的多种气体混合物组成,主要成分有:H、H_2、H_2O、H_2S为主,还有N_2、H_2、CO、HCl、Ar、HF、NH_3、CH_4等。它是生命存在的必不可少的条件,它的变化直接或间接地影响着生命活动和发展。地球大气圈不同于土星、木星、火星、金星气圈,地球大气圈更为特殊,是富氧型大气,这是迄今为止，自发现地球拥有生命，特别是能进行光合作用的绿色植物，光合作用导致大气本质的改变，氧气增加，氧化作用空前活跃。这种 H、H_2O、CO_2 的存在，并维持相对的平衡，是绿色植物作用的结果，是生命的源泉。

4. 生物圈

生物圈于 1875 年由奥地利地质学家苏伊斯（E.Suess）首先提出，1926 年，苏联地质学家韦尔兹基（V.I.Vernadsky）正式发表。岩石圈、水圈和大气圈交界面的空间里有生命在其中积极活动称之为生物圈。生物圈主要分布在大气层下部，即对流层，约 23 公里的高度。生物圈经历了漫长的演化和发展过程，大约可分为三个阶段：单极生态系统，这时生命刚诞生，异养生物；两级生态系统，以第一批光合作用生物的出现为标志，另一极是单极生态系统留下来的异养细菌类，它们是分解者；三极生态系统，出现生产极（光合生物），消费极（动物界），分解极（细菌）。在生物圈里，特别是在对流层，生物是最活跃的。

二、植物是生命活动的基本成分

在自然界，任何生物群落都不是孤立存在的，它们总是通过能量和物质的交换与其生存的环境不可分割地相互联系相互作用着，共同形成一种统一的整体，这样的整体就是生态系统。生态系统是一个多成分的极其复杂的大系统。一个完全的生态系统由四类成分构成，即非生物成分，以及因生物有机体获取能量的方式与所起作用不同而划分的生产者、消费者和分解者三个类群。生产者、消费者和分解者构成了生态系统的生物部分，生物部分与非生物部分共同构成一个完整的生态系统。

非生物成分：包括太阳辐射能、H_2O、CO_2、O_2、N_2、矿物盐类以及其他元素和化合物。它们是生物赖以生存的物质和能量的源泉，并共同组成大气、水和土壤环境，成为生物活动的场所。

生产者：指能利用简单的无机物质制造食物的自养生物（autotroph），主要包括所有绿色植物、蓝绿藻和少数化能合成细菌等自养生物。这些生物可以通过光合作用把水和二氧化碳等无机物合成为碳水化合物、蛋白质和脂肪等有机化合物，并把太阳辐射能转化为化学能，贮存在合成有机物的分子键中。植物的光合作用只有在叶绿体内才能进行，而且必须是在阳光的照射下。但是当绿色植物进一步合成蛋白质和脂肪的时候，还需要有氮、磷、硫、镁等 15 种或更多种元素和无机物参与。生产者通过光合作用不仅为本身的生存、生长和繁殖提供营养物质和能量，而且它所制造的有机物质也是消费者和分解者唯一的能量来源。

消费者：指以动植物为食的异养生物，消费者的范围非常广，包括了几乎所有动物和部分微生物（主要有真菌），它们通过捕食和寄生关系在生态系统中传递能量，其中，以生产者为食的消费者被称为初级消费者，以初级消费者为食的被称为次级消费者，其后还有三级消费者与四级消费者，同一种消费者在一个复杂的生态系统中可能充当多个级别，杂食性动物尤为如此，它们可能既吃植物（充当初级消费者）又吃各种食草动物（充当次级消费者），有的生物所充当的消费者级别还会随季节而变化。一个生态系统只需生产者和分解者就可以维持运作，数量众多的消费者在生态系统中起加快能量流动和物质循环的作用，可以看成是一种"催化剂"。

分解者：是异养生物，它们分解动植物的残体、粪便和各种复杂的有机化合物，吸收某些分解产物，最终能将有机物分解为简单的无机物，而这些无机物参与物质循环后可被自养生物重新利用，分解者主要是细菌和真菌，也包括某些原生动物和蚯蚓、白蚁、秃鹫等大型腐食性动物。

作为整体的生态系统的非生物成分与生产者、消费者、分解者之间相互依存、相互作用，形成了密切的关系：

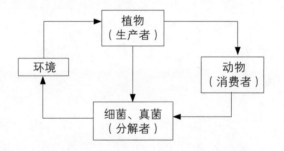

生产者、消费者、分解者，它们彼此间的食物关系，形成了不同类型的食物链，消费者只是利用现成的有机物，通过有机物的分解，进行再生产的过程，所以最基本的应该是生产、分解两个过程。而这两个过程都是植物承担。应该说没有这两个过程，就无法使生命存在。

1. 生产过程

各类群生物在生产过程中都包含有生物量的生产过程，这个过程主要有两个方面。

（1）绿色植物的光合作用。1903 年，苏联科学家季米里亚杰夫在《植物宇宙作用》论文中，阐述了光合作用的巨大意义。"植物是天空和土地的桥梁，它是真正的盗取天火（太阳光）的普罗米修斯"。高等绿色植物以及藻类，它们都具有叶绿素或其他光合色素，能吸收太阳的光能，把水和 CO_2 合成有机物并释放出氧气。

$$6CO_2+12H_2O \xrightarrow{\text{光能、光合色素}} C_6H_{12}O_6+6H_2O+6O_2$$

（2）光合细菌和化能自养微生物。自养生物除高等植物和藻类之外，还包括光合细菌和化能自养微生物，主要有三类。

① 光能自养型：这类微生物以 CO_2 为唯一碳源，利用光能进行生长，与高等植物光合作用不同的是，它的供氢体是还态的无机物、氢、水。

$$CO_2+2H_2S \xrightarrow{\text{光能、光合色素}} CH_2O + 2S+H_2O$$

② 化能自养型：它们在合成有机物过程中的能量不是来自光辐射，而是来自无机物氧化过程中能释放的化学能，例：硫化细菌，硝化细菌，以 CO_2 或碳酸盐为唯一的碳源，氢气、硫化氢、二价铁离子、亚硝酸盐作为电子供体，将 CO_2 还原为细胞物质，将氨氧化为亚硝酸，亚硝酸氧化为硝酸，会释放能量，以这些能量用于还原 CO_2 合成细胞物质。

$$2NH_3+3O_2 \xrightarrow{\text{亚硝酸细菌}} 2HNO_2+2H_2O+618.6KJ（能量）$$

$$2HNO_2+O_2 \xrightarrow{\text{亚硝酸细菌}} 2HNO_3+200.6KJ$$

③ 光能异养型：这类微生物，例如螺细菌，不能以 CO_2 作为唯一碳源，而是以有机物作为供氢体，但它能利用光能将 CO_2 还原成细胞物质，利用光合细菌处理高浓度的有机废水，正是利用以有机物为供氢体的原理。

$$2（CH_3）_2CHOH+CO_2 \xrightarrow{\text{光能、光合色素}} 2CH_3COCH_3+CH_2O+H_2O$$

2. 分解过程

分解过程实质上是把复杂的有机物分解成为简单的无机物（矿化）过程，在这个过程中释放能量；把生命的有机体的排泄物及其尸体分解为有机物，许多植物类群例如真菌、细菌都有这个功能。但这是一个非常复杂的过程，它们由物理或生物的作用，将尸体或残留物分解为碎屑；再通过腐生生物作用，形成腐殖酸和其他可溶化有机物；最后腐殖酸缓慢矿化，该物质供生产者利用等过程。

三、植物是地球最重要的生物类群

植物对我们生活环境的稳定、改善、生活质量的提高起着至关重要的作用，除了前面所说的植物是生命基本要素，是物质、能量来源的基础外，地球上生物的大量出现，它们的出生、生长、死亡，使地球上的物质和能量发生变化，但是总体来说，地球上总的环境并没有发生巨变，而是相对稳定的，这一切主要归功于植物。

目前，全世界以及我国植物的基本状况，详见如下表格。

表1.1　植物种类表

植物界种类	全世界种类	中国种类	中国占世界比例（%）
藻类	19 790	16 100	81.4
真菌	64 200	40 000	62.3
地衣	2 800	2 600	92.8
苔藓	23 000	2 800	12.2
蕨类	12 000	2 600	21.7
裸子植物	800	236	29.5
被子植物	约25万种	25 964	10.1

我国植物资源无论种类还是数量都在世界上占据重要地位，我国高等植物（苔藓、蕨类、种子植物）约有 30 000 种，仅次于马来西亚（约有 45 000 种）和巴西（约有 40 000 种），居世界第三位。植物的重要性还在于如下的作用。

1. 植物界的物种是天然的基因库。植物界，特别森林、草原、湿地是天然的基因库，是自然界留给人类最宝贵的财富，它在保护生物多样性（包括物种的多样性，遗传的多样性和生态系统的多样性）起着重大的贡献。这种多样性如果受到破坏，天然基因库将受到威胁，甚至消失，将会导致生存危机。所以，我们将致力于生物多样性的保护，保护人类赖以生存的生态环境。

2. 植物在生物、地球、化学循环中的重大作用。即所谓生物地球化学循环，它包括水循环、碳循环、氮循环、磷循环和硫循环，通常称为水、气（碳、氮）、沉积（磷、硫）三大循环。

水循环：包括截取、渗透、蒸发、蒸腾和地表径流，而这些特征表象，都必须通过植物，植物对水的截流、渗透、蒸发、蒸腾和地表径流起着关键性的作用，而森林在水循环中最为重要，作用最大。气循环：包括碳和氮循环，其中的碳循环最主要的是植物通过光合作用，将大气层中的 CO_2 固定在有机物中，含合成脂肪和蛋白质等，而存储于植物体内；氮循环，氮是蛋白质的基本成分，而植物通过固氮作用，把大气中游离的氮和氧结合形成硝酸盐和亚硝酸盐，与氢结合成为氨，被生物利用，参与蛋白质的合成。沉积循环：它包括磷和硫中磷循环，磷是生物不可缺少的重要元素，磷是核酸、细胞膜、骨骼的主要成分，参与生物的待续过程，高能磷酸链为细胞内所有生化作用提供能量，而含磷的有机物被细菌分解为磷酸盐才能被植物吸收，参与循环；而硫循环，硫是原生质体的重要组成成分，硫在植物体需要硫合成蛋白质和维生素，许多微生物需要硫的参与，而植物所需的硫大部分主要来自土壤的硫酸盐，也可从大气中 CO_2 与 H_2S 反应后获得。

四、植物在生物多样性中的重要作用

1992 年 6 月 5 日联合国在巴西的里约热内卢召开了由 150 多个国家元首或政府首脑参加的世界环境与发展会议，提出了由于地球上生物赖以生存栖息地的破坏，生物多样性正在丧失，是人类面临的共同问题。大会签署并通过了《生物多样性公约》(Convention on Biological Diversity, CBD)。我国政府签了字，并于同年 11 月由全国人大常委会审议并批准了该公约。按照《生物多样性公约》的定义，生物多样性就是地球上所有的生物体及其所构成的生态综合体，就是包括遗传多样性、物种多样性和生态系统多样性等三个不同层次水平。

遗传多样性也称基因多样性，是指种内基因的变化，即种内显著不同种群间和同一种群内的遗传变化这是微观的；物种多样性就是指地球上的形形色色的生物个体和群体，这个层次对人类来说是最直观的，例如这是什么植物、什么动物的物种；生态系统多样性，其大可以至整个生物圈，小可以到一个小池塘、一条小溪，这是宏观的，生态系统与生物圈的生境、物种、群落的生态过程紧密相关。植物在生物多样性的作用主要如下。

1. 植物是陆地生态系统的基础。陆地生态系统生物的生产过程，植物、植物种群、植物群落、植被碳的平衡，控制着生物圈的生产力。而陆地生产过程以总初级生产量形式在生态系内积累，约有一半的总初级生产量被植物用来生长和提供能量，而净初级生产量是植物碳的净获取。正因为植物也只有植物，它能提供获取营养、生产和维持生物量所需的能量。所以说没有植物就没有陆地生态系统，也就不可能有生命的延续。

植物也是水生生态系统、湿地生态系统的基础。

2. 植物是城市生态系统唯一的初级生产者。在城市中它们的生物量较之其他自然生态系统中所占的份额要少，但它们在维持城市生产活动方面仍然起着重要的作用。植物的种类、种群、群落、植被都将深刻影响着城市。在城市中植物是不可缺的，在城建中我们要选择该城市极适生、适生、中适生的植物为好，使它们充分发挥改善气候、净化空气、降低噪声、卫生保健和观赏休憩等城市植物的功能。

3. 植物是人类生活、生存的物质和能量来源基础。 人类的生活、生存与其环境密切相关。这种环境一是以人或人类为主体，其他生物体和非生命物质被认为是环境要素，二是以生物体为环境主体，非生命物质为环境要素，人类当然是属前一种，但不管是以什么为环境要素，植物在各种环境中都是起主导作用。我们可以想象，在有森林、草原的植物环境条件下和没有植物的沙漠、荒漠条件下，人类的生活质量是不一样。环境污染破坏人类生活，历史上的八大污染造成严重的伤亡：例如马斯河谷大气事件（比利时，1930），洛杉矶光烟雾（美国，1943），多诺拉大气事件（美国，1948），伦敦烟雾（英国，1952），四日哮喘事件（日本，1955），水俣事件（日本，1956），痛骨事件（日本，1955），米糠油事件（日本，1968）。环境治理，主要是从物理的、化学的和生物的因素入手，进行多方面、全方位的治理，但在治理过程中生物的因素，尤其是植物的因素最为引人关注。

第二章 植物的系统与进化

2

大约在35亿年以前，地球母亲孕育出了最古老的植物——蓝藻，它们既渺小，又伟大。蓝藻像真正的植物一样，有了蓝藻，能利用水、二氧化碳和阳光进行光合作用，制造养分，并排出"废气"——氧气。经过亿万年的努力，数不清的蓝藻使大气中的氧越来越多，在太阳的照射下，地球的上空形成了臭氧层，它像给地球打了一把保护伞，使地球变得更适于万物的生存。无怪乎人们说，蓝藻的出现是生命发展史上最伟大的事件之一。

蓝藻在大海的摇篮里生长，并由低级向高级演化。大约在4亿年前，植物登陆了，开始由水生向陆生过渡，这时的代表植物是苔藓，它们虽然没有正常的根叶，但与水生植物相比，它们有了直立的茎，继而蕨类植物出现了，裸蕨类植物也出现并已开始在陆地上立住了脚。以后便是蕨类植物兴起的时期，它们有了根、茎、叶的分化，能更好地适应陆地生活。

大约到了1.5亿多年前，全球气候由温暖湿润变得干燥起来，裸子植物成了陆地上最繁盛的植物，如我们现在能看到的苏铁、银杏、松柏类植物。裸子植物是最早的种子植物，它们开始离开水边向高山、陆地发展。那时另一大类群的种子植物——被子植物也出现了，它们的种子被包裹起来，受外界条件的影响小，在繁殖后代上占有了更大的优势。被子植物还有个显著特点，就是产生了特有的繁殖器官——花。现在，被子植物占据着植物王国的统治地位。

在植物漫长的进化过程中，新的物种不断产生，老的物种不断被淘汰。在进化过程中，植物逐渐地扩大着自己的生存空间，让绿色充满了地球，绿色是生命的象征。原始生命形成至今，生命体开始沿着植物和动物两个方向不断地演化发展，形成适应不断变化的气候条件和生境条件的生命体。如今地球生物圈各种生境中生活的30多万种植物、100多万种动物以及各种菌类、原核生物等。一切生物都遵循着低等到高等、水生到陆生、单细胞到多细胞的生物进化规律，植物界沿着藻类、菌类、地衣、苔藓、蕨类、裸子植物和被子植物的进化方向发展。

一、生物进化学说

对于生物进化机制的解释曾有多种学说，如拉马克的"用进废退"和"获得性遗传"学说，强调环境变化在生物变异方面所起的诱导，但却主张变异是以生物本性为主因，解释过于简单化，在很大程度上只是一些猜测，还不能对物种起源和生物的进化做出科学的论证。19 世纪达尔文提出了以自然选择学说为基础的"进化理论"影响最大，科学而完整地解释了生物进化的机制。20 世纪以来进化理论进一步得到发展，又提出"综合进化论""分子进化的中性学说"等，这些学说对达尔文的进化理论都做了进一步的修改、补充、丰富和发展。

生物进化可以分成：物种水平以下的进化，即小进化（Microevolution）；物种形成和产生物种以上的新类群的进化，即大进化（Macroevolution）。现代进化论将生物的进化定义为群体内基因频率的改变，这种改变不仅可以产生小进化，还可以导致新种的产生和大进化。达尔文进化论和现代进化论都认为生物进化是渐变的过程，新种产生和大进化都是小进化缓慢累积的结果。

1. 达尔文的自然选择学说

在赖尔的地质学和马尔萨斯人口论的启发下，达尔文从讨论动植物在家养下的变异出发，并分析他亲身考察获得的各种证据后，提出了在生物不断变化的事实下，自然选择是最主要的但不是独一无二的变异手段。他于 1859 年发表的《物种起源》一书中，明确地提出了以自然选择理论为基础的进化学说，从而建立了伟大的达尔文理论。其优点是以不可辩驳的证据证明了生物形态结构和生理功能的进化是自然历史的结果，具有强大的理论吸纳和扩展能力。其基本观点是：

（1）遗传是生物的普遍特征，生物的遗传性能使物种得以保持和稳定。

（2）变异可遗传，生物都存在变异，每一代都有变异，没有两个生物个体是完全一样的。引起变异的原因是生物的本性（遗传性）和生活条件的改变。

（3）家养品种来源于野生生物，人工选择的实质是利用生物的变异，把对人有利的变异保存和积累起来，连续选择成为显著变异，以培育出有益于人类需要的品种。

（4）生物是按几何级数增加个体数量的，但由于生活条件有限，就必然发生生存斗争，其结果是适者生存，不适者淘汰。

（5）自然选择是生物进化的主要动力。自然选择作用于微小的能遗传的不定变异，在长期内朝一定方向就可能创造出新的生物类型，甚至新种。

达尔文认为生物普遍存在着变异。一切生物都有变异特性，世界上没有两个完全相同的生物。变异可分为一定变异和不定变异两种。所谓一定变异是指同一祖先的后代，在相同的条件下可能产生相似的变异，如气候的寒暑与毛皮的厚薄，食物的丰匮与个体的大小。所谓不定变异是指来自相同或相似亲体的不同个体，在相同或相似条件下所产生的不同变异，如同一白色母羊所生羊羔中，可能有白、黑或其他颜色。同时，达尔文认为生物普遍具有高度的繁殖率与自下而上竞争能力。生物有着繁殖过剩的倾向，但由于食物与空间的限制及其他因素的影响，每种生物只有少数个体能够发育与繁殖。达尔文还认为，生物在生存竞争中，对生存有利的变异个体被保留下来，而对生存不利的变异个体则被淘汰，这就是自然选择或适者生存。适应是自然选择的结果。在自然选择过程中，只有适者才能生存，但适应对生存也只有相对的意义，一旦生活环境改变，原来的适应就可能变为不适应。最后，通过自然选择形成新物种。

2. 现代综合进化论

达尔文进化论问世 140 年以来，对其所谓的修正、置疑直至彻底否定从来都没有停息过。综合进化论，是以自然选择为基础，综合细胞遗传学、群体遗传学、古生物学等学科的成就阐释生物进化的理论，又称现代达尔文主义。通常以 1937 年 T. 杜布尚斯基的《遗传学与物种起源》一书的出版为其形成的标志。代表人物有英国生物学家 R.A. 费希尔、J.B.S. 霍尔丹、S. 赖特，美国生物学家 G.G. 辛普森、E. 迈尔、G.L. 斯特宾斯等。1942 年，英国生物学家 J. 赫胥黎（1887—1975）首次将这种理论称为"现代综合进化论"。现代综合进化论以大量的理论和实验证明，基因的突变是生物界普遍存在的现象，是生物遗传变异的主要来源，在生物的进化过程中，随机的基因突变一旦发生，就受到选择的作用；种群是生物进化的基本单位，其机制的研究属于群体遗传学范畴，即通过居群内部个体变异的积累和扩散，改变居群的成分，使种群发生变异，然后通过自然选择的作用使一个种逐步发展成为一个种的居群，进化是群体遗传成分上的变化；除了自然选择以外，基因突变、随机遗传漂变和隔离等也是影响生物进化的动力学因素。隔离的实质就是阻止基因的交流，新物种形成没有隔离才是可能的。

综合进化论的主要理论是：

（1）种群是生物进化的基本单位。种群是指在同一生态环境中生活，能自由交配繁殖的一群同种个体。由于绝大多数生物都生存于种群之中，所以杜布尚斯基提出，进化是群体在遗传成分上的变化，种群基因频率的变化是种群进化的关键。他把进化定义为"一个群体中基因型的变化"。

（2）生物进化有三个基本环节，即突变、选择和隔离。杜布尚斯基认为，广义的突变就是基因的突变和染色体的畸变；突变是生物遗传变异的主要来源，是生物进化的关键；在任何种群内都存在有足够的突变材料，对任何环境的变化进行反应，以满足物种进化的需要。

综合进化论认为，突变是进化的第一阶段，而选择则是进化的第二阶段。自然选择则是对有害基因突变的消除，对有利基因突变的保持，结果使基因频率发生定向进化。隔离是固定并保持新种群的一个重要机制。如果没有隔离，那么自然选择的作用则不能最终体现。

综合进化论综合了选择论和基因论的成就，提出了自然选择的多种模式，把种群遗传学原理引进了进化机制的研究之中，进一步丰富和发展了达尔文进化理论，为进化论的发展做出了贡献。

3. 中性学说

中性学说认为分子水平上的大多数突变是中性或近中性的。1968 年，日本遗传学家木村资生（1924—1995）根据分子生物学的研究资料，首先提出了"中性学说"或"中性突变的随机漂变理论"。分子进化的中性学说是以大量的分子生物学的资料，从分子水平上提出的进化理论。该理论认为多数或绝大多数突变都是中性的，中性突变对生物既没有好处，也没有害处，对生物的生殖力和生活力没有影响，也不引起生物的表型改变；生物的进化是中性突变在自然群体中随机的"遗传漂变"的结果，而与选择无关。该学说并不是否定自然选择学说，并肯定生物的形态、行为和生态性状等表现型就是在自然选择下进化的。因此，该学说也可以视为是在分子水平上对达尔文理论的补充和发展。

二、植物界起源与进化

1. 地质年代

地质年代是指地球上各种地质事件发生的时代，它包含两方面含义：其一是指各地质事件发生的先后顺序；其二是指各地质事件发生的距今年龄。地质学家根据化石的类别和沉积岩的程序，结合放射性同位素的蜕变规律测定了地球年龄及划分了地质年代。"宙""代""纪""世"分别指地质年代分期的第一级、第二级、第三级、第四级。据此将年龄约为 46 亿年的地球划分太古宙、元古宙和显生宙。其下有进一步划分为太古代、元古代、古生代、中生代和新生代 5 个代。前 2 个代的时期最长，达 40 亿年以上，其他三个代的时间仅约 6 亿年。每个代又分为若干纪，太古代和元古代合称前寒武纪，古生代分为寒武纪、奥陶纪、志留纪、泥盆纪、石炭纪、二叠纪。中生代分为三叠纪、侏罗纪、白垩纪。新生代分为第三纪、第四纪。生命起源于约 37 亿年 ~35 亿年前，距今约 35 亿年 ~32 亿年前出现了原核生命，并不断演化发展。

2. 植物界的进化简史

植物界的进化与地质年代的演化序列见表 2.1。

表2.1　植物演化地质年代表

地质年代	纪	世	距今年代/ 百万年前	优势植物
新生代	第四纪	现代	12 000年前	
		更新世	2.5	
		上新世	7	
	第三纪	中新世	26	有花植物
		渐新世	38	
		始新世	54	
		古新世	65	
中生代	白垩纪	晚白垩纪	90	被子植物形成优势
		早白垩纪	136	
	侏罗纪	晚侏罗纪	166	被子植物起源
		早侏罗纪	190	
	三叠纪	晚三叠纪	200	裸子植物繁盛
		早三叠纪	225	
古生代	二叠纪	晚二叠纪	260	蕨类植物及种子蕨繁盛
		早二叠纪	280	
	石炭纪	晚石炭纪	325	
		早石炭纪	345	
		晚泥盆纪	360	蕨类兴起，苔藓及裸子植物发生
		中泥盆纪	370	
		早泥盆纪	395	
	志留纪		430	简单维管束植物，最早的蕨类
	奥陶纪		500	藻类植物繁盛
	寒武纪		570	
元古代	前寒武纪		570~1 500	细菌及蓝藻
太古代	前寒武纪		1 500~5 000	

现代科学和化石研究表明，现存的这些植物并不是现在才产生的，更不是由"上帝"创造出来的，它们大约经历了30多亿年的漫长历程逐渐发生发展和进化而来的（表2.2）。地球上最早出现的植物是细菌和蓝藻等原核生物，时间大约距今35亿~33亿年前，以后经历了五个主要发展阶段。

第一个阶段称为菌藻植物时代。即从35亿年前开始到4亿年前近30亿年的时间，地球上的植物仅为原始的低等的菌类和藻类。其中从35亿~15亿年间为细菌和蓝藻独霸的时期，常将这一时期称为细菌—蓝藻时代。从15亿年前开始才出现了红藻、绿藻等真核藻类。

第二个阶段为裸蕨植物时代。从4亿年前由一些绿藻演化出原始陆生维管植物，即裸蕨。它们虽无真根，也无叶子，但体内已具维管组织，可以生活在陆地上。在3亿多年前的泥盆纪早、中期它们经历了约3千万年的向陆地扩展的时间，并开始朝着适应各种陆生环境的方向发展分化，此时陆地上已初披绿装。此外，苔藓植物也是在泥盆纪时出现的，但它们始终没能形成陆生植被的优势类群，只是植物界进化中的一个侧支。

第三个阶段为蕨类植物时代。裸蕨植物在泥盆纪末期已绝灭，代之而起的是由它们演化出来的各种蕨类植物；至二叠纪约1.6亿年的时间，它们成了当时陆生植被的主角。许多高大乔木状的蕨类植物很繁盛，如鳞木、芦木、封印木等。

表2.2　高等植物演化的地质年代表

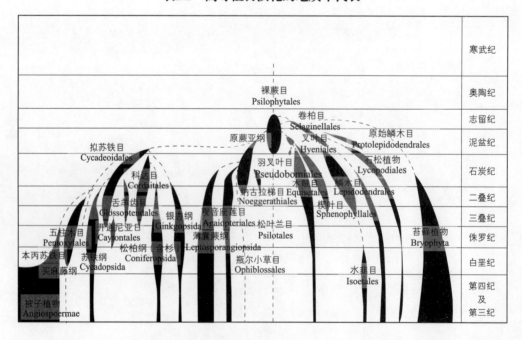

第四个阶段称为裸子植物时代。从二叠纪至白垩纪早期，历时约1.4亿年。许多蕨类植物由于不适应当时环境的变化，大都相继绝灭，陆生植被的主角则由裸子植物所取代。最原始的裸子植物也是由裸蕨类演化出来的。中生代为裸子植物最繁盛的时期，故称中生代为裸子植物时代。

第五个阶段为被子植物时代。它们是从白垩纪迅速发展起来的植物类群，并取代了裸子植物的优势地位。直到现在，被子植物仍然是地球上种类最多、分布最广泛、适应性最强的优势类群。人们也常常按照这五个发展阶段来划分地质年代，并将其划分为菌藻时代、裸蕨植物时代、蕨类植物时代、裸子植物时代和被子植物时代。

（1）菌藻时代

人们一般认为最初的原始生物是进行厌氧、异养生活的，只能以环境中的营养物质如氨基酸、糖、脂肪等为食物，然后再演化出光合自养的原始生物。在地质史上出现最早的生命是原核生物，约在35亿~33亿年前就出现了厌氧的细菌类，它是一种无细胞核的单细胞生物，细胞内没有任何带膜的细胞器。现代生存的原核生物主要包括细菌、放线菌、古细菌、蓝藻和原绿藻等，是现存生物中最简单的一群，通过分裂繁殖后代。

原核藻类是具有核物质，但没有膜、核仁，也没有膜包围的叶绿体、线粒体、高尔基体等细胞器，具有光合色素，能够进行光合作用并产生氧气的原核生物。最早的蓝藻化石发现于非洲东南部32亿年前的地层中，这些化石直径1~4微米，折叠为球形至碟形，细胞分裂为二分裂式，状似现代蓝藻中隐球藻；在寒武纪和奥陶纪地层中，发现有完整藻殖段结构的蓝藻化石；在泥盆纪地层中，发现了比较高级类型的多列藻科化石，其藻体是具有异形胞的异丝体型。在元古代长达十多亿年的时期里，蓝藻一直是生物圈的主要的生物类群，也是全球生态系统主要的初级生产者。蓝藻分布很广，从两极到赤道，从高山到海洋都有它们的踪迹。淡水、海水、潮湿地面、树皮、岩面和墙壁上都有生长，尤以富营养化的淡水水体中数量多。有些种与真菌共生形成地衣。

漫长的蓝藻时代造成了地球环境的改变，其出现对地球环境的变化和多细胞生物的进化具有重大的意义。因其光合过程中放出氧气，不仅使水中的溶解氧增加，也使大气中的氧气不断积累，而且逐渐在高空形成臭氧层；地球表面平均温度也显著下降，元古宙末期全球大范围地出现冰期气候；海水的物理化学成分改变。这些改变一方面为好氧的真核生物的产生创造了条件，另一方面也为生物生活在水的表层和地球表面创造了条件，因为臭氧层可以阻拦一部分紫外线的强烈辐射。

真核藻类约在距今 15 亿～14 亿年前出现，据推测那时大气中的氧含量可达现在大气中氧含量的 1%，一般认为真核细胞不会在此之前产生，至于真核细胞怎样产生的问题，大多认为是由原核细胞进化来的。但原核细胞怎样进化为真核细胞的问题则有多个学说，其中马古利斯的内共生学说影响最大。内共生学说认为真核细胞中的一些细胞器是由较大的厌氧原核生物通过与两个以上具有不同功能的原核生物的内共生途径形成的，如某些细菌演化成线粒体，某些共生的蓝藻演化成叶绿体等。该学说也在分子生物学的研究中得到了支持，但对细胞核的形成还不能解释。

真核藻类是一群没有根、茎、叶分化的，能够进行光合作用的低等自养真核生物。真核藻类大多数种类个体微小，也有少数种类个体较大，如海带长达几米。藻类形态具有丰富的多样性，有单细胞、各式群体、丝状体、叶状体、管状体等。绝大多数种类结构简单，没有明显的组织分化，仅少数种类有表皮层、皮层和髓的分化。但所有的藻类均无真正的根、茎、叶的分化，体内亦无维管组织的分化。蓝藻和某些单细胞真核藻类，它们没有有性生殖过程，细胞不存在核相交替，亦无世代交替现象。大多数真核藻类进行有性生殖，会出现核相交替及世代交替现象，可以看到世代交替演化的趋势是由配子体世代占优势向孢子体世代占优势发展。

绝大多数真核藻类均生于水中，分布十分广泛，也有的生于潮湿的土表、岩石、树皮、墙壁等处。生于水中的又有浮游、附着、固着等各种类型。还有的种类可生于高山积雪上，也有的与真菌等生物共生。真核藻类是水生生态系统中的重要的初级生产者，它们是浮游动物和某些贝类、虾类和鱼类直接或间接的饲料。真核藻类也是赤潮与水华中的主要生物。真核藻类可食用、药用，做工业原料，还可以净化与监测水质。

（2）裸蕨植物时代

志留纪末期至早、中泥盆纪，植物界由水域扩展到陆地，外界环境的改变，使植物机体的形态和结构有各种适应和分化，如逐渐有茎、叶的分化，输导系统中维管束出现，茎表皮角质化及具气孔等。这一阶段以裸蕨植物为主，并有原始的石松和真蕨植物，但多为形态简单、结构差异不大、适应于滨海沼泽低地的较低级的矮小植物。裸蕨植物在泥盆纪早、中期最为繁盛，均于泥盆纪晚期灭绝，仅生存了 3 000 万年。

为什么裸蕨植物可以成功登陆呢？其主要原因有以下几点。

① 水生藻类的大发展，有些种类也渐向陆地发展，以扩大生活领域，个别种类已接近完成这种转化。

② 藻类的大发展也增加了大气中的氧含量，并且在大气层的高空已形成了一定厚度的臭氧层，这就为陆生植物的生存创造了最基本的条件。

③ 这一时期地球发生了最大的一次地壳运动，表面形成了许多山脉，广大地区海水退却，陆地面积增大。

上述条件为某些水生藻类的登陆提供了条件，某些自身条件较好的，对沼泽和陆生环境适应较快的种类生存下来，并继续发展变异产生出裸蕨植物，而许多不能适应这种变化的种类则被淘汰。裸蕨的出现具有重大意义，从此开辟了植物由水生发展到陆生的新时代，陆地从此披上了绿装。植物界的演化进入了一个与以前完全不同的新阶段。裸蕨植物在植物进化中的意义还在于它们以后又演化出其他蕨类植物和原裸子植物。

苔藓植物作为植物进化中的一个侧支，可能出现于泥盆纪早期。可靠的苔藓植物化石叶苔类发现于 3 亿多年前的泥盆纪。石炭纪时已分化出苔类和藓类。苔藓植物具有明显的世代交替现象，其重要特征是配子体占优势，孢子体不发达，并且"寄生"配子体上，不能独立生活。无性生殖时产生孢子囊和孢子，有性生殖时产生多细胞精子器和颈卵器。而对苔藓植物的起源目前意见尚不一致，主要有两种主张。

一种认为苔藓植物是从早期原始的裸蕨类演化而来。裸蕨类中的角蕨属和鹿角蕨属没有真正的叶与根，只有横生的茎上生有假根，这与苔藓植物体有相似处。按顶枝学说的概念，植物体的进化，是由分枝的孢子囊逐渐演变为集中的孢子囊。裸蕨中的孢囊蕨已具有单一孢子囊，而在藓类的真藓中就发现有畸形的分叉孢子囊。而且根据地质年代的记载，裸蕨类出现于志留纪，而苔藓植物发现于泥盆纪中期，苔藓植物比裸蕨植物晚出现数千万年，从年代上也可以说明其进化顺序。

另一种主张苔藓植物是从绿藻类演化来的，其根据是苔藓植物生活史中的原丝体在形态上类似丝状绿藻；绿藻和苔藓植物的光合色素相同，贮藏的光合产物均有淀粉；苔藓植物的精子具有两条等长、尾鞭型、近顶生的鞭毛，也类似于绿藻。

目前赞成苔藓来源于绿藻的人较多。苔藓植物和真核藻类相比，有了明显的进步，植物体大多有了类似茎叶的分化。它们已能初步适应陆生环境，但它们仅具有假根，特别是植物体内尚没有维管组织的分化，受精过程离不开水等，所以大多只能生活在阴湿的环境。苔藓植物一般都有很大的吸水能力，尤其是当密集丛生时，其吸水量可达植物体干重的 15~20 倍，而其蒸发量却只有净水表面的 1/5，因此在自然界中的水土保持上有重要的作用。苔藓植物对大气中的污染物如 SO_2 较敏感，在不同的生态条件下常可作为大气污染的指示植物。

（3）蕨类植物时代

裸蕨植物远在志留纪晚期或泥盆纪已经登录生活，由于陆地生活的生存条件是多种多样的，这些植物为适应多变的生活环境，沿着石松类、木贼类和真蕨类三条路线不断向前分化、发展。蕨类植物也称为羊齿植物，和苔藓植物一样具有明显的世代交替现象，无性生殖产生孢子，有性生殖器官具有精子和颈卵器。但是蕨类植物的孢子体远比配子体发达，并且有根、茎、叶的分化和由较原始的维管组织构成的输导系统，这些特征又与苔藓植物不同。蕨类植物产生孢子，而不产生种子，则有别于种子植物。蕨类植物的孢子体和配子体都能独立生活，这点与苔藓植物及种子植物皆不同。总之，蕨类植物是介于苔藓植物和种子植物之间的一个大类群。

蕨类植物大多仍生活在沟谷和阴湿环境，除了海洋和沙漠外，无论在平原、森林、草地、岩隙、溪沟、沼泽、高山和水中，都有它们的踪迹，尤以热带和亚热带地区为其分布中心。蕨类植物可药用、食用，做土壤、气候、矿物的指示种。许多蕨类植物形态优美，具有很高的观赏价值，为著名的观叶植物类。

（4）裸子植物时代

裸子植物大约出现于距今 3 亿多年前的泥盆纪晚期，称为原裸子植物。它们兼具真蕨和松柏的性状，有比较复杂的三维空间的枝系，末级枝扁化成叶状枝；在高级的类型中末级枝条扁化成叶并具叶脉；茎内有双向形成层，产生次生木质部和次生韧皮部，木质部管胞径向壁上具裸子植物特有的具缘纹孔；生殖器官为孢子囊，有的为同孢，有的孢子囊中的孢子形态有大小的分化。

原裸子植物进一步演化发育为裸子植物，古生代晚期繁盛的种子蕨、楔叶类、科达类等在中生代大多衰落和绝迹，而裸子植物的银杏类、苏铁类、本内苏铁类、松柏类等的发展达到了顶峰。因此，地史上又称中生代为"裸子植物时代"。裸子植物是介于蕨类植物和被子植物之间的一类维管植物。它和苔藓、蕨类植物相同之处为都具有颈卵器，最大特征为产生种子，但种子裸露，没有被果皮包被。裸子植物与蕨类植物相比进化水平更高，其主要特征如下。

① 孢子体特别发达，都是多年生木本植物，大多数为单轴分枝的高大乔木，

主根发达，维管系统发达。

② 具有裸露的胚珠，它是由珠心和珠被组成的。

③ 具有颈卵器的构造，配子体退化，寄生在孢子体上。

④ 传粉时花粉直达胚珠，受精作用不再受水的限制。

⑤ 具有多胚现象。

裸子植物是地球植被中的主要组成成分，由裸子植物组成的森林，约占世界森林总面积的80%，在水土保持和维护森林生态平衡方面发挥了重要的作用。裸子植物的木材可作为建筑、家具和木纤维等的工业原料。大多数裸子植物为常绿树，树形优美，寿命长，是重要的观赏和庭院绿化植物。

（5）被子植物时代

侏罗纪晚期，原始被子植物出现，白垩纪早期裸子植物开始退居次要地位，到了白垩纪晚期，被子植物迅速发展取代了裸子植物而居统治地位。从那时起直到现在，地球上属于被子植物时代。被子植物约有近30万种，是植物界中进化水平最高、种类最多的大类群。第四纪全球植物群的面貌与现代已基本一致。第四纪植物群的历史就是现代植物区系的形成过程，除少数灭绝了的种以外，第四纪的种皆在现代种的范围以内。第四纪时只有藓纲发生了重大变化，泥炭藓科得到了发展并形成泥炭沼泽，由于第四纪的沉积大都比较疏松，导致植物化石呈特殊保存状态，它们大都没有石化，通常都保存为泥炭、泥炭和黏土中的未煤化的植物碎屑等。被子植物能有如此众多的种类，这和它的结构复杂化、完善化是分不开的，特别是繁殖器官的结构和生理过程的特点，提供了它适应各种环境的内在条件，使它在生存竞争、自然选择的矛盾斗争过程中，不断产生新的变异，产生新的物种。其主要特征是：

① 具有真正的花，典型被子植物的花由花萼、花冠、雄蕊群和雌蕊群四部分组成，各部分称为花部。

② 具有雌蕊，由心皮组成，包括子房、花柱和柱头三部分。

③ 具有双受精现象。

④ 孢子体高度发达。

⑤ 配子体进一步退化。

正是由于被子植物具有适应陆地环境的各种优越条件，使它具备了在生存竞争中优越于其他各类植物的内部条件，才使被子植物在地球上得到飞速的发展，成为植物界最繁茂的类群。但达尔文认为白垩纪后被子植物的突然发展是一个可疑的秘密，最古老的被子植物的花粉、果实、叶、木材等化石也仅发现于白垩纪早期，而且大多数还是比较进化的化石。由于化石资料的不足，对于被子植物是由哪类植物演化来的目前还不清楚，但不少学者提出了多种假说，其中主张起源于原被子植物、本内苏铁和种子蕨类的较多。

研究被子植物的系统演化，首先需要确定被子植物的原始类型和进步类型，早在 1789 年，法国植物学家裕苏（A. L. Jussicu）就认为单子叶植物是现代被子植物中较原始类群。而后来，德康多（A. P. de Candolle）在谈到植物分类时却认为双子叶植物是比较原始的类群。这种观点得到了很多学者的支持，到目前为止，绝大多数学者认为双子叶植物比单子叶植物原始，并推测单子叶植物是从已灭绝的最原始的草本双子叶植物演化而来的，是单起源的一个自然分支。总的来说可以归纳为两大学派的两种学说：一为恩格勒学派，认为原始的被子植物为单性花、单被花和风媒花植物，次生的进步类型为双性花、双被花和虫媒花植物。这种理论称为假花学说。另一学派为毛茛学派，认为原始的被子植物具有两性花，是由已灭绝的具有两性孢子叶球的本内苏铁演化来的。该理论称为真花学说。

综上所述，陆生植物自中志留纪成功登陆以来，经历了裸蕨植物阶段、蕨类与原始裸子植物阶段、裸子植物阶段和被子植物阶段等漫长的演化历程，在此演化过程中，植物多样性不断得以发展。

三、被子植物的分类系统

1. 恩格勒的分类系统

恩格勒分类系统由德国植物学家恩格勒（A.Engler）和柏兰特（K.Prantl）于 1897 年在《植物自然分科志》一书中发表。他将植物界分成 13 门，而被子植物是第 13 门中的一个亚门，即种子植物门被子植物亚门，并将被子植物亚门分成双子叶植物和单子叶植物两个纲，将单子叶植物放在双子叶植物之前。恩格勒系统是根据假花说的原理，认为无花瓣、单性、木本、风媒传粉等为原始的特征，而有花瓣、两性、虫媒传粉的是进化的特征。

2. 哈钦森被子植物分类系统

英国植物学家哈钦森（J.Hutchinson）于 1926 年在《有花植物科志》一书中提出，1973 年作了修订，从原来 332 科增加到 411 科。该系统认为被子植物是单元起源的，双子叶植物以木兰目和毛茛目为起点，从木兰目演化出一支木本植物，从毛茛目演化出一支草本植物，认为这两支是平行发展的。单子叶植物起源于双子叶植物的毛茛目，并在早期就分化为三个进化线：萼花群

（*Calyciferae*）、瓣花群（*Corolliferae*）和颖花群（*Glumiflorae*）。

3. 塔赫他间被子植物分类系统

塔赫他间（A.Takhtajan）于 1954 年公布。他认为被子植物起源于种子蕨，并通过幼态成熟演化而成；草本植物由木本植物演化而来；单子叶植物起源于原始的水生双子叶植物的具单沟舟形粉的睡莲目莼菜科（图 2.1）。

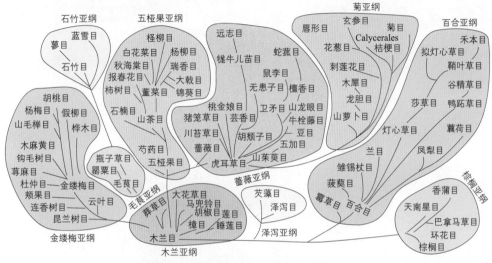

图 2.1 塔赫他间被子植物分类系统

4. 克朗奎斯特被子植物分类系统

克朗奎斯特分类系统是美国学者克朗奎斯特（A.Cronquist）于 1958 年发表的（图 2.2）。该分类系统亦采用真花学说及单元起源的观点，认为有花植物起源于一类已经绝灭的种子蕨；现代所有生活的被子植物亚纲，都不可能是从现存的其他亚纲的植物进化来的；木兰亚纲是有花植物基础的复合群，木兰目是被子植物的原始类型；菜黄花序类各目起源于金缕梅目；单子叶植物来源于类似现代睡莲目的祖先，并认为泽泻亚纲是百合亚纲进化线上近基部的一个侧支。

5. APG Ⅲ被子植物分类系统

APG Ⅲ分类法和传统的依照形态分类不同，它主要依照植物的三个基因组 DNA 的顺序，以亲缘分支的方法分类，包括两个叶绿体和一个核糖体的基因编码。虽然主要依据分子生物学的数据，但是也参照其他方面的理论，例如：将真双子叶植物分支和其他原来分到双子叶植物纲中的种类区分，也是根据花粉形态学的理论。被子植物 APG Ⅲ分类法是被子植物种系发生学组（APG）继 1998 年 APG Ⅰ及 2003 年 APG Ⅱ之后，花了 6 年半修订的被子植物分类法，于 2009 年 10 月正式在林奈学会植物学报发表（图 2.3）。

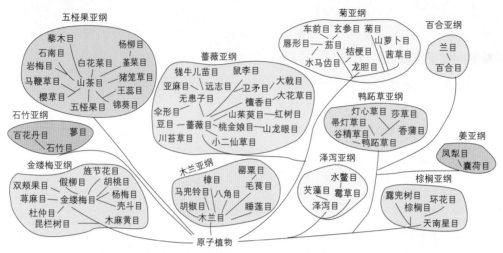

图 2.2　克朗奎斯特被子植物分类系统

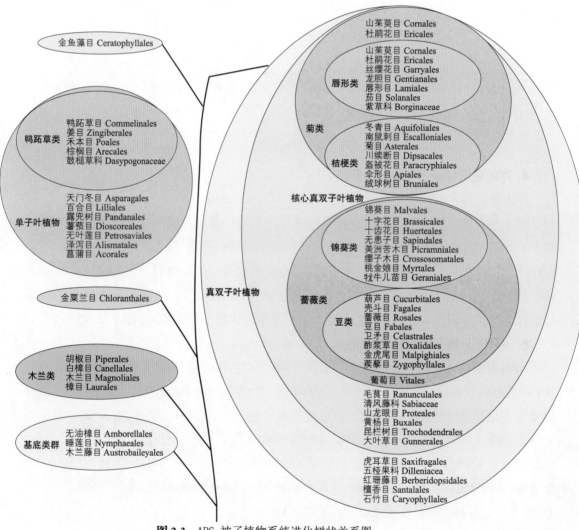

图 2.3　APG 被子植物系统进化树状关系图

四、植物的进化规律

1. 植物类群演化的趋势

（1）上升演化

上升演化（upward evolution）：由结构和功能简单和不分化向复杂、分化和完善演化。主要过程是：

单细胞个体→群体→细胞分工、组织分化

细胞繁殖→无性繁殖和有性繁殖

一种植物体→两种植物体

（2）下降演化

下降演化（downward evolution）：有些器官和组织的结构从复杂走向简单，如苔藓植物由孢子体发达的裸蕨退化而成。

（3）专化

专化（specification）——指植物的演进水平并无变化的特化。

2. 单元起源和多元起源

现代多数植物学家主张被子植物单元起源（mono-origin），主要依据是被子植物具有许多独特和高度特化的特征，如双受精现象和三倍体的胚乳，部分学者也认同被子植物多元起源的假设。

3. 趋同、趋异和平行演化

（1）趋同

趋同（convergence）：不同的植物，甚至在进化上相距甚远的植物，如果生活在条件相同的环境中，在同样选择压的作用下，有可能产生功能相同或十分相似的形态结构，以适应相同的条件的现象。

（2）趋异

分支趋异（cladistic divergence）：趋异进化又称为分歧进化。生物进化过程中，由于共同祖先适应于不同环境，向两个或者以上方向发展的过程。如果某一类群的趋异向着辐射状的多种方向不断发展，则称为适应辐射。趋异产生的物种在形态结构、生理机能方面没有普遍提高，进化处于同一水平。趋异进化是分化式（生物类型由少到多）进化的基本方式，是生物多样化的基础。

（3）平行演化

平行演化：由一个共同祖先分化出一些分类群，它们在演化中性状的演化速率相似，平行发展并形成相似的分类群。

3

第三章　丰富多彩的植物多样性

基于美国植物学家魏泰克（Whittaker）于 1969 年提出一个的五界生物系统，植物界是指"含有叶绿素，能进行光合作用的生物"。地衣和真菌从植物界中分出，归属于菌类界。根据植物是否产生种子，可划分为不产生种子以孢子进行繁殖的孢子植物，包括藻类、苔藓、蕨类和以种子繁殖的种子植物，包括裸子植物和被子植物。本章将分别介绍孢子植物、种子植物的多样性，通过生动实例，展示丰富多彩的绿色植物世界。

一、孢子植物的多样性

孢子植物，又称颖花植物，因其通过孢子进行有性繁殖、繁衍后代而命名。包括藻类、苔藓和蕨类植物，后两者因产生胚而属于高等植物。从单细胞具鞭毛、能运动的藻类（衣藻），到没有真正的根，具茎、叶的苔藓植物和具根、茎、叶的蕨类植物，孢子植物大小、形态、结构变化巨大，具有超出一般人想象的丰富多样性。

1. 藻类植物的多样性

藻类植物一般都具有进行光合作用的色素（有少数低等藻类是异养的或暂时是异养的），能利用光能把无机物合成有机物，供自身需要，是一类能独立生活的植物。藻类植物体在形态上是千差万别的，小的只有几微米，必须在显微镜下才能见到；体形较大的肉眼可见；最大的体长可达 60 米以上，如生长于太平洋中的巨藻（*Macrocystis*）。尽管藻体有大、小、简单、复杂的区别，它们基本上没有根、茎、叶分化。

藻类在自然界中几乎到处都有分布，主要生长在水中（淡水或海水）。在潮湿的岩石上、墙壁和树干上、土壤表面和下层都有分布。有些海藻可以在 100 米深的海底生活；有些藻类能在零下数十摄氏度的南北极或终年积雪的高山上生活；有些蓝藻能在高达 85℃的温泉中生活；有的藻类能与真菌共生，形成共生复合体——地衣。

（1）营养丰富的螺旋藻属（*Spirulina*）

螺旋藻（图 3.1）是蓝藻门植物。数百年前非洲一些部落就将螺旋藻制成藻饼食用。近几十年来，科学家发现螺旋藻是人类迄今为止所发现的最优秀的纯天然蛋白质食品源，并且是蛋白质含量最高，可达 60%~70%，相当于小麦的 6 倍，猪肉的 4 倍，鱼肉的 3 倍，鸡蛋的 5 倍，干酪的 2.4 倍，且消化吸收率高达 95% 以上。其特有的藻蓝蛋白，能够提高淋巴细胞活性，增强人体免疫力，因此对胃肠疾病及肝病患者康复具有特殊意义。其中维生素及矿物质含量极为丰富，包括维生素 B_1、维生

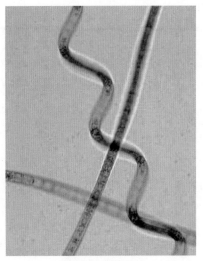

图 3.1　螺旋藻

素 B_2、维生素 B_6、维生素 B_{12}、维生素 E、维生素 K 等，并含锌、铁、钾、钙、镁、磷、硒、碘等微量元素，其生物锌、生物铁比例基本与人体生理需要一致，最容易被人体吸收，能快速改善小孩厌食症，提高食欲。其类胡萝卜素含量是胡萝卜的 1.5 倍，维生素 B_{12} 含量是猪肝的 4 倍，铁含量是菠菜的 23 倍，是铁含量最丰富的食物，因此，螺旋藻对防治贫血有积极意义。螺旋藻含有大量的 γ-亚麻酸，这是一种人体必需的不饱和脂肪酸，是健脑益智、清除血脂、调节血压、降低胆固醇的理想物质。螺旋藻中的螺旋藻多糖具有抗辐射损伤和改善放、化疗引起的副反应作用。螺旋藻中叶绿素含量极为丰富，对促进人体消化、中和血液中毒素及改善过敏体质、消除内脏炎症等都有积极作用。螺旋藻中脂肪含量只有 5%，且不含胆固醇，可使人体在补充必要蛋白时避免摄入过多热量。

经国内外大量科研试验证明，螺旋藻在养胃护胃、治疗贫血及微量元素缺乏、护肝、增进免疫和调整代谢机能等方面都有积极作用，被联合国粮农组织和联合国世界食品协会推荐为"21 世纪最理想的食品"。目前，国内外有很多螺旋藻产品。

（2）昂贵的"发菜"（*Nostoc flagelliforme*）

发菜（图 3.2）为蓝藻门植物，贴生于荒漠植物的基部，因其形如乱发，颜色乌黑，得名"发菜"，也被人称之为"地毛"。因发菜跟"发财"谐音，港、澳、台同胞和海

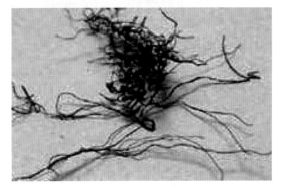

图 3.2　发菜

外侨胞特别喜欢它，不惜以重金购买馈赠亲朋或制作佳肴。在美国价格已达到300美元/千克。发菜每百克干品含蛋白质20.3克，碳水化合物56克，钙高达2 560毫克，铁20毫克，均高于猪、牛、羊肉类及蛋类。它突出特点是脂肪含量极少。发菜性味甘、寒，具有清热消滞、软坚化痰、理肠除垢的功效。发菜还具有降血压、调节神经等多种作用，是高血压、冠心病、高血脂病患者的理想食物。

然而，搂发菜对生态环境的破坏极大，经调查计算，产生1.5~2.5两发菜，需要搂10亩草场，导致草场10年没有效益。国家每年因搂发菜造成的环境经济损失近百亿元，而发菜收益仅几千万元，同时给环境带来了无法弥补的破坏。代价太大，得不偿失。

国务院已于2000年6月14日下达文件《国务院关于禁止采集和销售发菜制止滥挖甘草和麻黄草有关问题的通知》。

（3）产生水华的微囊藻属（*Microcystis*）

微囊藻（图3.3）是蓝藻门的一属，又名多胞藻属。群体为球形、长圆形，形状不规则网状或窗格状，微观或肉眼可见。群体无色、柔软而具有溶解性的胶被。细胞球形或长圆形，多数排列紧密；细胞淡蓝绿色或橄榄绿色，往往有气泡（假空胞）。自由漂浮于水中，或附着于水中的各种基质上。多数生活于各种淡水水体，罕生于海水或盐水中，某些种大量繁殖时，往往在水面形成一种绿色的粉末状团块，称作水华，水华常被称为"湖泊癌症"。该属很多种形成蓝藻水华，其中有一些种，例如铜锈微囊藻的毒株，含有微囊藻毒，致死的最低剂量是每千克体重0.5毫克，不少动物吞食后中毒。

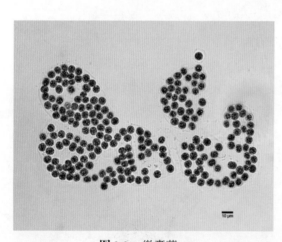

图3.3 微囊藻

（4）可能成为宇宙食物的小球藻属（*Chlorella*）

把鱼缸置于阳光充足的地方，不久可以看到上面布满一片浮游生物，形成一片翠绿晶亮的"绿世界"。在显微镜下观察时，可在这些浮游生物中找到有"绿色魔术师"之称的小球藻（图3.4），一种缺乏运动性的单细胞植物。

由于小球藻中所含的叶绿素远比其他植物多，其光合作用也比其他植物大数十倍。小球藻的成分除了小球藻精以外，还包含50%的蛋白质，20%的碳水化合物，5%的叶绿素，另外还有微量的矿物质、维生素 A、维生素 B_1、维生素 B_2、维生素 B_6、维生素 C、泛酸、叶酸、核酸等。小球藻精是小球藻独特的成分，对维持健康与治疗疾病发挥功效。小球藻能使酸性体质变成弱碱性体质，预防感冒或病毒所引起的疾病，还具有解毒作用。

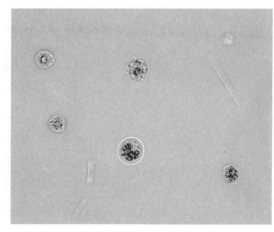

图 3.4　小球藻

小球藻可以进行强烈的光合作用，宇航员呼出的二氧化碳正好是小球藻进行光合作用的重要原料，而它在光合作用过程放出的氧气正好能供给宇航员呼吸用。有人计算过，1 克小球藻 1 天之内可以放出 1~1.5 克氧气。这样，如果把小球藻放在飞船的特殊装置中，它们就可以迅速繁殖，进行光合作用，充当飞船舱内特殊的"空气净化器"，而且这种活的空气净化器可以循环使用。另外，再设法解决小球藻作为宇航员特殊需要而又能及时供应的食物问题，不就可以一举两得了吗？因此，小球藻最有希望成为未来的宇航食物。60 年代初，苏联科学家曾试验把小球藻载入可操纵的宇宙飞船"东方 5 号"，进入宇宙遨游。试验证明，小球藻可以在完全失重的条件下进行生长发育，这就更加坚定了人们把小球藻当作宇宙食物的信心。

（5）海中蔬菜——海带（*Laminaria japonica*）

海带（图 3.5）也称为昆布，属于褐藻类，是一种海生藻类植物，藻体可达 2~3 米。我国沿海养殖海带的数量很大，但真正认识到海带价值的要数日本人。他们自古以来爱吃海带，并将它誉为"长寿食品"。

海带的营养丰富，特别是含有人体所需的多种氨基酸，且含量较高，每斤即有 40 克以上。海带也是一种常用中药。海带的含碘量在所有食物中名列第一，号称"碘的仓库"。早在唐代，即已用来治疗瘿瘤、水肿等病。"瘿瘤"俗称大脖子病，主要是指因缺碘引起的"地方性甲状腺肿"。胎儿的器官、组织分化需要充足的碘，假如孕妇缺乏

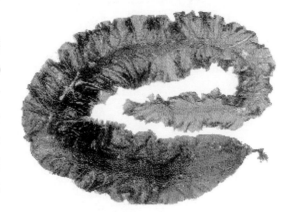

图 3.5　海带

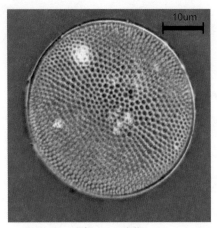

图 3.6 硅藻

碘，后果更为严重，孩子从出生起就是白痴，并丧失生殖能力。对于甲状腺机能亢进症，食用海带，也可以暂时降低新陈代谢率，减轻症状。至今，海带仍然是提取碘的重要原料。

海带中含大量的褐藻胶，即海带中的黏性物质。褐藻胶清除有毒物质、也是各种膳食纤维中有良好的抗污染食品。深受污染之苦的工人、经常在计算机前工作以及与放射线接触的人，应当多吃些海带。

（6）巧夺天工的硅藻（*Bacillariophyta*）

一滴海水，晶莹透亮，肉眼看上去，里面什么也没有，把它放到显微镜下，可就不一样了，有像闪光的"表带"，有像细长的"大头针"、扁平的"圆盘"，甚至像精致的"铁锚"……令人眼花缭乱。这些浮游生物 60% 以上是硅藻（图 3.6）。

硅藻的名字，来源于它们的细胞壁含有大量的结晶硅。硅藻的形体犹如一个盒子，它由一大一小的两个半片硅质壳套在一起。在显微镜下，壳的表面纹饰真是一个巧夺天工的万花筒世界。单细胞的硅藻为圆盒形、六角形、多角形等。硅藻还可借助胶质粘结成群体，有扇形、链条状、星状等，真是千姿百态、美不胜收。

硅藻约有 8 000 余种，分布广泛，是海河湖泊中浮游植物的重要成员，它们对渔业及海洋养殖业的发展起了至关重要的作用。大量硅藻遗骸沉积海底形成硅藻土，是化学工业极好的吸附剂及催化剂的载体，也是建筑磨光、隔热、隔音、造纸、橡胶、化妆品和涂料等的原料，化石硅藻在石油形成和富集中做出了重要贡献。美丽的硅藻还为工艺美术、纺织印染及食品工艺提供了大量的参考图案。诺贝尔奖的创始人阿尔弗雷德·诺贝尔（Alfred Nobel）发现将不稳定的硝化甘油放入硅藻所产生的硅土后可以稳定地成为可携带的炸药。

2. 苔藓植物的多样性

提起苔藓植物，人们会联想起生长在潮湿田园、路旁墙角的矮小绿色植物。其实苔藓是作为由水生向陆生过渡的高等植物的重要门类，分为藓纲、苔纲和角苔纲三大类。全世界有近 200 科，1 200 多属，约 21 000 种。苔藓是"先锋植物"，在严寒的南北极、干旱的沙漠荒地、高山裸露的岩石上均有它的"足迹"。苔藓植物形形色色，可在除海洋之外的各种生态系统中生长。在热带雨林中，树枝上悬挂着丝丝苔藓，树干上"披"着成片的附生苔藓，甚至叶面上可见"斑斑点点"的叶附生苔，可谓"苔藓精彩世界"。在温带地区沼泽湿地中，有大片"五颜六色"的泥炭藓，森林地面长着"形态各异"的大型指示藓类，高山苔原上主要为耐寒苔藓所覆盖，呈现不同景观。

苔藓植物的多样性远比人们一般了解的要丰富。下面让我们走进丰富多彩的苔藓世界。

（1）最原始的苔藓植物——藻苔（*Takakia lapidozioides*）

20世纪苔藓植物学有过不少重大发现，藻苔（图3.7）的发现就是其中之一。20世纪50年代，日本人Takaki采到了一份标本，细小植物体上伸出条条细丝，酷似"藻类"，后来发现丝基间有"精子器"，1959年命名为"藻苔"。直到1993年，在美国阿拉斯加发现了它的"孢子体"，有蒴柄和孢蒴，孢蒴成熟后纵向开裂，散发孢子，与藓类中黑藓相像，认为应为"藻藓"。目前进一步研究表明，藻藓是最原始的苔藓植物，结构简单，染色体数仅为4~5，兼有苔和藓的特征，可能是绿藻向苔藓植物进化的证据。

图3.7　藻苔

（2）植物体结构最复杂的苔藓植物——金发藓（*Polytrichum comunune*）

金发藓（图3.8）是苔藓植物中结构最复杂的大型类群。最大的巨发藓植物体高达60厘米以上。它的叶面上有一排排绿色细胞组成的"栉片"，茎中有类似"维管束"的水分、养分输导组织。但是金发藓的孢蒴上蒴齿却是由细胞组成，属于原始的"线齿类"。因此，对金发藓是原始还是进化类型，尚有不同观点，有的把金发藓放在藓纲最前面，有的则置于最后。最近，在不少种金发藓中已测定出有抗癌效果的化学成分，作为药用植物正在被研究开发。

（3）会发荧光的苔藓——光藓（*Schistostega pennata*）

在北半球温带地区的欧洲、日本、西伯利亚、北美洲等地有一种专门长在阴暗潮湿洞穴、悬崖石缝和倒树根下的苔藓植物，它

图3.8　金发藓

图 3.9　光藓

图 3.10　泥炭藓

图 3.11　壶藓科

能发出金绿色的荧光，被称为光藓（图 3.9）。1999 年在中国的长白山原始森林中的洞穴内也找到了光藓的分布，已被列为中国的濒危苔藓植物之一，加以重点保护。光藓为什么会发荧光？一般认为是因为它发达的原丝体，常常呈圆球状，经对光线的反折射而发出绿光。是否是光藓植物叶细胞具特殊的荧光素，有待深入研究。

（4）沼泽水生中的特殊藓类植物——泥炭藓（*Sphagnum palustre*）

在沼泽湿地中生长着一类特殊藓类植物——泥炭藓（图 3.10）。这种藓类植物"五颜六色"，有的白绿色，有的粉红色，有的黄褐色，有时镶嵌生长，犹如"彩色地毯"。由于其具特殊水孔和大型空白细胞结构，泥炭藓密度很小，具极大吸水能力，可吸收植物体干重 10~16 倍的水分，又可以通过离子交换，使周围环境酸化，pH 达 5~6，具一定杀菌作用。第一次世界大战期间，曾代替当时严重缺少的脱脂棉处理伤口。泥炭藓作为重要植物资源，在土壤改良、生态恢复、苗木运输及园林建设中被广泛应用。

（5）适应虫媒传孢的特化藓类 —— 壶藓科（*Splachnaceae*）

绝大多数的苔藓植物的孢子是通过风和大气流动来传播的，但生长在有机质丰富的基质上的壶藓科植物如图 3.11 所示植物，却常常依靠蚊子等昆虫来进行传孢。适应其生长环境，壶藓科植物产生孢子的孢蒴台部逐渐膨大，色彩变得鲜艳，最后形成金黄色、紫蓝色等花瓣状的膜状台部。此外，它们的孢子多聚集在孢蒴的口部，并能分泌出具特殊气味的黏液，以吸引昆虫进行孢子传递。这是植物界中协同进化的典型例子。

（6）治疗心血管病的"回心草"——大叶藓（*Rhodobryum roseum*）

如果你到云南去旅游，在当地土特产和药用植物摊上，常可买到小塑料袋装的"回心草"。其实，"回心草"就是真藓科中的大叶藓（图3.12）。这种藓类多生长在森林内阴湿的腐殖质丰富的地面，植物体高达数厘米，呈莲花状。据研究，其植物体内含的黄酮类等成分，对治疗心血管疾病有一定疗效。目前，有的药厂已开发出"开心通"。

（7）分子生物学研究的"模式植物"——小立碗藓（*Physcomitrium patens*）

近年来，科学家在苔藓植物葫芦藓科中找到了一种分子生物学研究的优良的"模式植物"——小立碗藓（图3.13）。实验证明，这种苔藓是陆生植物中转基因同源重组效率最高的，其同源重组频率与酵母差不多，比种子植物中的"模式植物"拟南芥高1 000倍，是研究植物功能基因组和转基因工程的好材料，被称为"绿色酵母"。目前，德国一个专门研究小立碗藓的实验室，正在开发转基因工程药物，成为医药研究中心。

图3.12 大叶藓

3. 蕨类植物的多样性

蕨类植物又称羊齿植物，是介于苔藓植物和种子植物之间的一个大类群。蕨类植物分布广泛，除了海洋和沙漠外，无论在平原、森林、草地、岩缝、溪沟、沼泽、高山和水

图3.13 小立碗藓

域中都有它们的踪迹，尤以热带和亚热带地区为其分布中心。

蕨类植物具有根、茎和叶。茎多为根状茎，仅少数直立或匍匐。叶有小型叶和大型叶两类。小型叶类者，叶小形，茎较叶发达，如石松纲和木贼纲的植物；大型叶类者，叶大形，单叶或分裂成羽片，如蕨纲的植物。有的种类，一部分叶片完全成为能育叶，而另一部分叶则成为营养叶或不育叶。蕨类植物的根通常为不定根，形成须根状。

现在在地球上生存的蕨类约有12 000多种，其中绝大多数为草本植物。我国约有2 600种，多分布在西南地区和长江流域以南及台湾岛等地，仅云南省就有 1 000 多种，在我国有"蕨类王国"之称。

（1）蕨类植物之王——桫椤（*Cyathea spinulosa*）

在距今 3 亿多年前的桫椤（图 3.14）蕨类植物极为繁盛的古生代晚期，高大的蕨类巨木比比皆是。后来由于大陆的变迁，多数被深埋地下变为煤炭。现今生存在地球上的大部分是较矮小的草本植物，只有极少数木本种类幸免于难，生存至今。树蕨是桫椤科植物的泛称。该科属于真蕨亚门，只有 4 属、600 种左右，主要分布在热带、亚热带山区。中国有 2 属、20 种树蕨，产于西南、华南及华东等地。

图 3.14　桫椤

桫椤高可达 8 米，被国家列为一类重点保护植物。从外观上看，桫椤有些像椰子树，其树干为圆柱形，直立而挺拔，树顶上丛生着许多大而长的羽状复叶，向四方飘垂，如果把它的叶片反转过来，背面可以看到许多星星点点的孢子囊群。孢子囊中长着许多孢子。

桫椤虽然长成了树形，但与裸子植物和被子植物中的树木相比，耐旱能力极差，也不耐寒，只能生长在夏无烈日灼烤、冬无严寒侵袭、降雨丰富、云雾多的特殊环境中。中国南方的深山老林，尤其是潮湿的溪流旁，是桫椤的"乐园"，但这样的环境已经越来越少了。因此，桫椤虽然分布较广，台湾、福建、广东、海南、广西、贵州、四川、云南都有，但却比较罕见。

桫椤也有不少用途。其茎富含淀粉，可供食用，又可制花瓶等器物。而且入药，中药里称之为飞天蟉蟒、龙骨风。有小毒，可驱风湿、强筋骨，清热止咳。桫椤体态优美，是很好的庭园观赏树木。

（2）用途广泛的木贼（*Equisetum hiemale*）

木贼（图 3.15）是木贼亚门植物，在北半球温带地区的山林原野中很常见。这类植物的外形颇为奇特：一支支圆柱形、细长、带纵棱的茎拔地而起，高几十厘米甚至 1 米以上。木贼的茎绿色、中空，有十分明显的节，节上轮生着很小的鳞片状膜质叶。夏秋季，在木贼的茎枝顶部生出纺锤形的孢子叶穗，看上去犹如一支头朝上的毛笔，下面中空的茎好像笔管，上面的孢子叶穗形似笔头。因此，人们又称这类植物为笔管草、笔头草。木贼属常见的种类还有问荆、节节草、笔管草等。

木贼属植物多有地下横长的茎，茎节上易萌生新的植株，因此往往成片生长。这类植物如果侵入农田就会对作物造成危害，而且不易清除。但木贼属植物几乎都可以入药，有清热利尿、止血、明目等多种功效，自古就为中医所用。此外，木贼等植物还具有一些奇特的功用，如它们的茎上具有粗糙的纵棱，而且茎内含有丰富的硅质，在民间常被用来打磨木器、金属，或擦去器皿上的污垢，因此又享有锉草、擦草、磨草等别称。

图 3.15 木贼

木贼类植物多生长在地下水位较浅处，可作为寻找地下水源、打井的指示植物。其中的问荆还有奇特的"聚金"本领，生长在金矿附近的问荆，每吨干物质中含金量可达 140 克，所以地质工作者可根据问荆的"指示"去寻找金矿。

（3）旱不死的卷柏（*Selaginella tamariscina*）

在蕨类植物中，虽然没有像仙人掌那样能生长在沙漠中的类群，但也有一些非常耐旱的种类，卷柏（图 3.16）就是其中的佼佼者。卷柏属于石松亚门，是一种矮小的草本植物，高不过十几厘米。在直立短粗的茎顶部，密密地丛生着许多扁平的小枝，小鳞片状的叶分四行排列在小枝上，看上去很像一簇柏树小枝插在了地上。卷柏靠孢子进行有性生殖，在生殖季节由小枝顶部生出四棱形孢子囊穗，上面分别生有大、小孢子囊。

由于这种植物有极强的耐旱本领，因此多扎根于裸露的岩石上和悬崖峭壁的缝隙中。在干旱少雨的季节，卷柏吸收不到足够的水分时，它向周围辐射伸展的小枝便纷纷向内卷，如同握起的拳头。如果较长时间得不到水分供应，卷柏枝叶的绿色便逐渐褪去，变得枯黄、萎蔫，似乎植株已经死去。但只要恢复水分供应，"死"了的卷柏又会复生，枯黄卷曲的枝叶再度伸展、变绿，显出勃勃生机。在长期无水供应卷柏体内的含水量只有 5% 时，仍能"死而复生"。因此，民间给这种植物起了许多形象的名称，如九死还魂草、回阳草、长生草、见水还阳草、万年青等。

（4）酸性土壤的指示植物——芒萁（*Dicranopteris*

图 3.16 卷柏

dichotoma）

芒萁（图 3.17）是多年生草本，常匍匐状，茎有密生的褐色毛茸，蔓性藤本，有假二叉分枝，中央分枝休眠，休眠芽在主轴顶端。芒萁分布于长江以南，大量生长于酸性红壤的山坡上，是酸性土壤指示植物。该植物对生态条件的考察具有重要意义。芒萁全草或根状茎入药，清热利尿，化瘀，止血。外用治创伤出血，跌打损伤，烧烫伤，骨折，蜈蚣咬伤。晒干，可以当作柴火烧。还有它的叶柄可以拿来编织成各式各样的篮子或其他精巧的手工艺品。

（5）观赏植物——铁线蕨（*Adiantum capillus-veneris*）

在观叶植物中，有一类具纯朴天然的绿色——蕨类植物以其古朴、典雅、清纯、线条和谐为特点独树一帜。蕨类植物的千姿百态，独特的耐阴习性以及清新的格调博得越来越多人的欣赏，被逐渐用于园林栽培、室内盆栽、垂吊等特殊形式的栽培以及切花配叶应用等，如凤尾蕨、铁线蕨、铁角蕨、巢蕨、鹿角蕨、波士顿蕨、肾蕨、石韦、阴地蕨、卷柏、翠云草、贯众等。

图 3.17　芒萁

铁线蕨（图 3.18）又称美人粉、铁丝草，属于真蕨亚门铁线蕨科。多年生草本。株高 15~40 厘米。植株丛生，根状茎横走，叶柄光亮乌黑，纤细如铁丝，故而得名。叶片薄，为二回羽装复叶，绿色小羽叶斜扇形，栽培变种有荷叶铁线莲，叶片近圆形，状似荷叶，非常漂亮，但人工栽培较困难，为国家重要保护植物之一。鞭叶铁线蕨，叶扇形近革质，鞭叶近圆形，叶纸质，一回羽状复叶，叶片很长，先端下垂，落地能生根，栽培较为容易。

（6）绿肥植物——满江红（*Azolla imbricata*）

农田杂草一向被视为作物的大敌，但在中国江南水乡，农民们却希望自己经营的稻田中有一种名叫满江红的水生杂草"光顾"，以至于特意在水田中放养这种植物。有了满江红的帮助，稻田不仅可以少施肥，而且还能抑制其他有害杂草生长，使水稻增产。

图 3.18　铁线蕨

满江红（图3.19）是一种水生蕨类植物，属于真蕨亚门，几乎分布在世界各地的淡水水域中。满江红的相貌独特，看上去像一团粘在一起的芝麻粒浮在水面上，水下有一些羽毛状的须根。如果仔细观察就会发现，这些"小芝麻粒"就是满江红的叶。它们无叶柄，交互着生在分枝的茎上，又好似一串串小葡萄。每一片叶都分裂成上下两部分。上裂片绿色，浮在水上；下裂片几乎无色，沉在水中，

图3.19 满江红

上面生有大、小孢子果，分别产生大、小孢子。满江红能增加水田肥力的奥秘就在它那芝麻粒大小的叶子中。在满江红叶的上裂片下部，有一空腔，腔内有一种叫鱼腥藻的蓝藻共生。这种蓝藻通过自己奇特的固氮本领，将空气中的氮素变成"氮肥"供满江红享用，使这种水生蕨类植物成了赫赫有名的"绿色肥源"。

满江红除进行有性生殖外，还能通过侧枝分离进行营养繁殖。只要环境适宜，满江红生长和繁殖十分迅速，虽然体形小，却通过极大的个体数量布满整个水面，好像在水面上盖了一层红彤彤的地毯，景色十分动人。

以上所列植物只是孢子植物王国的一角，事实上孢子植物种类繁多，形态各异，遍布于自然界的各种生境。既有科学价值又有应用价值，有些可谓植物界之最，本章只是起个抛砖引玉的效果，揭开孢子植物的表面，感兴趣的同学可以进一步去探索。

二、种子植物多样性

种子植物的多样性表现为不同植物种类的形态、结构、组成成分、生活习性以及对环境的适应性等方面千差万别，也包括同种植物的遗传差异性。人们的日常生活、生产实践与种子植物的多样性紧密相关。种子植物包括裸子植物约800种、被子植物近30万种。

1. 种子植物与衣食住行

（1）纺织及造纸

纺织用的纤维要求具有较好的长度、细度、弹性、强力、化学稳定性等特性。优质植物纤维是十分理想的纺织纤维，如：苎麻的茎皮纤维细长，有抗湿、耐热、绝缘、质轻等优点，经化学处理后可与细羊毛、涤纶等混纺，织成高级衣料；亚麻纤维拉力强，织物耐摩擦，吸水性低，可制作夏服、手帕、家具装饰品等。

图 3.20　新西兰剑麻

棉花、剑麻（图 3.20）、罗布麻、大麻等也是优良的纺织原料。至于纺织帆布、麻袋布，编织草帽、凉席、绳索等，则可利用的植物种类就数不胜数了，但以荨麻科、椴树科、锦葵科、亚麻科、龙舌兰科、桑科等科最为著名。

可用于造纸的植物种类则更为丰富，如云杉、冷杉、红松、落叶松、杨树、桦木、枫木、毛竹、稻草、麦秆、芦苇、甘蔗渣、麻类等，但不同的植物纤维生产出来的纸品性质和质量差别很大。

（2）餐饮主角

人们每日三餐所需的营养，大部分是由植物提供的。粮食作物包括禾本科的小麦、水稻、玉米、燕麦、黑麦、大麦、高粱，蓼科的荞麦，旋花科的甘薯，茄科的马铃薯，豆科的大豆等等，其中三种作物（小麦、水稻和玉米）产量占世界粮食总产量的一半以上。粮食作物主要为人们提供淀粉、蛋白质。

图 3.21　凤梨

蔬菜作物如白菜、甘蓝、胡萝卜、瓜类、菜豆、西红柿、茄子、青椒、菠菜、洋葱、茭白、藕、莴苣等，它们除了含有淀粉、蛋白质等主要成分外、还提供膳食纤维、维生素、微量元素等。苹果、梨子、桃、草莓、柑橘、西瓜、葡萄、荔枝、香蕉、椰子、凤梨（图 3.21）等水果，板栗、核桃、枣等干果，悬钩子、野山楂、甜枸子等野果，适合生吃，营养价值很高。中华猕猴桃的果实富含维生素 C，甜酸可口，风味独特。

图 3.22　沙棘

茶叶、咖啡和可可是世界著名的饮料，其中茶是最先由我国栽培利用的饮料植物。苦丁茶、菊花、金银花、越橘、沙棘（图 3.22）、金樱子、刺梨等也已作为保健饮料植物开发利用。甜叶菊叶中含大量甜叶菊苷，甜度为蔗糖的数百倍，是一种优良的低热量天然甜味剂。甘草根中含甘草酸，甘草末和甘草提取物在食品中使用可代替部分蔗糖，并能赋予食品特有的风味和甜味。

（3）畜牧业的依托

食用植物都可以作为饲料用于畜牧业。除此之外，还有许多植物，含有丰富的营养成分，适合于饲养家禽家畜。我国新疆、内蒙古、东北等以羊草草原为主，主要饲草是羊草、羊茅、苇状羊茅和针茅属的优质牧草，饲养动物主要有牛、羊、马等。川西—藏东南—青海地区，以芨芨草、冰草和针茅属植物为饲料，饲养着牦牛、牛、马和绵羊等。长江中下游地区丘陵地带的草地，生长着荻、荩草、马唐、狼尾草等牧草，饲养黄牛、水牛和羊等牲口。栏养所用饲料有些是人工种植的，如豆科植物紫云英、紫苜蓿、红车轴草、白车轴草、草木樨以及大豆和豌豆的苗，这些植物富含蛋白质等营养成分。我国已出版的《中国饲用植物志》详细记载了上千种饲用植物。

（4）建筑及制造业用材

木材是优于钢铁的绿色材料，是建造房屋、桥梁、船舶，制作农具、家具及许多工农业及生活用品的基本原料。全球有乔、灌木树种近2万种。不同树种的木材具有不同的用途，如杉木、柳杉、红松等针叶树材，树干挺直，耐腐，适于作电杆、木桩、房屋柱子；枫香的木材干后没有气味，可用于制作茶叶等产品的包装箱，能避免包装材料的气味影响茶叶品质；山毛榉木木纹美观、鸭脚木色调均匀，可制成单板贴面家具，十分美观；豆科的紫檀木紫红色，材质坚硬，淡香宜人，是制作实木家具的高档材料。此外，黄杨木材质坚韧、结构细致，可雕刻印章、制木梳；乌木、苏木、红木等材质坚韧、硬重、结构细致、稳定性好，可用于制乐器；桦木、槭木、杨木，因为材色白、无味、纹理直，可制牙签等。

（5）医药保健的原材料

90%以上的种子植物可以作为药材原料用于医疗保健，是人类生存和健康所需要的宝贵财富，如紫苏、麻黄可发汗散寒，金银花、栀子、生地黄应用于清热、解毒、泻火、除湿，红花、益母草（图3.23）为活血药，黄芪、枸杞子、百合、肉苁蓉为补益药，人参、红豆杉为抗癌植物，萝芙木、薯蓣作心血管药，常春藤、黄檗有营养滋润作用等。

芳香植物中提取的芳香油是调香的原料，香料、香精被广泛用于饮料、食品、烟草、洗涤剂、化妆品、医药制品及其他日用品中。含芳香油的植物种类很多，主要有丁子香、檀香、玫瑰、安息香、依兰、薄荷、留兰香、罗勒、百里香、山苍子、珠兰、香茅、香草兰和桉树（图3.24）等，较集中

图3.23 益母草

图3.24　柠檬桉

在樟科、芸香科、唇形科、伞形科、牻牛儿苗科等科植物中。肉桂的树皮、枝叶的芳香油为著名食品调味香料，也用于调制化妆品和皂用香精。桉树油具有很强的杀菌效果，用于治疗呼吸道感染、顽疥、癣疾等，其中的香茅醛和香茅醇大量用于调制香水、香皂、牙膏等。香叶天竺葵的精油称香叶油，具有玫瑰香气，是配制高级化妆品香精、皂用香精、食品香精等的材料。

2. 种子植物与园林绿化

园林绿化中种子植物种类丰富多彩，是园林绿化的主体栽培对象。一些具有相同特质的种类往往被收集栽培在同一区域，形成专类园，有名的专类园包括山茶园、杜鹃花园、桂花园、梅花园、牡丹园、月季和蔷薇园、樱花园、丁香园、木兰园、竹园、棕榈园、苏铁园、鸢尾园、兰园、仙人掌科和多肉植物专类园以及水生植物专类园等。

（1）蔷薇园

蔷薇园中的月季花容秀美，千姿百色，芳香馥郁，四时常开，有"花中皇后"之名，深受人们喜爱。现代月季是若干种蔷薇属植物多年反复杂交的后代，除少数扦插苗之外，大部分都不是生长在自生根上，而是选择适应性强、亲和力好的蔷薇与相关品种嫁接而成的。现代月季大体上分为杂种香水月季、丰花月季、壮花月季、藤蔓月季、微型月季和灌木月季六大类，是品种最多的栽培花卉之一，有据可查的就有2万多个品种。灌木月季类有半栽培原种、老月季品种，也有新近育成的品种，大多能耐寒，生长特别繁茂，花朵有重瓣和半重瓣，花色有白、红、粉、黄、紫、绿等多种颜色，有些还具条纹及斑点或复色。香气的浓淡因品种而异，在适宜条件下全年都可开花，有的能结出发亮的蔷薇果。

值得一提的是，植物学上的玫瑰和月季是蔷薇科蔷薇属的不同种植物。但由于玫瑰刺多（刺上有毛区别月季）、花小、花色单一、花期短，因而花枝挺拔、花色丰富、四季都能开花的现代月季就取代了玫瑰，现在一些场合人们习用"玫瑰"之名称呼月季。

（2）多肉植物

多肉植物又称多浆植物，常指茎叶肉质、具肥厚贮水组织的观赏植物，是花卉产业中的一个重要领域，体型小、生长慢、形态奇特，十分适合现代都市居住和生活环境。常见的多肉植物分布在仙人掌科、景天科、龙舌兰科、百合科、番杏科、大戟科、菊科、夹竹桃科、萝藦科、马齿苋科，此外，在木棉科、凤梨科、鸭跖草科、葫芦科、龙树科、薯蓣科、牻牛儿苗科、苦苣苔科、桑科、辣木科、西番莲科、胡椒科、葡萄科、百岁兰科等也有多肉植物分布。由于多肉植物适合盆栽、管理简单、繁殖容易，成为花卉爱好者们的宠物。

3. 丰富的遗传多样性

（1）稻

稻，是多型性作物。几千年来，人们已培育出多种多样的类型和品种：按生长所需温度和品种的亲缘关系划分，有籼稻和粳稻；按米粒内淀粉的性质划分，有粘稻和糯稻；按成熟期划分，有早熟、中熟和迟熟品种；按水分生态条件划分，有水稻（图 3.25）和陆稻（旱稻）；按食用性质划分，有普通稻和特种稻。所谓特种稻是指特殊用途的稻，如香稻就是利用其香味；色稻是利用其果皮中的天然色素；专用稻是指专适于酿酒、制米糕、米面等用途的稻。

（2）枣

枣，是食、药、观赏兼用的果树。我国约有 500 多个品种，著名的有：产于河北、山东的金丝小枣，核小肉厚、糖多味浓、色鲜质细；产于河北的大枣，树冠高大产量高；朗家园枣，核小肉厚、皮薄色鲜、肉脆品甜，为鲜食脆枣品种；产于河南的庆枣，皮色好，肉丰满，核与肉易分离，为著名干

图 3.25　水稻

果品种；产于山东、河北的无核枣，果小，核退化，肉厚味甜；产于山西的相枣，果大皮薄肉厚，富含糖分，适宜晒制干枣；此外还有枝上无刺的无刺枣、果形似葫芦的葫芦枣、枝叶卷曲弯生的龙爪枣等。

野生植物的遗传多样性也很丰富，但往往表现为肉眼不易察觉的、细微的、连续性变化特征，可通过现代生物技术检测它们的差异。在地球环境持续恶化的今天，人类亟须有效保护及合理利用植物的遗传多样性。

（3）蜡梅

蜡梅（图 3.26）是我国特有的珍贵花木，可作园林配置、切花、药用、香料。不要以为蜡梅就只有千篇一律的小黄花飘淡香一种类型，当你仔细观察比较了不同植株上花的大小、颜色、花被片形状后，你会发现蜡梅其实品种很多（文献记载有一百多个品种），通常可分为素心蜡梅、馨口蜡梅、红心蜡梅、小花蜡

图 3.26　蜡梅

梅等品系。素心蜡梅花朵较大，内外轮花被纯黄色，香气很浓。馨口蜡梅叶及花均较大，外轮花被淡黄色，内轮花被边缘有浓红紫色条纹，花期长，香气浓，品质优良。红心蜡梅叶形较狭尖，质地较薄，花较小，花被片狭长而尖，内轮中心的花被片有紫红色纹，香气淡，花后多结实。小花蜡梅花径特小，外轮花被片黄白色，内轮花被片有紫红色条纹，香气浓。

根据花期季节的不同，分为夏蜡梅（花夏天开放，花大型、芳香，我国特产，原产西天目山）和蜡梅二种。而蜡梅花期早晚，可分早花（11 月下旬至 1 月下旬）、中花（1 月上旬至 2 月下旬，盛花期 1 月）及晚花（2 月上旬至 4 月上旬，盛花期 2 月）。根据花径，大花者花径在 3cm 以上，中花者花径 1.5~3cm，小花者花径 1.5cm 以下。根据花朵开放时的形状，分张开（盛开时花被片开展并呈反卷状）及馨口（盛开时花被片不开展）。外轮花被片的颜色有杏黄、金黄、土黄、黄绿及黄白色之区别。花的香气、花被片数目也各有特征。如果按照这些区分依据去浏览植物园中的蜡梅，说不定你会流连忘返。

4. 适应环境，各显神通

（1）御敌

有一类植物，如马缨丹、碧冬茄、细杆沙蒿、夜来香、薄荷、藿香、薰衣草、碰碰香（图 3.27）等，具有驱赶蚊虫的能力。这种能力是从何而来的？研究发现，

图 3.27　碰碰香

这些植物能产生和释放一些特别的气体成分，令蚊虫避而远之。现已证实，碧冬茄的驱蚊成分是挥发油中的叶醇、苯甲醇、苯甲醛、苯乙醇、乙酸苯乙酯等；细杆沙蒿的驱蚊成分是挥发油中的邻苯二甲酸酯等。植物驱蚊，从生物进化的角度理解，是适应特定生存环境的一种防御机制，可以规避蚊虫对植物的某种危害。

植物在长期的演化过程中，对昆虫的侵害有三种应对方式。第一种是引起昆虫避开取食或抑制其取食，如上述的驱蚊植物；第二种是影响昆虫对食物的消化和利用，如兴安落叶松、獐子松、

白桦等产生的单宁可使昆虫的消化酶失活；第三种是使昆虫中毒或抑制生长发育，如印楝树产生的印楝素能毒杀昆虫。植物的这些代谢产物，通过影响昆虫的神经系统、呼吸系统、肌肉系统、消化系统、生殖系统而达到杀虫、驱虫的御敌效果。

相反的情形是植物产生挥发性气体引诱昆虫采蜜、传粉等，植物与昆虫间形成互利合作的关系。

（2）食虫

食虫植物，本身也是绿色植物，能进行光合作用，但由于通常生长在潮湿而贫瘠的土壤或浅水中，环境中常常缺乏营养，因而产生了以捕食昆虫补充生长所需的营养的特殊生态适应方式。已知的食虫植物大体上属于猪笼草科、茅膏菜科、瓶子草科、狸藻科四个科。这类植物全世界共有 600 多种。

图 3.28　猪笼草

猪笼草（图 3.28）生活在热带潮湿地区，其叶片分化成三部分：基部为绿色的叶片，可进行光合作用，中部为细长丝状体，可卷曲和攀援，先端为具盖的囊状体，囊内盛有由特殊腺体分泌的蛋白酶。当蚂蚁等小型昆虫被引诱并滑入囊内，就会被囊内的蛋白酶分解，营养被囊壁吸收。

（3）变性

植物的性别，大致可分为雌雄同花、雌雄同株异花、雌雄异株等。但在许多植物中，由于遗传、生理、环境等因素的影响，性别可能会发生变化，由雄性变成雌性，或由雌性变成雄性。已知数以千计的植物存在这种现象。雌雄同株异花的黄瓜可因肥力和光照状况的变化而发生性别转变：如果在早期发育中施用较多的氮肥、缩短光照时间或增高二氧化碳浓度，性别就会向雌性转变，雌花比例会增高；反之，在发育早期施用极少的氮肥和延长光照时间，雄花比例会增高。南瓜的性别则会因夜间温度不同而有所改变，降低夜间温度可导致雌花数量增加。雌性的杨树在一定程度的修剪后可能会转变为雄株，研究认为这是由于修剪创伤引起植株内部发生一系列生理变化所致。印度天南星为多年生草本植物，其较矮小植株为雄性、超过一定高度后就转为雌性了，或许与营养供应有关，因为雌株结实需要消耗更多的营养。

变性是植物繁育系统普遍存在的一种现象，其表现形式多种多样。一方面，我们可以透过变性现象研究其中的奥秘，另一方面，我们也可以利用变性规律调节栽培植物的性别朝着人们期待的性别方向发展。

（4）绞杀

在热带雨林里，植物的密度是很大的，在争夺阳光、空间和养分的残酷生存斗争中，豆科、凤梨科、天南星科的一些附生植物附着在别的植物体表，吸取其养分和水分而生机勃勃，而省藤等藤本植物则会攀援在大树之上，借助别的植物的帮助，使自己扶摇直上，争取到上层的阳光和空间。绞杀植物是热带森林中介于附着生长与独立地面生活习性之间的一类植物，它们以附着生长开始，以后生出气生根，气生根沿其附生的乔木主干向下伸展，气生根交汇的部分能互相愈合、交织成网，紧密地包围着乔木主干，使乔木主干失去形成新的输导组织的空间，阻断了进一步生长，最终将原先供它依附的乔木绞死，成为热带雨林的一大奇观。常见的绞杀植物有桑科的榕属、五加科的鹅掌柴属、漆树科的酸草属等。

（5）抗逆

植物的生存需要有水、阳光、空气和适宜的温度，不具备这些条件，植物就难以存活，然而自然界也存在一些能生活在"生命禁区"里的极端植物。

在极地及高山地区，气候严寒，热量不足，风力大，昼夜温差大。在这严酷的生态环境下，植物在生理上通过降低冰点，使细胞免受冻害，而在形态上，表现为矮小、芽及叶片常有油脂类物质保护、芽有鳞片、植物器官的表面有腊粉、植物体常呈匍匐状、垫状或莲座状等以抵御严寒。棉毛凤毛菊、火绒草叶缘常卷曲，叶片密被毛以减少蒸腾。藜科的小蓬小枝生长极度受抑制，形成了半球形的垫状体（图3.29），对植物体周围"微环境"有增温、保温、减少蒸发、多储水分和抵御强风侵袭的作用。

图 3.29 小蓬,植株成半球形

荒漠出现在降水稀少、冷热剧变、风大沙多、日照强烈、强度蒸发的环境下，这里的植物根系深，肉质多浆或叶片退化，以适应干旱，如叶退化的沙拐枣、麻黄、白梭梭，肉质化的仙人掌、猪毛菜、短叶假木贼、盐地碱蓬、骆驼蓬、霸王等。

红树植物（如红树、秋茄、木榄、红海榄、角果木等）生长在海水里，环境的特点是盐浓度高、海浪的冲击力大、水底淤泥含氧量少等等。

它们有呼吸根适于在淤泥和海水中进行呼吸，有交织的支柱根或板根抵御海浪的冲击，有盐腺向体外泌盐，有胎生现象确保幼苗尽快扎根于淤泥等适应特征。

盐碱地上的盐角草是最耐盐的植物，它的细胞内有储存盐分的盐泡，由于盐分都被限制在盐泡中，不会毒害盐角草。怪柳、胡杨不怕盐碱，则是因为它们能不断地向体外排放盐分。

（6）寿命

种子植物的寿命有长有短，短的只有数十日或更短，长则可达数百年、数千年。

通常木本植物比草本植物寿命要长得多。植物界的"老寿星"，都出在木本植物里。裸子植物寿命普遍较长，如松树、柳杉（图3.30）能活1 000年以上，雪松能活2 000年，柏树、银杏、红桧等能活3 000年以上。被子植物中苹果、葡萄、柳树寿命不到200年，樟树能活800年以上，而龙血树能活6 000年以上，是已知最长寿的植物。

图3.30　柳杉

生长于温带荒漠的短命植物，在严酷、恶劣的环境中，经过长期艰苦的"锻炼"，练出了迅速生长和迅速开花结实的本领，从种子萌发到果实成熟一般只有60~70天。沙漠中的短命菊，种子在稍有雨水的时候，就赶紧萌芽生长，开花结果，赶在大旱来到之前，匆忙地完成它的生命周期，只能活几星期。现代分子生物学研究的模式植物拟南芥，在实验条件下只需一个月左右即可完成从种子萌发到下一代种子成熟的过程。

植物的寿命决定于植物本身的遗传特性，也与生活环境有密切关系。从进化的角度看，寿命短的植物比寿命长的植物具有更多的变异潜能及生存和发展机会。

（7）传播

花粉从雄蕊传给雌蕊的过程叫传粉。经历传粉之后才有可能结实。植物传粉的方式多种多样，依靠蜂、蝇、蝶、蚁、甲虫等昆虫为媒介而完成传粉的，如三色堇、裂叶地黄（图3.31）、向日葵，这类植物的花通常较大，花被发达，各花瓣形态、色彩和功能各异，有香气和蜜腺，

图3.31　裂叶地黄

花粉粒较大有黏性，易附着在昆虫身体上等。依靠风力传粉的，如雪松、稻、玉米、板栗、杨树，它们的花较小，无花被或花被退化；无香气和蜜腺，花粉干燥而轻，量多，便于花粉随风飘散。也有依靠水、鸟等其他媒介传粉的，各有独特的形态特征。

植物占领新的生境，需要依靠风力、水力、动物和人类活动等散布果实和种子。

借助风力散布果实和种子的植物很多，它们一般细小质轻，能悬浮在空气中被风力吹送到远处。如兰科植物的种子小而轻，可随风吹送到数公里以外；其次是果实或种子的表面常生有毛、翅，或其他有助于承受风力飞翔的特殊构造。如柳的种子外面有细长的绒毛（柳絮），蒲公英果实上长有降落伞状的冠毛，铁线莲果实上带有羽状柱头，复叶槭、榆等的果实以及美国凌霄、松、云杉等的种子有翅，这些都是适于风力吹送的特有结构。

图 3.32　意大利苍耳

水生和沼泽地生长的植物，果实和种子往往借水力传送。莲的果实（莲蓬），呈倒圆锥形，疏松质轻，能漂浮水面，随水流到各处，同时把种子远布各地。海岸边的椰子，它的中果皮疏松，富有纤维，适应在水上漂浮，可依靠水力散布。

有些植物的果实和种子是靠动物或人类的携带散布开的，这类果实和种子的外面生有刺毛、倒钩或分泌黏液，能挂在或粘附于动物的毛、羽或人们的衣裤上，随着动物和人们的活动无意中把它们散布到较远的地方，如鬼针草、意大利苍耳（图 3.32）、鹤虱、水杨梅、蒺藜、窃衣、猪殃殃、丹参等。

壳斗科的果实，常是某些动物（如松鼠）的食料。它们常把这类果实搬运开去，埋藏地下或其他安全之处，除一部分被吃掉外，留存的就在原地自行萌发。又如蚂蚁对一些小型的植物种子，也有类似的传播方式。

杨梅、疏花蔷薇等具有肉质部分的果实，多半是鸟兽喜欢的食料，这些果实被吞食后，果肉被消化吸收，而果核或种子随鸟兽的粪便排出，散落各处。同样，多种植物的果实也是人类日常生活中的辅助食品，在取食时往往把种子随处抛弃，种子借此取得了广为散布的机会。

第四章　园林植物 4

　　园林植物是人类社会的经济、社会、生活发展到一定水平后出现的产物。在历史的长河中，园林植物已经成为人们布置丰富多彩、万紫千红、枝繁叶茂的优美环境的重要素材。在古埃及，荷花、萱草等园林观赏植物作为重要的园林元素被记录在壁画中；闻名遐迩的古巴比伦空中花园中，园林观赏植物，结合竖向变化设计，成为人类历史上的奇迹。在公元前 11 世纪的中国商代，甲骨文中就已经出现了"园"、"圃"、"花"、"草"等字。《诗经》中共记载了 130 余种植物，其中不乏姿态优美的园林植物；在历史更迭中，出现了《园庭草木疏》《平泉山居草木记》《洛阳花木记》《全芳备祖》《群芳谱》《广群芳谱》及各种花卉专著等书籍。

　　在经济社会高速发展的现代，园林观赏植物（landscape plants）不仅仅是指大内行宫、私家花园的植物材料，而是指应用于风景区、旅游区、自然保护区、城市各类绿地、建筑内外等地，具有景观、生态、文化、社会、经济功能的各类植物的总称。常因其茎、叶、花、果或个体、群体独特的观赏价值，在城市绿色空间中发挥极为重要的作用。

一、中国是"世界园林之母"

　　中国素有"世界园林之母"之誉称，这是西方人士对中国园林植物历史悠久、植物种类丰富的极高赞誉，表明我国野生植物资源和栽培花卉种质资源极其丰富，许多闻名全球的园林植物最初都是由我国传至世界各地。

　　早在 1789 年，中国的月季被引入英国，引起了欧洲新一轮的月季育种的热潮，从而培育出现代月季品种系列。20 世纪七八十年代，一直以为世界上不存在的金花茶在中国发现了，引起了欧洲花艺界的惊叹。现在野生金花茶也仅存在于中国南方和越南之间。杜鹃花全世界共有 900 多种，仅在我国分布就有

图4.1 梅花

530余种。有记载表明，我国原产喜马拉雅山脉的多个杜鹃花属植物尤其是大花杜鹃、大树杜鹃自1849年引入英国后，此后许多欧洲国家开始惊叹于中国杜鹃花属植物的丰富，开始大量从中国引进该属植物。从中国引入西方并成为世界重要园林植物的还有很多，如牡丹、荷花、梅花（图4.1）、山茶、兰花等，现在已经广泛应用在全世界的公园绿地中，这些都成为我国是"世界园林之母"的有力佐证。

二、国外园林植物走进我国生活

我国引种国外园林植物的历史悠久，早在西汉的"丝绸之路"年代，国外的奇花异草就开始进入我国。特别是19世纪中叶以后，我国从国外引进的植物种类大大增加。

桉树在1884年引入中国，最开始是用作工业造纸而引进，后来发现其树干挺拔、树形美丽而被用作园林观赏植物。刺槐于1887年引入到青岛，湿地松和火炬松从1933年至1946年在我国亚热带地区开始引进种植。尤其近20年来，我国从国外引进了大量的观赏植物种和品种。据20世纪90年代的粗略统计，当时我国从国外引进的园林植物就多达500个种4 000多个品种，其中有香石竹、郁金香、国外红花槭（图4.2）、菊花品种、日本樱花品种、广玉兰、北美鹅掌楸、国外悬铃木、国外杜鹃花品种等，这些植物的许多种和品种现在都成为

图4.2 红花槭

我国大江南北城市绿地中广泛种植的观赏植物。

三、园林植物的分类与观赏特性

园林植物按照不同分类方法和标准，可分为多种不同的类型。一般常用的分类方法有如下几种。

1. 根据生长型、生长习性或体型

首先将园林植物分为木本植物和草本植物。木本植物分为乔木，灌木，藤木；

草本植物分为一年生、二年生植物，多年生草本植物，水生植物，草坪与地被植物，观赏草。

乔木 具有明显唯一主干，树体高大。可根据植物高度细分为伟乔（31m 以上）、大乔（21~30m）、中乔（11~20m）和小乔（6~10m）四级。

灌木 无明显唯一主干，树体低矮，通常在 6m 以下。

藤木 能够通过绞杀、吸附、卷须和蔓条等方式缠绕或攀附他物而向上生长的木本植物。其中，绞杀类具有缠绕性和较粗壮、发达的吸附根，可以使被缠绕的植物缢紧而亡；吸附类如凌霄借助吸附根、爬山虎借助吸盘向上生长；卷须类如葡萄；蔓条类如蔓性蔷薇每年可发生多数长枝，枝上具有钩刺助于上升。

一年生、二年生植物 在一个或两个生长季节内完成其生命周期（从植物的发芽、生长、开花、结果到死亡）的任何非木本植物。

多年生草本植物 根据地下部分的形态可以将多年生草本植物分为宿根植物和球根植物。宿根植物是植株地下部分不变态，可以宿存于土壤中越冬，翌年春天地上部分又可萌发生长、开花结籽的多年生草本植物；球根植物是指具有由地下茎或根变态形成的膨大部分的多年生草本植物，通常分为鳞茎类、球茎类、根茎类、块茎类、块根类。

水生植物 指能够在水中或水边生长的植物。根据水生植物的生活方式，一般分为挺水植物，如荷花、芦苇、菖蒲等；浮水植物，如睡莲、王莲、荇菜等；沉水植物，如苦草、黑藻、狐尾藻等；漂浮植物，如浮萍、凤眼莲等。

草坪与地被植物 多年生矮小草本植株密植，并经修剪的人工草地称为草坪；株丛密集、低矮，管理简单粗放的植物称为地被植物。

观赏草 常因植物株形、叶形、叶色、花序等独特的观赏特征，及其生态适应性、抗寒性强、抗旱性好、抗病虫能力强、不用修剪等生物学特点而广泛应用于园林景观设计中的植物称为观赏草。

2. 根据植物的观赏特性

观花植物 花是植物的主体，也是植物观赏的主要对象。通常因花色、花香将观花植物分为多种类型。根据花色可以分为红色系花（如海棠、桃、杏等）（图 4.3），黄色系花（如迎春、连翘、黄木香、黄牡丹等），蓝色系花（如紫藤、紫丁香、木蓝等）、白色系花（如白丁香、白牡丹、白玉兰、广玉

图 4.3 垂丝海棠

兰、栀子花等）；根据花香分为清香（如茉莉花、广玉兰等），甜香（如桂花等），浓香（如百合、茉莉、白兰花等），淡香（如铃兰等），幽香（如兰花、蜡梅、梅花等）。

观叶植物　树叶具有丰富多彩的形貌。叶形变化万千，各有不同，单叶叶形常分为针形类（如雪松、油松等），条形类（如冷杉、紫杉等），披针形叶类（如柳、夹竹桃等），椭圆形类（如金丝桃、天竺葵等），卵形类（如女贞、玉兰等），掌状类（如五角枫、刺楸、梧桐等），三角形类（如钻天杨等），奇异形（如鹅掌楸、羊蹄甲，变叶木、银杏等）；复叶叶形常分为羽状复叶（奇数羽状复叶、偶数羽状复叶，以及 2 回或 3 回羽状复叶，如刺槐、锦鸡儿、合欢、南天竹等），掌状复叶（如七叶树、铁线莲等）。

另外，叶色也是观叶植物的重要特征。根据叶色特点可以将植物分为绿色类、春色叶类及新叶有色类、秋色叶类、常色叶类、双色叶类、斑色叶类。其中绿色类植物虽然叶色呈绿色，但仍有嫩绿、浅绿、鲜绿、浓绿、黄绿、赤绿、墨

图 4.4　紫叶李

图 4.5　佛手

绿、亮绿等差别；春色叶类及新叶有色类称为春色叶树，如，臭椿、五角枫、山麻杆的春叶呈红色，黄连木春叶呈紫红色；秋色叶类指秋季叶色有显著变化的植物，如秋叶呈红色或紫红色类者有鸡爪槭、五角枫、茶条槭、地锦、黄栌等，秋叶呈黄色或黄褐色者有银杏、梧桐、栾树、金钱松等；常色叶类指植物常年叶色为异色者，如紫叶小檗、紫叶李（图 4.4）、紫叶桃、加拿大紫荆等；双色叶类指叶背和叶表的颜色显著不同者，如银白杨、胡颓子、栓皮栎等；斑色叶类指绿叶上具有不同颜色的斑点或花纹的植物，如洒金桃叶珊瑚、变叶木等。

观果植物　在评鉴植物果实形状时常以奇、巨、丰为准。"奇"指形状奇异有趣，如佛手（图 4.5）形似人手，腊肠树犹如香肠，秤锤树如秤锤一样；"巨"指单体果实较大，如柚，或果虽小，而果穗较大，如接骨木；"丰"指单果或果穗均有一定的数量，

以达到优美的观赏效果。

观枝干植物 园林植物的枝干色泽和形态具有很强的观赏特性，在美化环境中起到重要作用。枝干形态中可以分为几个类型，光滑树干（如柠檬桉、紫薇等），横纹树干［如樱花、山桃（图4.6）、桃等］，片裂树干（如白皮松、悬铃木、木瓜、榔榆等），丝裂树干（如青年期的柏树等），纵裂树干（如多数植物为该类），纵沟树干（如老年胡桃、板栗等），长方裂纹（如柿树、君迁子等），粗糙树干（如

图4.6 山桃

云杉、桦木等），疣突树干（在暖热地方的老龄树木上可见）。

观树形植物 同一树种的树形并非永远不变，会随着生长发育呈现出规律性的变化，所谓树形指正常生长环境下，成年树的外貌。针叶树类乔木常呈现圆柱形（如杜松、塔柏等），尖塔形（如雪松等），圆锥形（如圆柏等），广卵形（如圆柏、侧柏等），卵圆形（如球柏等），盘伞形（如老年油松等），苍虬形（如高山地区的老龄树）；针叶树类灌木常呈现密球形（如万峰桧等），倒卵形（如千头柏等），丛生形（如翠柏等），偃卧形［如鹿角桧（图4.7）等］，匍匐形（如铺地柏、沙地柏等）。阔叶树类乔木中有中央领导干（主导干）的树形常现圆柱形（如钻天杨等），笔形（如塔杨等），圆锥形（如毛白杨等），卵圆形（如加拿大杨等），棕榈形（如棕等）；无中央领导干的树形常现倒卵形（如刺槐等），球形（如五角枫等），扁球形（如栗树等），钟形（如欧洲山毛榉），倒钟形（如槐树等），馒头形（如馒头柳等），伞形（如龙爪槐、盘槐等），风致形（主要由于自然环境因子影响而形成的富于艺术风格的体形）。阔叶树类灌木常呈现圆球形（如黄刺玫等），扁球形（如榆叶梅等），半球形（如金老梅等），丛生形（如玫瑰等），拱枝形（如连翘等），悬崖形（如高山岩石缝隙中的松树），匍匐形（如平枝枸子等）。

观根植物 在园林美化和盆景桩景中，以植物裸露的根部为观赏对象的一类植物。常见的可观根的植物有松树、榆树、朴树、梅花、楸树、小榕树（图4.8）、蜡梅、山茶、

图4.7 鹿角桧

图 4.8 小叶榕

图 4.9 南洋杉

图 4.10 大花栀子

落叶松、银杏等。

3. 根据植物原产地

园林植物又可分为中国气候型、欧洲气候型、地中海气候型、墨西哥气候型、热带气候型、沙漠气候型和寒带气候型等七种类型。

4. 根据园林用途

独赏树又称园景树、孤植树，世界五大园景树为南洋杉（图 4.9）、巨杉、金钱松、日本金松、雪松，遮阴树、行道树（世界五大行道树为银杏、鹅掌楸、椴树、悬铃木、七叶树）、花灌木、藤木类、绿篱及植物雕塑、草坪与地被植物、桩景、室内观赏植物、温室观赏植物、盆栽植物、切花植物。

5. 根据经济用途

材用植物如花梨木、楠木等，药用植物如天麻、人参等，香料植物如栀子、大花栀子（图 4.10）等，食用植物如苹果、杏、梨等，油料植物如花生、油菜等，树脂植物如可可等，纤维植物如苘麻、剑麻等，淀粉植物如板栗、花生、甘薯、木薯等，芳香油植物如香樟、甜橙、白兰等，工业原料植物如麻风树、橡胶树等，有毒植物如见血封喉、狼毒、巴豆等。

四、园林植物的应用

1. 让家园色彩缤纷的花灌木

在煦日浓浓的春天，走进公园绿地里，你最在乎那里的是什么？最让你流连忘返的又是什么？是那些色彩斑斓、花满枝头的花灌木！

花灌木是一个城市的绿地植物景观的重要组成部分。自 20 世纪 90 年代末以来，中国从国内外引进大量的花灌木品种，如锦带类、八仙花类、醉鱼草类等，丰富了绿地植物种类，一定程度上也提升了公园绿地的品位。

锦带属（*Weigela*）是忍冬科植物，落叶灌木或小乔木，花期 4~5 月，花冠合生成钟状或漏斗状，属于"合瓣花"植物。因为花极繁茂而被在公园绿地中有极广泛的应用。锦带属植物在全世界有 200 多种，仅在中国就分布有 100 余种，如锦带花（图 4.11）、海仙花、水马桑。在欧美国家，锦带花属的

图 4.11　锦带花

植物还被培育出花色多样、极具观赏价值的数百品种的园艺植物，在园林上被称为"锦带类花灌木"，如闻名全球的红王子锦带（*W. hybrid "Red Prince"*），花深红色，在欧美各国随处可见，而近年来引入中国之后，也在北京、上海等许多城市的园林中得到广泛种植。

绣球属（*Hydrangea*）是绣球花科植物，也叫八仙花，落叶灌木，少数为攀援状，花冠分离成瓣状，属"离瓣花"类植物。聚生为聚伞花序或圆锥花序，形似绣球，花序边缘具有大型不育花，花色多样，具有很强的观赏性，园林上被称为"绣球类"花灌木。八仙花属植物全世界有 100 余种，中国分布有约 45 种，国外园艺品种多达数百种，在国内外的公园、植物园中广泛栽培，如圆锥绣球（*Hydrangea paniculata Sieb*）、"尼克蓝"八仙花（*H. macrophylla "Niko Blue"*）。

此外，在园林中广泛应用的花灌木还有很多，如芍药属（*Paeonia*）、月季属（*Rosa*）、杜鹃属（*Rhododendron*）、荚蒾属（*Viburnum*）、木槿属（*Hibiscus*）等，都是国内外的传统名花，这些花灌木花色多样、色彩斑斓，正是有它们的存在，使我们公园、我们的城市更加美丽，更加迷人。

然而，由于花灌木的观赏价值重在观花，因此如何开出数量多、色彩艳的花是花灌木栽培应用的关键。由于受正常开花的生理习性所决定，多数花灌木的枝条生长 3~4 年后，随着年岁的增长，该枝条开花数量逐年减少，开花的质量也呈逐年降低的趋势。因此，正确的修剪要求剪去逐年僵化的老枝，促进更新生长开花活力大的枝条。但因为花灌木大面积的"色块"应用，不但使精心的修剪不可能实现，而且也为合理的、必要的修剪带来极大的困难。研究表明，红花檵木、锦带花等花灌木的花芽形成过去一年的八、九月份，在秋冬季对这些花灌木采取平修剪后，看似整齐美观了，但已经分化并生长的花芽却被剪掉了，

而多年龄的老化枝条却未能在近根处被及时疏枝，这就是为什么当前绿地中花灌木开花不繁的直接原因。

2. 绽放异彩的色叶植物

在很多城市公园中，没有花开的时候为什么会有美丽的植物色彩？在叶片凋零的秋季为什么会看到迷人的秋叶摇曳？原来这都是色叶植物带给人们的美丽风景。

色叶植物是指叶片在正常生长的情况下，呈现出或红、或黄、或褐等色彩给人以美感的植物，多为常色叶或秋色叶植物。叶片在生长季节都呈现出美感色彩的是常色叶植物，如红枫（图4.12）、红叶石楠等，而只在秋季表现出美丽色彩的是秋色叶植物，如秋季金黄叶片的银杏、或红或黄的枫香、鲜红迷人的乌桕等，而有些植物进入秋季后，因为长势不良，叶片还没落的时候就逐渐变为枯黄，它们的枯色不能给人以美感，这些植物就不能称为秋色叶植物。

图4.12　红枫

人们不禁要问，色叶植物的叶片为什么会呈现出这么美丽的色彩呢？

科学家研究发现，植物叶片细胞中含有叶绿素、叶黄素和花青素等色素，不同的色素在不同的细胞pH环境中，呈现不同的色素，这正是叶片能显示出不同色彩的原因。而对于秋季色叶植物，进入秋季后，随着温度和湿度降低等气象条件的逐步变化，叶片中的叶绿素逐渐被降解，叶黄素和花青素的相对含量逐渐升高，因而叶片的颜色也随之变化，直到落叶。而那些秋季叶片出现枯色的植物，它们的色彩不是因为色素而形成的，只是因为叶片细胞死亡，所有的色素消失，这样的色彩不能给人以美感，这就是它们不能称为秋色叶植物的原因。

3. 变"水泥"为"森林"的垂直绿化植物

随着人类社会的发展，全球城市化的倾向越来越成为人们担心的事情。人们为什么会对城市的扩张有这样的畏惧心理？因为城市化必然带来土地的紧张，水泥森林的耸立，与之相反的是，以植物为主角构建的自然生态却是越来越少。但是，让人们欣慰的是，随着科学技术的发展，人们在建筑的墙壁上，高架路的桥墩上，发现越来越多的植物生长在上面，这些就是垂直绿化对于城市居民的重要意义。

　　城市的发展，带来了城市绿化理念的更新，垂直绿化则在新的绿化理念中占据着举足轻重的作用，而种类繁多的攀援植物使垂直绿化成为城市绿化的重要组成部分。

4. 建造城市"空中花园"的屋顶绿化植物

　　见过童话世界的空中花园吗？其实这并非梦想，这的的确确是现实。科学技术的发展，使人们拥有了建造屋顶花园的隔水材料和植物材料。通过在屋顶铺设隔水层，上面加上土壤，就可以在建筑屋的顶上种植特殊选择的植物种类，这就成了屋顶绿化，也就是屋顶花园。

　　屋顶能种什么样的植物呢？比如说爬山虎（图4.13）、垂盆草（图4.14）、佛甲草和小叶黄杨等，这些都是根系比较浅，且能忍耐一定干旱条件的观赏植物。再种植灌溉条件比较好的月季、矮牵牛花、三色堇等花繁叶茂的植物，这样，屋顶就真正成了空中花园了。

图4.13　爬山虎

　　那么，为什么还要铺设隔水层呢？过去，人们不能在屋顶种植植物，就是担心需要浇灌水分的屋顶会因隔水性不好而损害其牢固性，甚至会漏水而给人们平添麻烦。但是随着材料科学的发展，人类已经可以生产出隔水性能很好的人工合成材料，且长久耐用，因此屋顶绿化也就成为现实了。

　　有了屋顶绿化，在勾勒城市空中景观、改善城市生态环境、降低城市建筑能耗等方

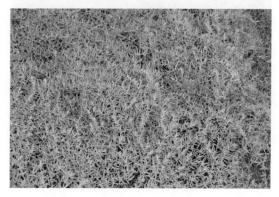

图4.14　垂盆草

面有了更多的选择。城市也因为建设了屋顶绿化而变得更加美丽，空气也变得更加干净、清洁。

5. 使黄土披上绿衣的耐阴地被植物

　　人们时常会回忆起，多年以前的城市，随着大风吹来，满街的灰尘飘扬。这其中很重要的一个原因是，那时的公园或街道绿地除了高耸的乔木，地面表层很少种植那些矮而密的植物，土壤裸露在外面，如果遇到干旱季节，干燥而成粉状表层的土壤，自然会随风扬起。

图 4.15　络石

而现在，随风四处扬尘的现象已成为历史了。因为现在有了许许多多可以种植在树下、屋后等光线不十分充足的地方，如大吴风草、鸢尾、鹅掌柴、络石（图 4.15）等，这些具有很强的耐阴能力，且可以大面积较密种植，园林上被称为"耐阴地被植物"。正是因为种植了耐阴地被植物，城市里原本裸露的地方有如披上了一层绿衣，这些植物通过发达的根系，牢牢地把土壤固定在地上，大量的尘土再也不会随风而起了。

耐阴地被植物除了能有效防止扬尘外，还具有许多其他方面的功能。它们可以吸收空气中的有害气体，清洁城市的空气；还可以保持公园绿地的湿润空气，有利于人们的身体健康；更可以美化城市的地面空间。

6. 可随时间变化而换妆的花坛植物

图 4.16　矮牵牛

不经意间，人们发现所生活、工作、学习的地方变得更加美丽了，仔细一看，路边、街道拐角处、商场的门口、居室的阳台等地方的花坛里，在一年四季都有许多开花的植物。随着季节的不同，这些花坛里种植不同的开花植物，如矮牵牛（图 4.16）、三色堇、一串红等，这些植物是城市园林植物中的"短命植物"，即一年生、二年生植物，随着花期的结束，这些植物也为人们贡献完了自己的生命，园林上把这些植物称为花坛植物。

随着绿化理念的更新和绿化科技的发展，在现代的城市绿化中，一些多年生的宿根花卉也在花坛中得到了广泛的种植，如水仙、郁金香、矮化品种的美人蕉等，这些多年生植物形成了另类的花坛。

7. 使房间既美丽又洁净的室内观赏植物

如果有人说，"房间只是一个遮挡风雨的地方"。那肯定是过去人们对室内空间的理解。在现代社会，人们更加关注室内空间的空气质量和环境美观，而室内观赏植物在改善室内这两方面功能都具有重要作用。

室内种植的观赏植物一般要符合适合盆栽、耐阴、不需频繁浇水等条件，如吊兰（图4.17）、仙人掌、万年青、棕竹等。然而，也不能错把"耐阴"理解成不需要阳光，每隔一段时间还是需要把一些室内植物搬到阳台上或其他光线较好的地方，让其在较好的光线条件下进行适当的恢复性生长。

许多室内观赏植物不仅可以把室内空间变成室内花园，而且还可以吸附房间内的有害气体、粉尘，释放氧气和芳香气体等。譬如芦荟、龙舌兰等，可以吸附房间装修而残

图4.17 吊兰

留的甲醛等气体，棕竹、散尾葵等植物因为有硕大的叶片，可以吸收大量的二氧化碳，释放大量的氧气。

8. "地球之肾"中的湿地植物

置身湿地之中，翠绿的芦苇叶和灰白的芦苇花在风中起伏，一直延绵到远方，与阳光交互辉映，合着微风的节奏，演绎着一段蒹葭苍苍的美丽故事。优美的湿地植物不仅给人带来视觉的体验，还能够改了水体环境，调节生态平衡。

湿地是水陆互相作用形成的，具有净化水质、降解污染物、维持自然生态健康平衡的作用，当水进入湿地后，水流速度明显降低，从而使水中悬浮物和营养物沉降其中，通过置换、化学分解等方式，去除或吸收水中的一些有害化学物质，净化水质。功能与人体的肾脏功能相仿，因此有"地球之肾"的美称。

湿地植物在湿地中是举足轻重的元素，在湿地生态系统中发挥关键作用。与微生物、基质、水体及动物相互协同，提供根区微生物生长、繁殖和降解所需的氧，吸收利用和吸附富集污染物质；输送氧气到湿地系统；维持和加强人工湿地系统内的水力传输，使得整个湿地生态系统平衡运转，发挥良好的净化功能。

从植物的生活类型看，湿地植物可以分为挺水植物、浮水植物、沉水植物和漂浮植物四种。

挺水植物（*Emerged Plant*） 通常指根茎在水底淤泥之中生长而部分茎叶挺出水面的植物，多分布于浅水区，有些生长于潮湿的岸边。这类植物的主要特点是：植物裸露在空气中的部分，具有陆生植物的特征而水下的部分常常具有发达的通气组织。

浮水植物（*Floating Plant*） 通常指根茎在水底淤泥之中生长而叶浮于水

面的植物。

沉水植物（*Submerged Plants*）　是指所有光合作用部分沉水，浮游在水面下，附着或扎根基地的植物。这类植物的根有时不发达或退化，通气组织特别发达，植物体的各部分都可吸收水分和养料。这类植物的主要特点是：叶子大多为带状或丝状。

漂浮植物的根不着生在水底淤泥之中，整个植物体漂浮于水面之上。这类植物的根通常不发达，但是通气组织发达，有些植物具有膨大的叶柄（气囊），用来保证正常合理的气体交换。漂浮植物不固着于淤泥之中，随水流、风浪四处漂移，多数用以观叶，装点水面。

9. 中国传统十大名花

中国十大名花分别是：花中之魁——梅花、花中之王——牡丹花、色艳群英——菊花、水中芙蓉——荷花、花中皇后——月季、繁花似锦——杜鹃、花中娇客——茶花、君子之花——兰花、十里飘香——桂花、凌波仙子——水仙，这十种名贵又美丽的地方名花。这十种花分别蕴含着各个层面的文化内涵，有着丰富而浓重的历史积淀。

梅花是中华民族之魂，在中华人民共和国成立之前曾作为国花而享誉全国。不管是花中"四君子"还是"岁寒三友"，梅花都有着极其重要的地位。总之，梅花自古以来就以其凌寒怒放的特性在人们心中留下了深深的烙印。梅花是我们中华民族的精神象征，最能代表坚韧不拔、自强不息的民族精神。

在陆游词中，以"无意苦争春，一任群芳妒"，赞赏梅花不畏强暴的精神。另有"零落成泥碾作尘，只有香如故"表示其刚直自爱、清丽淡雅的情操，因此人们普遍认为梅花具有刚直、高洁、清丽、潇洒等品格。

梅花可分为真梅系、杏梅系、樱李梅系三大系，同时可分为直枝梅类、垂枝梅类、龙游梅类、杏梅类、樱李梅类五大类。

梅花是寒冬里一抹温暖的亮色，是冬季主要的观花植物，梅花或植于路边，或种于庭院，或孤植，或成林，都有别样的韵味。现在梅花已经被广泛用于园林设计中，成为美化城市、促进旅游的一种重要的资源。在许多公园都可以看到以梅花为主题的景观（图 4.18）。

牡丹花作为花中之王，在明末清初的时候是中国的国花，同时因其为中国特有的木本名贵花卉，在我国有着和两千多年的人工栽培的历史。

在唐代，刘禹锡就曾经作诗赞美牡丹："庭前芍药妖无格，池上芙蕖净少情。唯有牡丹真国色，花开时节动京城。"另外欧阳修在洛阳做官的时候，就发现"洛阳之俗，大抵好花，春时，城中无贵皆插花。花开时，士庶况为遨游"。在洛阳人所好之花中，牡丹就有着很重要的地位。根据文献的记载，在当时的洛阳城，无论是在民间还是衙署都种植有牡丹，在那个年代，赏牡丹逐渐演化成为一种风气。因此欧阳修在任期间，走遍洛阳民间的角落，将洛阳牡丹的历史、栽培状况、品种以及赏花之风俗做了详尽的考证与记录，写成了中国第一部牡丹专著《洛阳牡丹记》。

图 4.18　上海世纪公园梅林

牡丹按照株型分类，可以分为直立型、疏散型、开张型、矮生型和独干型；按照花型分类，可以分为单瓣型、荷花型、皇冠型、楼子型和绣球型（图 4.19）。

菊花产于中国，明末清初传入欧洲，在中国有着三千多年的栽培历史。

在很早的春秋战国时代，屈原的《离骚》中就有对于菊花的描绘。"朝饮木兰

图 4.19　北京植物园牡丹园

之堕露兮，夕餐秋菊之落英"，也就是说早晨刚刚醒来就饮用木兰花上滴落的露水，在傍晚日落西山的时候咀嚼秋菊初开的花瓣，以至于后世咏菊时经常使用"餐英"为典故，隐喻高洁之意。在秦朝的首都咸阳，也曾出现过规模庞大的菊花展销市场，足以反映当时栽培菊花之盛。晋朝的陶渊明更是爱菊成癖，他曾写过不少咏菊诗句，如"采菊东篱下，悠然见南山"；"秋菊有佳色，更露摄其英"等至今仍脍炙人口。当时也有上大夫折服于其高风亮节，所以也多种植菊花，并夸赞菊花是"芳熏百草，色艳群英"。更有宋代举行一年一度的菊花盛会。

菊花按照花期分类，可以分为春菊、夏菊、秋菊、冬菊和吴九菊；按照花瓣的类型，可以分为平瓣类、匙瓣类、桂瓣类、管瓣类和畸瓣类（图 4.20）。

中国传统名花中的兰花仅指分布在中国兰属植物中的若干种地生兰，如春兰、蕙兰、建兰、墨兰和寒兰等，也就是通常所指的"中国兰"。中国人历来以高洁喻之，以"兰章"来比喻诗文之美，以"兰交"来比喻友谊之真切。

图 4.20 济南趵突泉公园菊花展

兰花是一种风格特异的花卉，有着极高的观赏价值。兰花的花色淡雅，花色多偏绿色和黄色，兰花品种以素心者为名贵。兰花的香气，清而脱俗，幽而绵长，一盆在室，满室幽香。"手培兰蕊两三栽，日暖风和次第开；坐久不知香在室，推窗时有蝶飞来"。古人用这只字片语就将兰花的香雅表现得淋漓尽致。兰花的花姿时而高贵华丽，时而端庄秀美。兰花的叶终年墨绿，柔而不软，姿态优美，即使不处在花期，也具备很高的观赏价值。"泣露光偏乱，含风影自斜；俗人那斛比，看叶胜看花"，由此可见兰叶婀娜多姿之美。

兰花的美是独特的，同样的，兰花对于生长环境的要求也是极高的。兰花喜欢生长在背阴、通风的山地，喜湿润但是忌渍涝，水分含量过大会导致烂根和叶片发黄，因此浇水要见干见湿。

在悠闲的时光里，置几盆兰花，于室内案几之上，绿意葱葱，花开之日，幽香阵阵，令人倍感舒心，心旷神怡（图 4.21）。

月季品种繁多，花色多样，花期较长，所以被广泛运用于园艺栽培和切花艺术中。在植物配置中，月季的使用以树状月季、藤本月季和地被月季为主。

图 4.21 深圳植物园兰花园

月季被称为"花中皇后"，原产中国，花香悠远。早在汉代，我国劳动人民就开始栽培月季，唐宋以后更是栽种不绝，因此也出现了许多赞美月季的诗句。唐代著名诗人白居易曾有"晚开春去后，独秀院中央"的诗句表现月季的秀丽姿态，宋代诗人苏东坡更有"花落花开无间断，春来春去不相关；牡丹最贵惟春晚，芍药虽繁只夏初，惟有此花开不厌，一年常占四时春"的诗句，给予月季花开不厌的美誉。北宋韩琦也曾写下"牡丹殊绝委春风，露菊萧疏怨晚丛。何以此花容艳足，四时长放浅深红"，赞美其花色艳丽、四时常开月月红的特质（图 4.22）。

杜鹃花又叫映山红，相传古代有杜鹃鸟，日夜哀鸣而咯血，染红遍地的花朵，杜鹃花也因此而得名。杜鹃花可以分为五大品系：春鹃、夏鹃、西洋鹃、东鹃和高山杜鹃。

根据《草花谱》的记载："映山红若生满山顶，其年丰稳，人竞采之。"由此可见，杜鹃承载着中国古代劳动人民繁荣吉祥、国富民强、事业兴旺的美好期望。不止我国人民有这样的认识，西方人也是如此。西方人对杜鹃也有特殊的爱好。他们认为杜鹃花多而密集，是一种"鸿运高照，生意兴隆"的好兆头，特别是全红的杜鹃更是如此。白色的杜鹃，则清丽脱俗，男女之间相互赠送，更显得高雅与感情的纯粹（图4.23）。

图 4.22 济南植物园月季园

茶花盛开在冬春之际，花姿优美，端庄典雅，花期很长。茶花盛开时很多花都已经凋谢，总是独自静静绽放，凋零的时候，花瓣渐落直至最后一片，因其花色鲜艳，常给人温暖之感，落英缤纷。

茶花主要分为单瓣类、复瓣类和重瓣类三大类。

图 4.23 上海滨江森林公园杜鹃园

茶花，素有"花中珍品"、"胜利之花"的美誉。陆游诗云："冬园三月雨兼风，桃李飘零扫地空。唯有山茶偏耐久，绿丛又放数枝红。"茶花绰约艳丽于冬春之际，吐蕊于梅花之后，凋零于樱李之间，茶花栉风沐雨，满枝繁英，秀丽挺拔，沐于春光中。万花当数山茶最为耐久（图4.24）。

荷花出淤泥而不染，濯清涟而不妖，亭亭玉立，在我国被认为是高洁的象征。在中

图 4.24 同济大学校园华东山茶

国花文化中，荷花是最有情趣的咏花诗词对象和花鸟画题材，在装饰纹样上也较为多用。

在中国古典园林中，最有名的以荷花成景的莫过于拙政园了。拙政园中的荷塘主要集中在东花园芙蓉榭、秫香馆前的水面，中花园远香堂前、香洲、荷

图 4.25 济南植物园荷花园

图 4.26 桂花

图 4.27 水仙

风四面亭水面，以及西花园鸳鸯馆北水面。在这之中，又以中花园的荷花最为有名，远香堂之名就出自香远益清的典故与美好期许（图 4.25）。

桂花（图 4.26），清可绝尘、浓能远溢，具有沁人心脾的馨香，因此广受人们喜欢。在园林规划设计中，桂花也常常位列其中。赏桂花最好的去处自然少不了杭州新西湖十景之五的满陇桂雨，满觉陇沿途山道边，植有七千多株桂花，各个品种均包含其中。每当金秋季节，香飘数里，沁人肺腑。如逢露水重，往往随风洒落，密如雨珠，人行桂树丛中，沐"雨"披香，别有一番意趣，丹桂、银桂、金桂、四季桂，各有特色，让我们相约在桂花盛开的时节，去杭州淋一场桂花雨。

水仙花（图 4.27）又称凌波仙子，清丽脱俗，素洁优雅，因此自古以来与兰花、菊花、菖蒲并列为花中"四雅"，又与梅花、茶花、迎春并列为雪中"四友"。水仙花与其他九大名花的区别在于水仙只用清水供养而不需土壤来培植。根如银丝，纤尘不染；叶如碧葱，俏丽可爱；花如金盏银台，高雅绝俗。

10. 具有特色的市树、市花

市树市花的选择过程是规范和具体的，是包含逻辑性和科学方法的，因为市树、市花本身能够代表城市的文化内涵、人文精神和地域特征。总的来说，市树、市花一定是符合当地地域特征、适应当地气候条件的，同时能够代表当地形象，具有文化内涵。在我国典型城市的市树市花中，有些市树市花在满足上述条件之外还具有一定的特色。

北京市选取国槐作为市树，是有其特定的考量的。首先，国槐生命力强，株型美观，枝叶茂盛，花香淡雅，适应于北京的土壤状况和气候环境，满足大规模推广的条件。槐因其寓意怀念家国而备受海外游子的青睐，可以说，槐树所代表的精神内涵正是国家凝聚力的象征，而这与北京作为我国首都的地位也是十分契合的（图4.28）。

图 4. 28　国槐

白玉兰在上海的气候环境下，开花特别早，在清明节之前就已满树繁花。同时白玉兰花大而不艳，娇而不俗，开放时花朵朵朵向上，象征着奋发向上、朝气蓬勃的精神，这与上海作为国际化大都市，不断寻求开拓、创新的时代内涵是相吻合的（图4.29）。

重庆市市树是黄桷树，生命力顽强，生长快，抗逆性强，即使生长于悬崖峭壁也能迎风昂首，茁壮成长。在重庆，自古以来就有很多地名以黄桷树冠之。北魏《水经注》中有记载：江水之东有黄桷峡（铜锣峡）。宋《图经》云：涂山之足，有黄桷树，其下有黄桷渡。至今，重庆还有黄桷垭、黄桷坪等地名。因黄桷树在重庆悠久的历史渊源和独特的适应性，1986年黄桷树被正式命名为重庆市的市树。

图 4. 29　白玉兰

福州市市树为榕树。福州植榕历史悠久，据宋乐史（930—1007）撰《太平寰宇记》载，"榕……其大十围，凌冬不凋，郡城中独盛，故号榕城"。宋福州太守张伯玉为防旱涝又编户植榕，呈现"绿荫满城，暑不张盖"的景象。经过长时间的历史积累，榕树成为福州古城的代表性特征之一。榕树叶茂如盖，四季常青，象征着开拓进取、奋发向上的福州人精神，因此被定为福州市的市树（图4.30）。

图 4. 30　小叶榕

第五章 园艺植物

5

园艺植物原指种植在有围篱保护的园圃内的植物，现代园艺植物泛指那些相对集约栽培的、具有较高经济价值的一类植物，主要包括果树、蔬菜、花卉、瓜类、食用菌、芳香植物和药用植物。园艺植物和人类的关系极为密切，是我们日常生活离不开的一类植物，也是人类较早栽培的一类植物，而且，随着人类文明的进步，许多新的园艺植物不断被人类驯化和培育出来。

一、种类繁多的果树

狭义上讲，果树是指果实可食的一类树木，而广义上讲，生产食用果实、种子的木本植物和少数草本植物及其砧木统称为果树。果树是人类栽培最早的一类园艺植物，经过人类不断的驯化和培育，目前，全世界已知果树有 2 792 种，其中较为重要的约有 300 种，主栽的约 70 种，分属于 134 科 659 属。我国地域辽阔，立地条件复杂多变，非常适合各种果树的生长和繁衍，因此，果树种质资源极为丰富，据统计共有各种果树 670 余种，10 000 多个品种，隶属于 158 个属 59 个科，是世界上果树种质资源最为丰富的国家。

果树按叶的生长习性分为落叶果树和常绿果树；按栽培的气候条件分为温带果树、热带果树和亚热带果树；按植株生长习性分为乔木果树、灌木果树、藤本果树和多年生草本果树。生活中，通常按照果实的形态结构和利用特点将其分为仁果类果树、核果类果树、浆果类果树、坚果类果树和柿枣类果树等 5 大类。

1. 仁果类果树

仁果是指由合生心皮下位子房与花托、萼筒共同发育而成的肉质果，属假果。仁果的果实中心有薄壁构成的若干个种子室，室内含有种仁，故而得名。仁果果树大多隶属于蔷薇科。我们最常食用的苹果、梨、山楂、枇杷、木瓜等均是仁果。仁果果实的外层是肉质化的花托，占果实的绝大部分，外中果皮肉质化与花托共同为食用部分，内果皮革质化。仁果果实大多耐储运。仁果最大的特点是：一是为混合芽，子房上位下位花；二是果实子房下位为假果，由花托、萼筒肥大发育而成；三是果实内有多数种子。

（1）温带水果之王——苹果（*Malus pumila*）

苹果是我们最常食用的水果，为世界四大水果之一。隶属蔷薇科苹果属，落叶乔木，单叶互生，叶片椭圆形，花白色略带红晕，辐射对称，花5基数。

苹果原产欧洲中部、东南部，中亚西亚以及中国新疆。公元前300多年，欧洲就有栽培苹果的记载，目前全世界温带地区均有栽培。我国种植苹果有2 000多年的历史，是世界上苹果种植面积最大、产量最高、消费最多的国家，其种植面积和总产量均已达到世界总面积和总产量的40%以上。

世界种植苹果的国家有80多个，中国的苹果种植主要分布在黄土高原、渤海湾、黄河故道和西南冷凉高地四个区域，其中，西北黄土高原和渤海湾地区是最适合苹果发展的地区，是优质苹果生产的主要区域，如烟台苹果、天水花牛苹果、静宁苹果、白水苹果、万荣苹果和延安苹果等都是著名的品牌苹果。

全世界拥有苹果品种上千种，常见栽培品种也有数十种，可分为早熟品种如早捷和藤木1号，中熟品种如新红星和金冠，晚熟品种如富士系列、国光和加工品种。目前最广泛种植的为红富士苹果，近年来我国新引进的红肉苹果也逐渐受到人们的青睐。

苹果素有"智慧果"、"记忆果"的美称，富含各种维生素、锌、磷、铁等多种微量元素，是美容、减肥、健脑的佳品，还有降低血脂、胆固醇，清洁血管等功效，其香味对治疗抑郁症有一定效果。

苹果不仅是著名的果树，而且其花白色带红、果色鲜艳、树冠浓密，因此极具观赏价值，是庭院、公园绿地等良好的绿化观赏树种。

据联合国粮农组织统计，2013年世界苹果产量已达8 082万吨，超过葡萄仅次于香蕉，是名副其实的温带水果之王（图5.1）。

图5.1　苹果

（2）百果之宗——梨（*Pyrus pyrifolia*）

梨为蔷薇科梨属植物，为多年生落叶灌木或乔木，因其香脆可口，鲜甜多汁，而有"百果之宗"和"天然矿泉水"之美称。花白色先叶开放或花叶同放。

我国是世界梨属植物中心发源地之一，梨树栽培有着悠久的历史，史料考证有 2 500 多年的历史。栽培品种主要分为四大品种系统。一是白梨系统，如著名的河北鸭梨、黄县长把梨、莱阳慈梨（茌梨）、栖霞大香水梨、兰州冬果梨、砀山酥梨、库尔勒香梨、辽宁绥中秋白梨和雪花梨等。白梨的果实有蜡质光泽，果皮薄，果肉厚，石细胞少，果核小，肉质细腻，酥脆多汁，甘甜爽口。白梨原产我国北部，以河北、山东、山西、陕西、甘肃、青海、河南、辽宁等地为种植中心；二是沙梨系统，以日本梨为主，我国著名的沙梨品种有四川苍溪梨、云南宝珠梨、威宁大黄梨、深圳沙梨、同冠沙梨、旧口沙梨和三栋沙梨等。我国沙梨主要分布于长江流域，华南、西南有少量种植；三是秋子梨系统，著名品种有南果梨、京白梨、鸭广梨、子母梨和香水梨等，果肉石细胞较多，但极为耐旱、耐寒、耐储运，主要分布于我国东北、内蒙古地区；四是西洋梨，常见品种有巴梨、茄梨和三季梨等。白梨熟后方可使用，果肉肉质细嫩、易溶于口、有香气，但不耐储运。西洋梨原产欧洲及亚洲西部，我国有引种，集中栽培于烟台、威海、青岛等华北地区。

我国是梨的主产区，全国各地均有种植，但以东北、华北、西北、长江流域为分布中心。其中，安徽砀山素有"中国梨都"之称，被吉尼斯纪录认定为世界最大的连片梨果园产业区。

梨果酸甜可口、肉质多汁，富含糖、蛋白质及多种维生素，性凉，入肺、胃经；具有生津、润肺化痰、解酒解毒、清热降火之功效，主治咳嗽、痰多、便秘、黄疸等症，是感冒病人、肝肾肺疾病患者等的食用佳品。

伴随梨的种植，也形成了与梨有关的"梨"文化。如我们耳熟能详的"孔融让梨"故事，在我国已传颂了 1 000 多年，孔融也成了我国"礼让"美德的楷模；

图 5.2　梨

我们常把"梨园"比喻成戏剧界，据说是因为唐玄宗李隆基精通音律，喜欢歌舞，常在都城光华门禁苑中一处广植梨树的果园里进行表演之故。此外，还有脍炙人口的"莲子心中苦，梨儿腹内酸"；唐代诗人岑参"忽如一夜春风来，千树万树梨花开"的优美对联和诗句。

梨树树姿优美，春季满树雪白，秋季硕果累累，是庭院、公园、居住区等绿地良好的绿化观赏树种（图 5.2）。

（3）润肺止咳良药——枇杷（*Eriobotrya japonica*）

枇杷，又名芦橘、金丸、芦枝、炎果、焦子，系蔷薇科枇杷属植物，常绿小乔木，叶粗大革质，厚而有茸毛，长椭圆形，状如琵琶因而得名。枇杷花白色，有芳香，秋冬开花，初夏果熟。

枇杷原产我国东南部，集中分布于长江流域，四川、湖北有野生，浙江塘栖、湖南洞庭、福建莆田等地都是盛产枇杷的地区。

枇杷秋冬开花，果实春夏成熟，因而被称为是"果木中独备四时之气者"。枇杷叶可入药，有清肺胃热、降气化痰之功效，能止咳润肺，花是良好的蜜源，果实春夏成熟，上市早，成熟后，果味鲜美，酸甜可口，富含各种果糖、葡萄糖、钾、磷、铁、钙以及维生素 A、维生素 B、维生素 C 等。其中胡萝卜素含量在各水果中为第三位，有化痰止咳清肺胃热的作用。几乎人人熟知的川贝枇杷膏就是由川贝、枇杷叶为主配伍制成的，枇杷被称为润肺止咳良药当之无愧（图5.3）。

图 5.3 枇杷

2. 核果类果树

核果，是由一个心皮发育而成的肉质果，属于单果。其特点是外果皮薄，中果皮肉质或纤维质，内果皮坚硬，形成木质化的果核，果核内一般有一粒种子，食用部分为中果皮。核果类果树一般分布于蔷薇科和鼠李科中，种植遍及世界各地，在我国则常见于大江南北，是人们喜闻乐道的水果，其中桃、杏、杨梅、樱桃、大枣更是备受人们青睐的水果佳品。

（1）福寿祥瑞——"寿桃"（*Prunus persica*）

桃树，为蔷薇科李属落叶乔木。我国原产，广泛分布于华北、华中、西南各省，既有栽培也有野生。我国种植桃树的历史非常悠久，长达 3 000 多年。

桃，是福寿祥瑞的象征，素有"寿桃"、"仙桃"的美誉。中国四大名著《西游记》中就有描述：王母娘娘开蟠桃会宴请各路神仙，传说吃了仙桃凡人可成仙得道，身轻体健，甚至长生不老，神仙吃了则会与天地同寿，与日月同庚。这些虽只是神话传说，但也说明了我国民间对桃的偏爱，说明了桃是人们渴望品尝的水果。

自古以来，文人墨客对桃更是情有独钟，留下了许多脍炙人口的咏桃诗句，如《诗经》"桃之夭夭，灼灼其华。"唐代诗人高蟾的"天上碧桃和露种，日边红杏倚云栽。"晋代文学家陶渊明的《桃花源记》，更把人们带入了一个令人神往的天地。唐代诗人白居易的《大林寺桃花》"人间四月芳菲尽，山寺桃花始盛开。常恨春归无觅处，不知转入此中来"，道出了桃花盛开的时节；再如唐代崔护的《题城南庄》"去年今日此门中，人面桃花相映红。人面不知何处去，桃花依旧笑春风"。唐代韩愈的《题百叶桃花》"江上人家桃树枝，春寒细雨出疏篱。影遭碧水潜勾引，风妒红花却倒吹"。清代袁枚的《题桃树》"百叶双桃晚更红，窥窗映竹见珍珑。应知吏侍归天上，故伴仙郎宿禁中"等等。这些优美诗句流传百世，不仅形成了极具民族特色的"桃文化"，而且也表明我国自古以来就已开始栽培桃树，并将其广泛种植于庭院、寺庙等场所，供人采摘、供人欣赏。

在长期的桃树栽培种中，我国劳动人民培育了众多的桃树品种，据不完全统计，约近 1 000 种，占世界桃品种的 1/4，可分为鲜食桃、加工桃和观赏桃。鲜食桃中又有早熟桃、中熟桃和晚熟桃之分。目前栽培的名桃有山东青州蜜桃、肥城桃，河北深州蜜桃、浙江奉化玉露桃、南京"八月寿"、湖北"四月白"、山西"九月蜜"、陕西"十月蜜"以及湖北枣阳的冬桃、油桃等。可谓种类繁多，资源丰富。（图 5.4）

图 5.4　桃

桃子果肉多汁，味道鲜美，且富含蛋白质、维生素、糖类、铁等多种微量元素，有补益气血、养阴生津、活血化瘀等功效，对大病初愈、气血亏虚、面黄肌瘦、心悸气短等症有较好的疗效，尤其适合水肿病人和缺铁性贫血病人食用，无愧"寿桃"、"仙桃"之美誉。

（2）抗癌之王——杏（*Prunus armeniaca*）

杏，蔷薇科李属落叶乔木。广泛分布于世界温带地区，中国西北、东北、华北、西南及长江流域各地俱有分布。喜光、耐旱、耐寒、耐高温、耐瘠薄，但不耐涝。

我国杏树栽培历史悠久，约有 2 500 多年的历史，是最古老的栽培果树之一，《山海经》中有"灵山之下其木多杏"的记载。据考证，杏原产中国新疆，后经丝绸之路传播到欧洲及世界各地。

经过长期的栽培驯化，目前全世界已有各类杏品种 3 000 余个，按用途分为四大类。一是实用杏品种，我国约有 200 余个，全国分布。该类品种的杏果实大形，果肉肥厚多汁、酸甜可口、着色鲜艳、主要生食，亦可加工。著名的栽培品种有凯特杏、河北大香白杏、北京水景杏、甘肃金妈妈杏、青岛少山红杏、山西永济红梅杏等；二是仁用杏品种，主要分布于我国新疆等西北地区和华北地区。果实小形、果肉薄、种仁肥大、杏仁可食用或药用。仁用杏又可分为生产甜杏仁的大扁杏和生产苦杏仁的各种山杏。其中，甜仁品种有河北的白玉扁、龙王扁、北山大扁，陕西的迟梆子、克拉拉等。苦仁的优良品种，如河北的西山大扁、冀东小扁等；三是加工杏品种、果肉厚、含糖量高、便于干制。著名的栽培品种有新疆的阿克西米西、克孜尔苦曼提、克孜尔达拉斯等；四是观赏杏品种，主要有垂枝杏和斑叶杏。

杏果、杏仁均有良好的医疗作用，有润肺、化痰止咳、平喘润肠之功效。特别适合代谢速度慢、贫血、四肢冰凉的虚寒体质之人食用；患有受风、肺结核、痰咳、浮肿等病症者，经常食用更大有裨益，常食可延年益寿，防癌抗癌。

杏是入夏后较早上市的鲜果，果实味酸带甜，富含胡萝卜素、儿茶酚、黄酮、苦杏仁苷、维生素 B 等，这些物质都具有很强的防癌、抗癌作用。南太平洋上的岛国斐济是世界上至今没有发现癌症患者的国家，研究认为其因主要归咎于这个岛国的国民特别喜欢吃杏，常把杏、杏仁、杏干等杏制品作为主食。杏被称为"抗癌之王"名副其实。

杏不仅是优质的水果，杏树还极具园林观赏价值。杏树早春开花，白而带红，适合庭院、滨水、道路、山坡等地零散种植，也适合成片种植。张仲素《春游曲》云"万树江边杏，新开一夜风。满园深浅色，尽在绿坡中"；又有"清明时节雨纷纷，路上行人欲断魂，借问酒家何处有，牧童遥指杏花村"，这些优美的诗句说明中国自古就有成片种植杏树的习惯，这些杏林构成了一道亮丽的风景。

伴随杏树的种植，更发展形成了极具民族特色的"杏文化"。如我们通常所说的"杏坛"，本指孔子讲学的地方，坛环遍植杏，后以杏坛比喻教书育人之场所，把教育界也成为杏坛；再如我国传统文化中常常把杏林比喻成医学界，杏林成为中医学界的代称。杏林的比喻源于三国时期董奉的传说，据《神仙传》卷十记载"君异居山为人治病不取钱，使人重病愈者，使栽杏五株，轻者一株，如此十年，计得十万余株，郁然成林"。此后，人们用"杏林"称颂医生。医家每每以"杏林中人"自居。后世遂以"杏林春暖"、"誉满杏林"等来称颂医家的高尚品质和精良医术。

此外，中国传统文化中还把杏树称之为"风流树"，明末清初文学家、戏曲家李渔在《闲情偶记》中称杏为"树性淫者，莫过于杏"，在《庄子》的记载中，杏是具有神圣气息的。

唐代诗人吴融在《途中见杏花》中写道"一枝红杏出墙头，墙外行人正独

图5.5 杏

愁。长得看来犹有恨，可堪逢处更难留。林空色暝莺先到，春浅香寒蝶未游。更忆帝乡千万树，澹烟笼日暗神州"，后来南宋诗人叶绍翁在其《游园不值》中写道"应怜屐齿印苍苔，小扣柴扉久不开。春色满园关不住，一枝红杏出墙来"，更是耳熟能详。这些优美的诗句一方面反映了我国民间对杏树的喜爱，反映出我国民间有广泛种植杏树的习惯，另一方面也创造了丰富、生动的"杏文化"（图5.5）。

（3）生津止渴佳品——杨梅（*Myrica rubra*）

杨梅，又名圣生梅、白蒂梅，为杨梅科杨梅属常绿乔木。杨梅原产中国浙江，1973年，在新石器时代的河姆渡遗址中发现了杨梅花粉，说明杨梅在浙江的生长历史极为悠久。目前杨梅已成为我国长江流域重要的经济树种，并以浙江为分布中心，常见于广东、广西、贵州、湖南、江苏、福建等地，国外日本、韩国、菲律宾有少量种植。杨梅品种十分丰富，根据果实成熟时的色泽特点可分为水晶梅，其果实熟时呈白色或近白色；红杨梅，如浙江余杭的荔枝梅；乌杨梅，果实成熟时呈紫黑色或浓紫色以及石杨梅共四个品系。其中，荸荠杨梅以其优良的品质已名扬海内外，畅销许多国家。

杨梅为我国特产水果，素有"初疑一颗值千金"之美誉。宋代文学家苏东坡曾说过"闽广荔枝、西凉葡萄、未若吴越杨梅"。明代王象晋《群芳谱》中说杨梅"会稽产者为天下冠，吴中杨梅种类甚多，名大叶者最早熟，味甚佳"。可见自古以来，杨梅一直都是人们非常喜欢的水果。

杨梅树冠圆整、姿态优美、枝繁叶茂，初夏红果累累、绿叶茵茵，是园林绿化结合生产的优良树种。孤植、丛植于草坪、庭院，列植于路边或对植于门前等极具观赏性。

杨梅口味酸甜，既可生食亦可加工。其果富含人体需要的8种氨基酸、多种微量元素以及维生素B和维生素C，有生津止渴助消化之功效，性味甘酸、温，主治烦渴、吐泻、腹痛、痢疾等疾病，祛暑生津效果尤佳，具有防癌抗癌作用。

杨梅还是自古以来文人墨客吟诵的对象，在我国传统文化中留下了许许多多吟诵杨梅的优美词句。如宋代诗人郭祥正的《杨梅》云"红实缀青枝，烂漫照前坞"；宋代诗人平可正有诗云"五月杨梅已满林，初疑一颗值千金。味胜河溯葡萄重，色比泸南荔枝深"；唐代诗人李白在其《梁圆吟》中写道"平头奴子摇大扇，五月不热疑清秋。玉盘杨梅为君设，吴盐如花皎白雪"等等。这些动人诗句反映了我国人民对杨梅的赞赏和喜好（图5.6）。

图 5.6 杨梅

3. 浆果类果树

浆果，一般由多心皮合生雌蕊发育而成，偶见由单心皮发育的浆果，因此在浆果中常可以观察到若干格室。浆果为单果，其特点是：外果皮薄，中果皮和内果皮肉质，区别不明显，多浆汁，为食用部分。浆果种类极为丰富，但因树种不同，果实构造存在较大差异，常见的典型浆果有葡萄、香蕉、猕猴桃、蓝莓、石榴、树莓、柿子等；此外，我们常吃的橘子、橙子、柚子等柑橘类水果是一类比较特殊的浆果，这类浆果外果皮革质，其上有油囊，中果皮疏松，其中的维管系统即为桔络，内果皮膜质，分若干室，室内生出无数肉质多汁的汁囊，就是人们食用的橘瓣；我们常吃的西瓜、南瓜、冬瓜等瓜类也是一类比较特殊的浆果，常称为瓠果，系由子房和花托共同发育成，属假果类型；蔬菜中也有许多浆果，如茄子、辣椒、番茄等。浆果由于果皮较薄，果肉多汁，因而一般较难储运。

（1）血管清道夫——葡萄（*Vitis vinifera*）

葡萄，为葡萄科葡萄属木质藤本植物。原产黑海与里海间的外高加索地区，后逐渐引种到欧洲、亚洲、非洲、南北美洲和大洋洲等世界各地，喜微酸至微碱性土壤和温和、光照充足环境，冬季生长初期雨水较多，夏季成熟时期干旱少雨气候最适合葡萄种植。符合这种气候特点的地区往往位于大陆西部、海洋东岸。全世界适合种植葡萄的地方，大致在南北纬30°~50°的温带地区。这一地区几乎覆盖了法国、意大利、德国、西班牙、葡萄牙，并一直延伸到中国、日本、美国和加拿大；一般来说，海洋性气候、地中海气候最适合葡萄种植，法国恰恰符合条件。当然也有例外，加拿大安大略省、中国烟台等葡萄种植区位于季风区，因为当地特殊的小气候也适合葡萄生长。目前，世界约95%的葡萄集中分布在北半球。葡萄在中国主要产区有新疆的吐鲁番、和田，山东的烟台，河北的张家口、宣化、昌黎，辽宁的大连、熊岳、沈阳以及河南的民权、仪封等地，其中，新疆葡萄誉满天下，山东大泽山葡萄也是举国闻名。

世界种植葡萄的历史非常悠久，据考证5 000~7 000年前，高加索、中亚细亚、埃及、美索不达米亚等地就已开始广泛种植葡萄。我国葡萄种植的时间要晚一些，据考证，新疆是我国引种欧洲葡萄最早的地区，葡萄栽培约有 2 500 年的历史。在长期的葡萄种植过程中，人们总是不断驯化和培育新的葡萄品种，据统计，目前全世界约有葡萄品种 8 000 余种，我国约有 800 种，常见种植的优良品种约有 10 余种。根据葡萄种源的不同，可将葡萄划分成欧亚种群、北美种群、东亚种群和杂交种群四个种群；按照用途则可分为酿酒葡萄、鲜食葡萄和加工葡萄。其中，欧亚种群只有一个种，即欧洲种，原产黑海、里海、地中海沿岸，是所有葡萄中品质最好的，现世界广泛分布，该种群中著名的栽培品种有红提、克伦生、美人指等；北美种群，约有 28~30 种，其抗性较强、适应性强、耐潮湿；东亚种群，约有 40 多个种，源于我国的约 10 多个种，多野生，如山葡萄、毛葡萄等；杂交种群，多为美洲种和欧洲种的杂交种，有良好的抗性，为我国和日本主栽品种，代表种有巨峰、夏黑、金手指等。目前栽培品种中，比较著名的葡萄品种有：巨峰、夏黑、美人指、金手指、玫瑰、新疆马奶子、红宝石、藤稔和巴拉多等。

据世界粮农组织统计，2013 年全世界葡萄产量达 7 718 万吨，在所有水果中仅次于香蕉、苹果排第三位。中国的种植面积和产量分别占世界总量的 6.2% 和 8.6%，排在西班牙、法国、意大利和土耳其之后，居世界第五位。葡萄各地均有栽培，根据目前的种植现状，我国葡萄种植区大体分为七个。一是东北中北部葡萄栽培区，主要是吉林、黑龙江两省，栽培面积和产量约占我国总量的 3% 和 2.4%，较适宜栽培的品种有特早玫瑰、紫玉、京亚、乍娜、凤凰 51、京秀、奥古斯特、碧香无核等早、中熟葡萄品种，以及巨玫瑰、藤稔、香红、香悦、巨峰等中晚熟葡萄品种；二是西北部葡萄栽培区，包括新疆、甘肃、青海、宁夏、内蒙古五省区，是我国普通的主产区，栽培面积和产量约占我国总量的 27.4% 和 24.19%。该区属干旱和半干旱气候区，主要靠河水、雪水灌溉栽培葡萄。其中，新疆是我国葡萄生产第一大区，栽培面积和产量约占我国总量的 22.3% 和 21.19%。主要品种是制干葡萄无核白（占 80%），此外还有无核白鸡心、蜜丽莎无核、黎明无核、里扎马特、红提、秋黑、红高等鲜食葡萄和赤霞珠、品丽珠、梅鹿特、黑比诺、霞多丽、雷司令、贵人香等酿酒葡萄；三是黄土高原葡萄栽培区，主要包括山西、陕西两省，栽培面积和产量约占全国总量的 6.5% 和 4%。该区除汉中地区属亚热带湿润区外，大部分地区气候温暖湿润，少数地区属半干旱地区。该区以鲜食葡萄为主，主要品种有巨峰、藤稔、乍娜、里扎马特、粉红太妃、玫瑰香、无核白鸡心、红提、黑大粒、红高、香悦、巨玫瑰、夕阳红、红意大利、瑞必尔等；四是环渤海湾葡萄栽培区，包括辽宁省的沈阳、鞍山、营口、大连、锦州、葫芦岛地区，河北省的张家口、唐山、秦皇岛、沧州、廊坊、石家庄地区，山东省的烟台、青岛地区，北京市的延庆、通州、顺义、大兴区和天津市的汉沽区。该区是我国最大的葡萄产区，栽培面积和产量约占全国总量的 36.2% 和 44%。主要品种有龙眼、玫瑰香、巨峰、红提、秋黑、牛奶、里扎马特、京亚、康太、紫珍香、香悦、巨玫瑰、夕阳红、奥古斯特、玫瑰香、特早玫瑰、乍娜、意大利、红提、无核白鸡心和普列文玫瑰等；五是黄河故道葡萄栽培区，包括河南、山东省鲁西南地区、江苏北部和安徽北部。栽培面积和产量分别占全国总量的 10.9% 和 12.6%。该区除河南南阳盆地属亚热带湿润区外，均属暖温带半湿润区。该区葡萄品种，鲜食的主要有红提、秋黑、瑞必尔、黑大粒等，制汁葡萄品种有康可、郑 25 号、康拜里尔等，酿酒葡萄品种有佳里酿、白羽、赤霞珠、贵人香等；六是南方葡萄栽培区，包括安徽、江苏、浙江、上海、重庆、湖北、湖南、江西、福建、广西、云南、贵州、四川等省（市）的大部分地区，栽培面积和产量约占全国总量的 11% 和和 9.5%。为亚热带、热带湿润区，主要品种有巨峰、藤稔、先锋、康太、京超、红瑞宝、吉香、希姆劳德、黄意大利、圣诞玫瑰、瑞必尔、黑大粒、美人指、潘诺尼亚、乍娜等。七是云贵川高原葡萄栽培区，包括云南省的昆明、楚雄、大理、玉溪、曲靖、红河州等地区，贵州的西北河谷地区，四川省西部马尔康以南、雅江、小金、茂县、里县和巴塘等西部高原河谷地区。栽培面积和产量约占全国总量的 5% 和 3.4%。主要鲜食葡萄品种有凤凰 51、乍娜、无核白鸡心、玫瑰香和巨峰等，酿酒葡萄品种有梅鹿特、赤霞珠、霞多丽、白玉霓等。

葡萄果肉多汁、香甜爽口、富含葡萄糖、维生素 B_1、维生素 B_2、维生素 B_6、维生素 P，钙、钾、磷、铁多种微量元素、类黄酮以及抗癌物质白藜芦醇。这种白藜芦醇在葡萄皮和葡萄籽中含量尤其丰富。葡萄性平、味甘酸，入肺、脾、肾经，有补气血、益肝肾、生津液、强筋骨、止咳除烦、补益气血、通利小便的功效。研究发现，葡萄可以帮助肺细胞排毒，有祛痰消炎利尿作用；葡萄中白藜芦醇有很强的抗癌作用，葡萄中的类黄酮是强抗氧化剂，有防止细胞衰老的作用；此外，研究还发现，葡萄堪比阿司匹林，具有防止血栓形成的强大作用，对清除血管垃圾、防止血管硬化、降低胆固醇、延长血管寿命有很好的疗效，是名副其实的血管卫士。此外，常吃葡萄对神经衰弱、疲劳过度、肝肾病人等都有很好的治理作用（图 5.7）。

葡萄是人们非常喜欢的水果，葡萄酒更是世界公认的保健饮料，对软化血管、

图 5.7 葡萄

降低血压、延年益寿和美容有明显效果。关于葡萄和葡萄酒更有许许多多优美诗句流传于世，如唐代刘禹锡的《葡萄歌》"野田生葡萄，缠绕一枝高。移来碧墀下，张王日日高。分岐浩繁缛，修蔓蟠诘曲。扬翘向庭柯，意思如有属。为之立长檠，布濩当轩绿。米液溉其根，理疏看渗漉。繁葩组绥结，悬实珠玑礨。马乳带轻霜，龙鳞曜初旭。有客汾阴至，临堂瞪双目。自言我晋人，种此如种玉。酿之成美酒，令人饮不足。为君持一斗，往取凉州牧"。唐代韩愈的《葡萄》"新茎未遍半犹枯，高架支离倒复扶。若欲满盘堆马乳，莫辞添竹引龙须"等都表达了诗人对葡萄的赞美；唐代王翰的"葡萄美酒夜光杯，欲饮琵琶马上催。醉卧沙场君莫笑，古来征战几人回？"更是成为后人传颂的经典诗词。

（2）健脾理气佳品——柑橘（*Citrus reticulata*）

柑橘，为芸香科柑橘属常绿灌木或小乔木，单身复叶，常有枝刺。我们通常所说的柑橘，是橘、柑、橙、金柑、柚、枳等的总称，柑和橘是不同的，橘是基本种，花小，果皮易剥落，种子的胚多呈深绿色；柑是橘和甜橙或其他柑橘的杂交种，花大，果皮较难剥离，种子的胚多呈淡绿色。但柑和橘两者一般统称为柑橘。柑、橘、橙子、柚子是我们经常食用的水果，但却常常被人混淆，其实，这四种水果形态上有较大区别，各自特点如下。

柑：果实较大，近球形，皮黄色、橙黄色或橙红色，果皮粗厚，海绵层较厚，质松，剥皮稍难，种子呈卵形，果味酸甜适度，耐储运。

橘：种类和栽培品种繁多，常见的有八布橘、金钱橘、甜橘、酸橘、宫川橘、新津橘、尾张橘、温州橘、四川橘等品种。通常果实较小，略呈扁圆形，皮色橙红、朱红或橙黄色，果皮薄而宽松，海绵层较薄，质韧，易剥落，囊瓣一般 7~11 个。果味甜或酸，种子尖细状，不耐储运。

橙：品种主要有锦橙、脐橙等。果实圆形或长圆形，一般比橘大，果皮光滑而薄，包囊紧密，不易剥离，果肉酸甜适度，有香气。

柚：是柑橘类水果中果实最大的，分为白心柚子、红心柚子、沙田柚 3 种。果实多梨形，个大，与柑、橘、橙极易区分。

柑橘原产中国，在中国有 4 000 多年的栽培历史，15 世纪传入葡萄牙，并被称为"中国苹果"，17世纪引种到美国。目前全世界已有130余个国家种植柑橘，其世界分布大体在北纬35°以南地区。

我国是柑橘生产大国，总产量仅次于巴西和美国，位居世界第三，之后便是墨西哥、西班牙、伊朗、印度和意大利。

"橘生淮南则为橘，橘生淮北则为枳"，浅显易懂地告诉了我们柑橘的分布范围。柑橘在中国分布于北纬16°~37°，海拔最高达2 600米（四川巴塘），南起海南省的三亚市，北至陕、甘、豫，东起台湾岛，西到西藏的雅鲁藏布大峡谷，集中分布于北纬20°~33°，海拔700~1 000米以下。目前，全国有19个省区种植柑橘，其中，福建、四川、广东、广西、云南、湖北、湖南、重庆、江西、贵州等省区是柑橘生产大省。

柑橘果肉多汁，果实酸甜可口，是我们最常吃的水果之一。根据营养丰富，富含维生素C和60余种类黄酮化合物，有降血脂、抗动脉硬化、预防心血管疾病等作用。中医认为，柑橘味甘酸、性温、入肺经，主治胸膈结气、呕逆少食、胃阴不足、口中干渴、肺热咳嗽及饮酒过度。有开胃、止咳润肺之功效。其橘皮、橘络、橘叶均可入药，有润肺止咳、化痰散结、理气健脾等功效。

我国柑橘种植历史悠久，伴随柑橘的种植，更形成了别具特色的柑橘文化。历史上有许多关于柑橘的文献记载和诗词传颂。据古籍《禹贡》记载，早在4 000多年前的夏朝，江苏、安徽、江西、湖南等地生产的柑橘就已被列为贡品，唐代诗人岑参在诗中吟道"庭树纯栽橘，园畦半种茶"；唐代韦应物有诗云"怜君卧病思新桔，试摘犹酸亦未黄"。说明柑橘有开胃作用；据清代著作《南丰风俗物户志》记载，江西南丰等地，整个村庄"不事农功，专以橘为业"。《闽杂记》（清·施鸿保著）则记载了福州城外"广数十亩，皆种柑橘"。《岭南杂记》（清·吴震方撰）记载"广州可耕之地甚少，民多种柑橘以图利"。说明自古以来，我国人民就喜欢在庭院种植柑橘，喜欢在山坡、村头、城外广种柑橘。

自唐以来，有关柑橘的诗词更是层出不穷，如唐代贯休的《庭橘》"蚁踏金苞四五株，洞庭山上味何殊。不缘松树称君子，肯便甘人唤木奴"；唐代孟浩然的《庭橘》"明发览群物，万木何阴森。凝霜渐渐水，庭橘似悬金。女伴争攀摘，摘窥碍叶深。并生怜共蒂，相示感同心。骨刺红罗被，香黏翠羽簪。擎来玉盘里，全胜在幽林"；宋代苏轼的《咏橘》"菊暗荷枯一夜霜，新苞绿叶照林光，竹篱茅舍出青黄。香雾噀人惊半破，清泉流齿怯初尝，吴姬三日手犹香"等，都从不同角度反映出我国人民对柑橘的喜爱，也反映出人们非常喜欢在房前屋后，

图 5.8 柑橘

自家庭院种植柑橘的习惯（图 5.8）。

（3）维生素 C 水果之王 —— 猕猴桃（*Actinidia chinensis*）

猕猴桃，又称奇异果、狐狸桃、藤梨、羊桃、木子、毛木果、毛梨桃、麻藤果等，为猕猴桃科猕猴桃属落叶藤本。

猕猴桃原产中国，早在 2 000 多年前，人们就已认识了猕猴桃，并留下了文字记载。如先秦时期的《诗经》对猕猴桃的记载"隰有苌楚（猕猴桃的古名），猗傩其枝"。《尔雅·释草》中也有关于苌楚的描述，东晋著名博物学家郭璞把猕猴桃定名为羊桃。湖北和川东一些地方的百姓仍把猕猴桃叫羊桃。李时珍在《本草纲目》中描绘猕猴桃的形、色时说"其形如梨，其色如桃，而猕猴喜食，故有诸名"。浙江省台州市黄岩区焦坑村还保存有 200 多年前从深山移植到田边栽植的猕猴桃植株。

大约在唐代之前，猕猴桃是作为野生水果被采食的，那时人们已经认识到了猕猴桃的药用价值。如唐代的《本草拾遗》记载"猕猴桃味咸温无毒，可供药用，主治骨节风，瘫痪不遂，长年白发，痔病，等等"。也因此，人们推断，大约从唐代开始，猕猴桃这个名字才被确定下来，并作为野生水果和药用植物受到人们的关注。唐代诗人岑参的《宿太白东溪李老舍寄弟侄》诗中有"中庭井栏上，一架猕猴桃"的句子，表明早在唐代，人们就已在庭院种植猕猴桃以供观赏和食用；宋元丰五年（1082），唐慎徽在《证类本草》上说"味甘酸，生山谷，藤生著树，叶圆有毛，其果形似鸭鹅卵大，其皮褐色，经霜始甘美可食"。宋政和六年（1116），药物学家寇宗奭在《本草衍义》中记述"猕猴桃，今永兴军（在今陕西）南山甚多，食之解实热，……十月烂熟，色淡绿，生则极酸，子繁细，其色如芥子，枝条柔弱，高二三丈，多附木而生，浅山傍道则有存者，深山则多为猴所食"。从这些文献记载中可以看出，当时猕猴桃的人工栽培尚未普及，只是小范围的人工种植在庭院等地。

19 世纪，猕猴桃被引种到英国、美国和新西兰，后在新西兰经人工培育选出大果品种，并迅速在世界传播。目前，除新西兰外，美国、法国、意大利、智利、日本、澳大利亚和希腊等 30 多个国家已规模种植猕猴桃，猕猴桃已经成为风靡世界的水果。

世界猕猴桃属共有 66 种猕猴桃，其中 62 种自然分布于中国，世界上栽培的猕猴桃主要是美味猕猴桃和中华猕猴桃两个种。这两个种的主要区别在于：美味猕猴桃枝干和果实外表皮覆有绒毛（如秦美、徐香、海沃德等），中华猕猴桃枝干和果实外表皮比较光滑（如红阳、黄金果等）。这两个种在我国主要分布在华中地区的长江流域、秦岭及其以南、横断山脉以东的地区。

湖北是猕猴桃的故乡，陕西是目前最大的猕猴桃种植省区，中国猕猴桃之乡有西安市周至县、宝鸡市眉县、浙江丽水市遂昌县、江西省奉新县、四川省苍溪县、南阳市西峡县以及浙江省江山市、湘西凤凰县、永顺县、广东省和平县、贵州省修文县、湖北省红安县、开阳县，桐梓有野生的猕猴桃。

经过多年的驯化培育，目前猕猴桃品种丰富，生产上有较大栽培价值的猕猴桃主要有中华猕猴桃、美味猕猴桃、红心猕猴桃和黄金果猕猴桃四个品种。

猕猴桃果质柔软，口感酸甜，是人们非常喜欢的水果之一。猕猴桃除含有猕猴桃碱、蛋白水解酶、单宁果胶和糖类等有机物以及钙、钾、硒、锌、锗等微量元素和人体所需的 17 种氨基酸外，尤其含有丰富的维生素 C、葡萄酸、果糖、柠檬酸、苹果酸、脂肪，被誉为维生素 C 水果之王（图 5.9）。

图 5.9 猕猴桃

猕猴桃，味酸、甘、寒，有调中理气、生津润燥、解热除烦等功效，常吃可预防癌症、心脑血管疾病发生，对治疗口腔溃疡、抑郁症有良好效果，并且还有助于免疫力的提高。

此外，猕猴桃藤蔓缠绕盘曲，枝叶浓密，花美有芳香，特别适用于花架、庭廊、护栏、墙垣等的垂直绿化，是园林绿化的优良树种。

4. 坚果类果树

坚果，系闭果的一个分类。主要特点是果皮坚硬，由合生心皮的下位子房发育形成，内含 1 粒种子，如板栗、核桃等的果实。但日常生活中我们所说的坚果，还包括了一些松球的种子以及核果的种子，这些种子因为有坚硬的种皮，我们常将其当作坚果看待。坚果通常富含蛋白质、脂肪、矿物质、维生素、核黄素当多种养分，是世界公认的养生保健佳品。

坚果种类繁多，日常生活中常见的有健脑之果核桃、肾之果板栗、养生之宝榛子、养颜之果霹雳果、心脏之友开心果、长寿之果松子等、抗抑郁之果葵花籽、抗癌之果杏仁等。

（1）健脑之果——胡桃（*Juglans regia*）

胡桃，为胡桃科胡桃属落叶乔木。胡桃原产我国的新疆以及阿富汗、伊朗一带。世界范围内间断分布于各大洲，但绝大部分分布在北半球，基本上属于北温带植物。

胡桃，与腰果、榛子、扁桃并成为世界"四大干果"。有"万岁子""长寿果""养生之宝"之美誉。富含不饱和脂肪酸、叶酸、多种维生素和矿物质，更含有多种人体必需的优质氨基酸，如赖氨酸、谷氨酸、精氨酸、天冬氨酸、色氨酸和亮氨酸等。其营养十分丰富，有人研究，1斤胡桃的营养价值可相当于5斤鸡蛋或9斤牛肉。

中医认为，胡桃味甘、性平，温，无毒，微苦，微涩，入肾、肺、大肠经。有补肾、固精强腰、温肺定喘、润肠通便、健脑益智等功效；种仁之间的木质隔层味苦、性温，有补肾、涩精、平喘、止咳等功效。因此，常吃胡桃一是可健脑益智，增强记忆力，延缓衰老，美容肌肤、乌发黑发；二是可润肠通便、帮助机体排毒；三是可预防心脑血管疾病发生，增强人体免疫力；四是有抗癌作用。

据西晋张华撰写的《博物志》记载"张骞使西域，还得胡桃种"。史料记载，胡桃是在汉朝时期由张骞从新疆引进到内地并开始人工种植。目前，胡桃的人工种植已有2 000多年的历史，我国胡桃产量高居世界第一，经过长期的人工驯化和培育，形成了众多不同的种源区域和胡桃品种。而生产上栽培的胡桃除了众多的品种外，还有同属的其他种有黑胡桃、铁胡桃、野胡桃、山胡桃、胡桃楸等。

图 5.10　核桃

胡桃不仅是营养丰富的坚果，同时还是良好的景观绿化树种。胡桃树冠雄伟庞大、枝叶茂密、绿荫覆地，是优良的庭院经济观赏树种、良好的庭荫树种。孤植、丛植、片植均可形成优美、舒适的景观（图5.10）。

（2）肾之果——板栗（*Castanea mollissima*）

中国有句民谚"七月杨桃八月楂，十月板栗笑哈哈"。板栗，又名栗子，是壳斗科栗属落叶乔木，总苞（壳斗）球形，密被长针刺，较易识别。

板栗原产中国,是我国特产树种。在中国栽培历史悠久,其分布北自东北南部,南至广东、广西,东起福建、山东、浙江,西达甘肃、四川、云南等地。湖北、河南、河北等省区均有大面积集中种植。由于板栗种植区广阔,环境复杂、立地条件多样,形成了众多的板栗品种,目前板栗品种不下 300 个,主要分为北方栗和南方栗两大品种类型。其中,北方栗品质更佳,涩皮易剥离,适合炒食,通常为"糖炒栗子",而南方板栗品质相对较差,肉质偏粳性,适于炒菜,又称为菜栗。

兴隆板栗、邢台板栗、青龙板栗、宽城板栗、丹东板栗、燕山板栗、罗田板栗、迁西板栗、郯城板栗、信阳板栗、桐柏板栗等都是我国著名的板栗品种,享誉海内外。

板栗营养丰富,素有千果之王的美誉,与桃、杏、李、枣并称"五果",是健脾补肾、延年益寿的上等果品。

板栗富含不饱和脂肪酸、维生素、极高的糖、脂肪、蛋白质、钙、磷、铁、钾等矿物质以及维生素 C、维生素 B_1、维生素 B_2 等,有健脾胃、益气、补肾、壮腰、强筋、止血和消肿强心之功效,适合于肾虚引起的腰膝酸软、腰腿不利、小便增多以及脾胃虚寒引起的慢性腹泻、外伤后引起的骨折、瘀血肿痛、筋骨疼痛等症。常吃可强筋壮骨,健脾补肾,增强体质。

中国是板栗的故乡,板栗栽培可追溯到西周时期。历史上有许多有关板栗种植或用途的记载。如《诗经》有云"栗在东门之外,不在园圃之间,则行道树也";《左传》也有"行栗,表道树也"的记载,说明在当时栗树就已被植入园地或作为行道树。

京、津一带地区民间长期传诵着赞咏糖炒栗子的佳句"堆盘栗子炒深黄,客到长谈索酒尝。寒火三更灯半地,门前高喊灌香糖",说明糖炒栗子早已成为了北方居民青睐的食品。

板栗不仅是著名的食用坚果,而且还是良好的园林绿化树种。板栗树冠圆广,枝茂叶大,非常适合公园草坪、道路和坡地孤植、列植与群植(图 5.11)。

图 5.11 板栗

二、形形色色的蔬菜

蔬菜,是指可以做菜、烹饪成为食品的一类植物或菌类,蔬菜是人们日常饮食中必不可少的食物之一，是一种绿色食品。蔬菜可提供人体所必需的多种维生素和矿物质等营养物质。据世界粮农组织 1990 年统计，人体必需的维生素 C 的 90%、维生素 A 的 60% 来自蔬菜。此外，蔬菜中还有多种多样的植物化学物质，是人们公认的对健康有效的成分，目前果蔬中的营养素可以有效预防慢性、退行性疾病的多种物质，正在被人们研究发现。我国栽培的蔬菜有 100 多种，其中普遍栽培的有 40~50 种，在同一种类中，又有许多变种，每一变种还有许多品种。

1. 根茎类蔬菜

（1）既可做蔬菜又可做粮食的马铃薯（*Solanum tuberosum*）

马铃薯又称土豆、地豆、地蛋、土卵、山药蛋、番芋、洋芋、阳芋、荷兰薯、爪哇薯、爱尔兰薯、番人芋、洋山芋、洋芋艿等，为茄科茄属植物。

马铃薯起源于南美洲智利、秘鲁、玻利维亚、哥伦比亚和委内瑞拉的安第斯山脉高山地区及乌拉圭等地。8 000 年以前，当地的印第安人已经开始栽培马铃薯。1551 年马铃薯传到西班牙，1565 年美国人把马铃薯引入爱尔兰，1586 年在美国开始大量引进种薯，随后遍植美国各地。16 世纪末和 17 世纪初荷兰人把马铃薯传入新加坡、日本和我国。16 世纪中期西班牙人把马铃薯带到印度和爪哇等地，17 世纪后期传入俄罗斯。马铃薯种植目前在我国遍布各个省市。

马铃薯的营养价值很高，将是世界上粮食市场的一种主要食品。除了食用外，马铃薯既是良好的饲料，又是制造淀粉、糊精、葡萄糖和酒精的主要原料。近年来，马铃薯的油炸食品、膨化食品、脱水制品、冷冻食品等加工业也在迅速发展。

（2）既可食用又可观赏的藕（*Nelumbo nucifera*）

藕又称莲藕、莲、荷、芰荷，属睡莲科莲属植物，原产我国，在浙江余姚的"河姆渡文化"遗址中曾发现莲藕花粉化石。7 000 年前我国已有莲藕。《诗经》中这样记述莲藕"山有扶苏，隰有荷华"。

莲藕肥大的地下茎——藕，营养丰富。藕不仅色白、质脆、味甜，而且具有很高的药用价值。莲子味甘、涩、性平、无毒，具有补中养神、主五脏不足、益十二经脉血气、止渴解热、清心养神、固精强骨、补虚损、利耳目等功效。主治夜寐多梦、腰痛遗精、脾虚、小便频繁、久痢、小儿热渴、反胃吐食、妇女崩漏带下、子宫炎等症。

莲衣为莲子的种皮。味苦涩、性凉、无毒。具有收敛止热、清热利湿等功效。主治出血、心胃浮火等症。

莲心为成熟种子的绿色胚芽，味苦、性寒、无毒。入心、肺、肾经，能清心祛热、止血、涩精等，主治心烦口渴、劳心吐血、目赤肿痛、遗精，现用以降血压、强心等。

莲房为莲子的莲蓬壳，味苦涩、性温、无毒。可消瘀、止血、祛湿等，主治血崩、月经过多、胎漏下血、瘀阻、腹痛、产后胎衣不下、血痢、血淋、痔疮、脱肛、皮肤湿疮等症。

莲花性味苦、甘、性温、无毒，具活血止血、祛湿消风等功效。干后研末用酒服，治坠损呕血、积血；花贴之，治天疱湿疮，此外还可治产妇难产，有催产的作用。

莲须为莲盛开花的雄蕊。味甘、涩、性平、无毒，入心、肾经。能清心、益肾、涩精、止血，主治梦遗滑泄、吐、衄、崩、带、泻痢、痔漏等症。

荷叶味苦涩、性平、无毒，晒干煎汤内服或入丸散，能清暑利湿、生津止渴、升发清阳、止血，治暑湿泄泻、眩晕、水气浮肿、出血等症状；烧炭研末，香油调匀，敷患处，可治黄水疮。

荷梗为莲藕的叶柄或花柄。味微苦、性平、无毒等，能清热解暑、通气行水、泻火清心，煎汤内服，可治暑湿胸闷、泄泻、痢疾、淋病、滞下等病症。

荷蒂为荷叶的基部部分。味苦、性平、无毒。能清暑祛湿、利血安胎，主治血痢、泄泻、妊娠胎动不安，此外还能去恶血留好血、解蕈毒、健脾胃等。

藕"可交心肾、厚肠胃、固精气、强筋骨、补虚损、利耳目、除寒湿、止脾泄"。藕生食能清热凉血、散瘀、止血、止渴、醒酒，熟食可养血、开胃、健脾、益气、滋阴、止泻、生肌等。

藕节味涩、性平、无毒。能止血、散瘀、清热解毒，主治咳血、吐血、衄血、尿血、便血、血痢、血崩、遗精反浊等病症。

藕粉由藕经加工而制成。藕粉味甘、咸、性平、无毒，具补髓益血、止血、安神、调中、开胃等功效，主治虚损失血、泻痢、食少等症，常食之能安神生智（图5.12）。

图 5.12　莲花

（3）"冬"吃的萝卜（*Raphanus sativus*）

萝卜，又称莱菔，为十字花科，萝卜属一二年生草本植物。原产中国，在公元前400年的《尔雅》中，对萝卜有明确的释意，称之为葖、芦萉（菔）。北魏贾思勰在《齐民要术》（533—544）中对萝卜的栽培方法亦有记载。唐朝苏恭在《本草》（660）叙述莱菔"有消谷，去痰癖，肥健人"的药用价值。宋代苏颂在《本草图经》（1058）中提到"莱菔南北通有，北土尤多"。明朝李时珍在《本草纲目》（1580）中写到"莱菔天下通有之"，可见宋代起萝卜的栽培已经普及全国。

萝卜栽培类型和品种很多，根据生长季节的差异，可分为秋萝卜、春萝卜、夏萝卜和四季萝卜四类。① 秋萝卜：夏末秋初收获，常见优良品种有山东济南青园脆、北京心里美、大红袍、天津卫青萝卜、山东潍坊潍县青、江苏宜兴太湖长白萝卜和灯笼红等。② 春萝卜和夏萝卜：春萝卜在南方秋播春收，在北方春播春收；夏萝卜则是夏播秋收。常见优良品种有青岛刀把萝卜、泰安伏萝卜、杭州小钩白和南京中秋红萝卜等。③ 四季萝卜：较耐寒，可供春末夏初需要，优良品种如扬花萝卜、小寒萝卜和四缨萝卜等。

萝卜营养丰富，富含人体所需的多种微量元素，还含有淀粉酶、芥辣油、莱菔子素等物质，有助消化、杀菌、祛痰、止泻、利尿、顺气等功效（图5.13）。

图 5.13　萝卜

（4）号称"小人参"的胡萝卜（*Daucus carota var. saiva*）

胡萝卜，又称红萝卜、黄萝卜、番萝卜、丁香萝卜、胡芦菔金、赤珊瑚、黄根、药性萝卜、金笋、红根等，伞形科胡萝卜属植物。胡萝卜原产亚洲西部，中亚西亚地区，阿富汗为紫色胡萝卜最早演化中心。胡萝卜栽培历史很长，约在2 000年以上。10世纪从伊朗传入欧洲大陆，驯化发展成短圆锥橘黄色欧洲生态型胡萝卜。15世纪英国已有栽培，16世纪传入美国。我国于元代初期（13世纪末）经伊朗传入。据《本草纲目》记载"元时始自胡地来，气味微似萝卜，故名"。在我国长期栽培后，发展成为长根生态型胡萝卜。胡萝卜在我国南北方都有栽培。在北方地区，尤其是高寒地区，由于其栽培方法简单、病虫害少、适应性强、耐旷藏而大量栽培，是冬季主要的冬贮蔬菜之一。

胡萝卜营养价值很高，据测定，每100克鲜肉质根中含蛋白质1.1克，脂肪0.2克，糖类6.4克，钙36毫克，钾341毫克，α-胡萝卜素3.62毫克，占维生素的1/2以上。钙的人体吸收率为13.4%，是良好的补钙食品。胡萝卜还含有戊聚糖果胶、甘露醇，含有人体必需的苯丙氨酸、天门冬氨酸、赖氨酸、精氨酸和苏氨酸。胡萝卜所含的抗坏血酸对致癌的"N-2甲基亚硝胺"物质的形成，有神奇的阻隔作用，其阻隔率可达37.3%，并能促进肝细胞再生及肝糖原的迅速合成，从而增强肝脏的解毒能力，减轻砷、铅、苯类有机化合物对肝脏的伤害。α-胡萝卜素具有抗氧化活性能力，它会使体内的抗氧化酶活性增强，消除代谢过程中所产生的氧自由基，提高免疫能力。α-胡萝卜素浓度在 2~5mol/L 时，神经细胞瘤生长完全被抑制，再也不会癌变。β-胡萝卜素可增强人体免疫功能，是强有力的抗癌制剂，有效地防止放射线损伤，降低化疗对人体的副作用；抑制脂肪对组织病变及癌前期病变，抑制煤粉尘等混合物引起的突变，降低肿瘤发生率，被国内外医学界称为"抗癌英雄"，β-胡萝卜素能直接防治肿瘤，其抗氧化作用高于维生素 E，可减少肺癌发生率。由于它是脂溶性物质，食后作用时间长，分布广，功效高，多食无不良反应。

（5）功效非凡的大蒜（*Allium sativum*）

大蒜，又称蒜头、大蒜头、胡蒜、葫、独蒜、独头蒜，百合科蒜属。大蒜原产亚洲西部高原地区，汉代张骞出使西域引入我国，在我国已有 2 000 多年的栽培历史，南北各地均有分布。大蒜的食用部分除鳞茎（蒜头）外，还有蒜苗、蒜薹和蒜黄，产品风味鲜美，营养丰富。

大蒜除含有多外营养物质外，还含有一种可贵的植物杀菌素——大蒜素有强烈的杀菌作用，对球菌类、杆菌类、霉菌等，都有杀灭功能。另外，还有清除积存在血管中的脂肪和减少动脉硬化、防治心脏冠状动脉血栓塞等作用，还具大蒜素等含硫辛辣物质，具有强烈的杀菌作用，是医疗保健食品。

将蒜瓣放入口中慢慢咀嚼，不仅能够杀死口腔中的致病菌，预防流感、肠炎、肺结核等消化道和呼吸道疾病，还能预防龋齿。每餐吃几瓣蒜，有助于降低血液胆固醇含量，在一定程度上能起到预防动脉硬化、高血压、冠心病等心血管疾病。常吃蒜，可预防胃肠道肿瘤的发生，还能杀死胃液中导致产生亚硝酸盐的细菌。蒜瓣中含有硒，能使肿瘤细胞的生长速度减慢，所以蒜还有一定的抗癌作用（图 5.14）。

图 5.14　大蒜

2. 叶菜类蔬菜

（1）消费量和产量居首位的白菜（*Brassica rapa var. glabra*）

白菜，别名结球白菜、头球白菜、黄芽菜、菘，十字花科芸薹属。原产我国，栽培历史悠久，西晋嵇含所著的《南方草木状》"芜菁附菘"一节中记有"芜菁，岭峤以南俱无之。偶有士人固携种就彼种之。出地则变为芥，亦橘种之江北为枳之义也。至瞰江方有菘，彼人谓之蓁菘"首先提出"菘"的名称。到南北朝时文献中关于菘的记载已多。《南齐书·周颙列传》所载"文惠太子问周颙'菜食何味最佳？'颙曰'春初早韭，秋末晚菘'"。北朝后魏贾思勰所著《齐民要术》中提出"种菘与芜菁同""菘，菜似芜菁，无毛而大""菘菜腌制时须用蒲草束缚，并且腌成时仍保持绿色"说明它是一种绿叶菜。唐朝苏恭所著《唐本草》中记述"菘有三种，牛肚菘叶最大，厚，味甘。紫菘叶薄细，味少苦。白菘似蔓菁也"。宋朝苏颂说"扬州一种菘，叶圆而大或若扇，啖之无渣，绝胜他土者，疑即牛肚菘也"。（图5.15）

图 5.15 白菜

白菜柔嫩鲜美，营养丰富。含有大量粗纤维，可促进人体肠壁蠕动，帮助消化，防止大便干燥，促进排便，稀释肠道毒素，有治疗便秘，预防肠癌的功能。中医认为白菜有补中、消食、利尿、通便、消肺热、止痰咳、除瘴气等作用，并可防治矽肺。因大白菜中含有吲哚-3-甲醇化合物，还有防止乳腺癌的功能。

（2）具有减肥功效的生菜（*Lactuca-sativa-var. ramosa*）

生菜，即叶用莴苣、鹅仔菜、唛仔菜、莴仔菜、团叶生菜、千金菜，以嫩叶供食，宜可生食，故称生菜，属菊科莴苣属。原产中东内陆小亚细亚或地中海沿岸。是北美、南美、西欧、澳大利亚、新西兰、日本等许多国家快餐中不可缺少的重要家常蔬菜，栽培极为普遍。约在5世纪传入中国，20世纪60年代后期，引入结球莴苣栽培。

生菜质脆，爽口，味苦甜，营养丰富，叶片和茎部断裂时，会出现丰富的乳状汁。乳状汁中含有橡胶、甘露醇、树脂和一种叫莴苣油的莴苣素（$C_{11}H_{14}O_4$ 或 $C_{12}H_{36}O_7$），味苦能刺激消化，增进食欲等功效，是一种低热量，富含营养，具有减肥功效的蔬菜。

生菜有镇痛、降低胆固醇、开胸膈、利气、坚筋骨、去口臭、白齿、明目、通乳、镇定、催眠、驱寒、消炎、利尿、治贫血和治神经衰弱等作用。生菜含钾量高，而含钠量低，钾、钠比例适宜，有利于体内水分平衡，可增加排尿和增强血管张力，适于高血压、心脏病患者食用。生菜含铁量高，在有机酸和酶的参与下，易被人体吸收，适宜贫血病症患者及体弱病人食用。生菜中有碘、氟、锌等，对人体也有好处，碘参与组成甲状腺激素，氟有助于牙釉质、骨骼的形成，锌是胰岛素的激活剂。此外，生菜中还含有可抑制人体细胞癌变和抗病毒感染的干扰素诱生剂，对癌症患者的健康有明显的改善。但应注意，干扰素诱生剂不耐高温，只有生食才能发挥其作用。因此，每天食用生菜，特别是生食对人体健康大有益处。但不宜多食，《南本草》上说"常食目痛，素有目疾者切忌"。近年来，国内也有报道，连续一段时间以莴苣为食者，发生夜盲症，停食后眼睛又恢复了正常（图5.16）。

（3）让人欢喜让人忧的韭菜（*Allium tuberosum*）

韭菜，又称韭、山韭、丰本、扁菜、草钟乳、起阳草、长生韭、懒人菜，属百合科葱属。韭菜原产于我国，栽培历史很悠久，在《诗经·豳风·七月》中即有"献羔祭韭"的诗句，表明韭为当时重要祭品，这证明韭菜在我国已有3 000年以上的栽培历史。据《山海经》记载"丹熏之山""北单之山"（均在今内蒙古）、"崃山"（在今四川）"鸡山"（在今湖南，另说在今云南）"边春之山""视山"（未详）"其山多韭"。至今华北、西北、东北等地山野中仍有野生韭菜分布。经有关人员考察，野生韭菜几乎遍及全国，在青藏高原还有大面积的野韭山地。

图5.16　生菜

韭菜含较多纤维素，可促进肠胃蠕动，助消化，利大便；若误吞金属针、钉等物，将整根韭菜裹成团状，用开水烫热吞下，异物可随大便排出；含有挥发性精油、硫化物与粗纤维等，有降低血脂、扩张血管的作用。

韭菜内含蒜素与硫化物，有杀菌作用。取新鲜韭菜洗净，消毒榨汁，浸纱布条敷于烧伤疮面上，可防止绿脓杆菌感染，对痢疾、伤寒、大肠杆菌和金黄色葡萄球菌有抑制作用。

韭菜生食味辛辣而有散血、活血之疗效；熟食味甘温，有补中、补肾益阳、健胃提神、散血解淤及解毒作用。适用于阳痿遗精、腰膝酸痛、胃虚寒、腹冷痛、便秘、遗尿及妇女经痛等症。有兴奋强壮药物之作用。

韭菜籽性温味咸，含有生物碱的皂甙，是补肾壮腰的兴奋强壮药。《本草纲目》中说："韭子补肝及命门，治小便频数、遗尿。"。据《滇南本草》记载，能"补肝肾、暖腰膝、兴肠道、治阳痿"。又据《本草正》记载。可治"妇人阴寒、小腹疼痛"。韭菜籽加粳米煮成韭籽粥，可用于治疗遗精、早泄、阳痿、多尿等病，兼治腰膝酸痛、冷痛、溪癫带下，淋油等症。

韭菜根性温味辛，含硫化物甙类及苦味酸等。入药有温中、行气、散淤之功用。

图 5.17 韭菜

与韭菜叶相同，韭菜根炒后研末和猪油调和，能治各种癣疮及跌打损伤后所致的瘀血肿痛（图 5.17）。

（4）含"油"很多的油菜（*Brassica campestris*）

油菜，又名油白菜、苦菜，十字花科芸薹属植物，通常油菜是指十字花科芸薹属植物几个物种的总称。我国油菜分为白菜型、芥菜型和甘蓝型三大类。白菜型和芥菜型油菜的起源中心在中国和印度，甘蓝型油菜的起源中心在欧洲。中国和印度是栽培油菜最古老的国家。中国在六七千年以前就开始种油菜，我国最早的油菜栽培地区被认为是青海、甘肃、新疆、内蒙古等地。

油菜以其较强的适应性和广泛的用途，在世界油料作物中占有很重要的位置，是世界四大油料作物（大豆、向日葵、油菜、花生）。在农业生产中，油菜也具有不可替代的独特地位。油菜是油料作物中唯一的越冬作物，不会与其他粮食作物争地，而且油菜是用地养地的经济作物，因此，油菜也成为世界上发展速度较快的农作物之一。

油菜籽富含蛋白质、脂肪、维生素、矿物质等营养物质。油菜种子中蛋白质含量为 21%～30%，氨基酸组成平衡合理，赖氨酸和含硫氨基酸等人体必需氨基酸含量高；菜籽中还含有维生素 E、维生素 B、烟酸、叶酸、泛酸等丰富的维生素和钙、镁、磷、硒、锰、锌、铁、铜、碘等营养元素。油菜籽中含有 30%～50%的粗脂肪；菜籽油中含有 4%～5%的磷脂和丰富的油酸、亚油酸、亚麻酸、硬脂酸、棕榈酸及一定量的芥酸。在油菜籽饼粕中粗蛋白质含量一般在 40%以上。此外，还含有一定的粗脂肪、纤维素、矿物质和多种维生素等，营养价值与大豆饼粕相近（图 5.18）。

图 5.18 油菜

3. 花果类蔬菜

（1）像"花"一样的菜花（*Brassica oleracea var. botrytis*）

菜花，又称花椰菜、花菜，为十字花科芸薹属植物，是甘蓝的变种。早在欧洲栽培，自传教士传入中国，全国各地均有栽培。菜花质地脆嫩，营养丰富。有较好的和胃健脾、止痛生肌的作用，主治胃溃疡、十二指肠溃疡和慢性胆囊炎等病，含有微量元素钼、锰等，能抑制亚硝酸盐的合成，具有一定的防癌作用，含有一定量的维生素 E，能起到抗病延年的作用。花椰菜富含维生素 A 和维生素 C 以及人体生理活动必需的磷。青花菜除富含维生素和矿物质外，含有一种特殊成分吲甲醇，可分解雌性激素，防止乳房肿瘤生长，另外还含有 β - 胡萝卜素，可防止肺部、咽喉及膀胱癌症，降低心脏病、中风的发生率。

（2）美丽的爱情果——番茄（*Lycopersicon esculentum*）

番茄，又称西红柿、洋柿子、六月柿、喜报三元，为茄科番茄属植物，清末传入中国，原产于南美洲的秘鲁、厄瓜多尔与智利。在公元 1500 年发现美洲之前，在秘鲁、厄瓜多尔和玻利维亚当地土著人就已有种植。墨西哥人食之，称 Tomati。番茄是从南美移植欧洲的，称 Tomate，1554 年欧洲改称 Pomide Peru，即现在意大利的 Pomodors，后改名 Loveapple，至 1695 年称 Tomato。番茄传到亚洲和我国较晚，1807 年王象晋《广群芳谱》卷 57 在柿的条例中有"番柿"一栏，书曰"番柿一名六月柿，茎似蒿，高四五尺，叶似艾，花似榴，一枝结五实或三四实，一树二三十实，缚作架，最堪观，火伞火珠，来足为喻，草本也，来自西藩，故名"。从"番茄"的三种中文名字中的"番""西""洋"三个首字看，当是一种舶来品。

番茄不但营养丰富，而且风味可口，色泽鲜艳，既可做水果，也可以做菜，既可凉拌，又可炒食，更宜做汤，是一年四季皆受欢迎不可缺少的主要果菜。番茄还可加工成番茄酱、番茄沙司，也可加工成番茄汁或与胡萝卜及其他蔬菜汁配合成复合蔬菜汁，是国内外深受欢迎的营养饮料。番茄种子磨成粉末是重要的食品添加剂。

番茄所含的番茄红素能高效猝灭单线态氧及消除过氧自由基，具有较强的抗氧化能力，对宫颈癌、乳腺癌、肺癌、皮肤癌、膀胱癌、前列腺癌等疾病均有一定的辅助疗效。同时，多食番茄还能达到降血压、降胆固醇、护眼明目、美肤瘦身的效果。因此，番茄是一种很好的保健蔬菜（图5.19）。

图 5.19　番茄

（3）来自印度的茄子（*Solanum melongena*）

茄子，别名落苏，酪酥，矮瓜，茄瓜，紫瓜，为茄科茄属一年生植物。原产印度，由暹罗传入我国，南北各省普遍栽培。茄子果实鲜嫩可口，有较高的营养价值。茄子药用效果显著。其性凉、味甘，夏天食用，有助于清热解毒，对易长痱子、

生疮疖者尤为适用，消化不良、易腹泻者慎用；茄子可散血、消肿、宽肠，故大便淤积、痔疮出血及湿热黄疸者益食。茄子富含的维生素 P 等营养物质能增强人体细胞的黏着力；增强毛细血管的弹性，降低毛细血管的脆性及渗透性，防止微血管的破裂出血；使血小板保持正常功能，并有预防坏血病以及促进伤口愈合的功效。因此，常吃茄子对高血压、动脉粥状硬化、咯血、紫斑症及坏血病等有益处（图5.20）。

图 5.20　茄子

（4）可用糖测定辣度的辣椒（*Capsicum annuum*）

辣椒，又称番椒、海椒、秦椒、辣子、辣茄，是茄科辣椒属植物。辣椒原产于中南美洲热带地区，1493 年由哥伦布传入西班牙，1583~1598 年传入日本。后传入中国广东、广西、云南等地栽培，经丝绸之路，在甘肃、陕西等地栽培。中国于 20 世纪 70 年代在云南西双版纳原始森林里发现有野生型的"小米椒"。目前辣椒在我国各地已普遍种植，同时成为世界重要的栽培区域带。

辣椒含有丰富的营养成分。据《食物宜忌》记载，辣椒能"温中下气，散寒除湿，开郁去痰，消食，杀虫解毒，治呃逆，疗噎膈，止泻痢，祛脚气"。《药检》记载，辣椒能"祛风行血、散寒解郁、导滞、止泻、擦癣"。据《食物本草》记载，辣椒"消宿食，解结气，开胃中，辟邪恶，杀腥气诸毒"。

辣椒的功能主要是辣椒素起作用，据药理试验和临床应用证明，辣椒制成的食品或调味品服用后，可刺激口腔和胃黏膜，促进唾液分泌和增加淀粉酶活性，从而有促进食欲、增强消化的作用。辣椒制成酊剂内服可以健胃，还能下气、开郁、消食、导滞，即驱除肠内气体和解除肠道的痉挛；但过量食用辣椒会刺激胃黏膜而引起炎症，于身体不利。此外，用辣椒碱涂擦皮肤有发赤的作用，能使皮肤血管扩张，血液循环加强，并能刺激神经末梢而产生温热感。所以辣椒外用可以治冻疮及风湿、风寒引起的腰腿痛，也可用来治疗感冒或皮下瘀血、积聚肿痛。红辣椒还能增加血浆中游离的氢化可的松含量和尿的排泄量，降低纤维

蛋白的溶解活性。

辣椒素在经过pH值测试后为偏碱性。食用辣椒的优点，首先是可降低人身体中的酸含量。由于人类饮食多喜欢酸类食物，所以身体中的食酸含量较高，使身体中的毒素不能够有效地排出体外。为了使身体中的酸碱食物链达到平衡的状态，平时也要食用少量的含有辣素的食品和蔬菜，确保体液的pH值基本处于平衡的状态。如果在饮食较辣的蔬菜时，可在烹炒辣性蔬菜时加入含有酸性的物质，以降低辣素的含量（图5.21）。

图 5.21　辣椒

4. 瓜类蔬菜

（1）增强免疫力的南瓜（*Cucurbita moschata*）

南瓜，又称中国南瓜、番瓜、倭瓜、饭瓜，属葫芦科南瓜属。一年生蔓生植物，原产北美大陆，《本草纲目》记载由南番入闽浙，在16世纪中国各处已经普遍栽培。南瓜营养丰富。《本草纲目》中记载，南瓜具有补中气、补肝气、益心气、益肺气、益精气的作用，久病气虚、脾胃虚弱、气短倦怠、食少腹胀、水肿尿少者宜用。南瓜中钙铁含量较高，适合中老年和高血压患者使用，有利于预防骨质疏松和高血压；铬含量居各类蔬菜之首，可以抑制机体内恶性肿瘤的产生，促进体内胰岛素的释放，对降血糖十分有效；南瓜中富含糖醛酸，能够清除胆固醇，防止动脉硬化，防治高血压等心血管疾病；生物碱、葫芦巴碱、南瓜籽碱等活性物质可以消除和催化分解致癌物质亚硝酸铵而有效防治癌症；尿素酶能够催化分解致癌物质亚硝酸铵；另外南瓜还具有增强免疫力、解毒、保肝肾、抗氧化、护视力的功能（图5.22）。

图 5.22　南瓜

（2）消肿利尿的胖冬瓜（*Benincasa hispida*）

冬瓜，又称东瓜、白瓜、白冬瓜、枕瓜、水芝、地芝，为葫芦科冬瓜属一年生蔓生植物。原产我国南方和印度、泰国等热带地区，在我国南北方有广泛栽培。冬瓜不仅营养丰富，还具有一定的药用价值，冬瓜味甘而性寒，有利于

图 5.23　冬瓜

利尿消肿、清热解毒、清胃降火、消炎的功效。冬瓜是高钾低钠低热量的蔬菜，对肾脏病、浮肿病、高血压、心脏病、肥胖症患者大有益处。冬瓜还有解鱼毒、酒毒之功能。经常食用冬瓜，能去掉人体内过剩的脂肪，由于冬瓜含糖量较低，也适宜于糖尿病人"充饥"，在炎热的夏季，如中暑烦渴，食用冬瓜能收到显著疗效。现代研究发现，冬瓜子含尿酶、腺碱、葫芦巴碱等，可清肺热、排脓、化痰、利湿，适用于治疗慢性气管炎、肺脓肿等（图5.23）。

（3）降血糖的苦瓜（*Momordica charantia*）

苦瓜，别名锦荔枝、癞葡萄、癞瓜、凉瓜，葫芦科苦瓜属植物。原产亚洲南部、东印度热带地区，广泛分布于热带、亚热带和温带地区，在我国华南、西南、华中地区普遍栽培。苦瓜以嫩瓜为食用部分，商品瓜肉质脆嫩，苦味适中，清香爽口。苦瓜含有丰富的营养物质。苦瓜风味特殊，具有除邪热、解劳乏、清心明目、益气解热、促进食欲、帮助消化等功效，深受人们的喜爱。

（4）祛斑美容的丝瓜（*Luffa cylindrica*）

丝瓜，又名天丝瓜、天罗、布瓜、绵瓜、菜瓜，葫芦科丝瓜属植物。原产印度，先传于我国南方后，乃普遍各地。丝瓜营养丰富，其蛋白质含量比冬瓜和黄瓜高2~3倍。丝瓜还含有皂甙、丝瓜苦味素、多量的黏液、瓜氨酸、脂肪等。种子含有脂肪油和磷脂等。这些营养元素对机体的生理活动十分重要。丝瓜中含的维生素 B_1 防止皮肤老化，维生素 C 能增白皮肤等成分，能保护皮肤、消除斑块，使皮肤洁白、细嫩，故丝瓜汁有"美人水"之称。丝瓜络可代替海绵为洗浴擦身及洗刷器物，更可为药用。丝瓜性凉味甘，具有清热化痰、凉血解毒、杀虫、通经络、行血脉、利尿、下乳等功效。夏季常食可去暑除烦，生津止渴。平时常食可治痰喘咳嗽、乳汁不通、痈疮疖肿等症。丝瓜所含的皂苷成分有强心作用。老丝瓜干后制成药材称为丝瓜络，以通络见长，用于治疗胸肋痛、筋骨酸痛等症。此外，把丝瓜捣烂取汁频抹涂，可治痛疽（图5.24）。

图 5.24　丝瓜

5. 菌菇类蔬菜

（1）香菇（*Lenttinus edodes*）

香菇，又名花菇、香蕈、香信、香菌、冬菇、香菰，属伞菌目口蘑科香菇属。香菇栽培最早始于我国浙江南部，后扩大到全国大部分省份。香菇具有独特的香味，味道鲜美、清香嫩滑、营养丰富。所含的精氨酸和赖氨酸具有增智健脑的作用，维生素 D 可以增强抵抗力，有助于小孩骨骼和牙齿生长，防止佝偻病，降低胆固醇，抗御感冒、病毒。多糖有抗肿瘤作用，腺嘌呤和胆碱可预防肝硬化和血管硬化；酪氨酸氧化酶有降低血压的功效；双链核糖核酸可诱导干扰素产生，有抗病毒作用。因此，香菇又称为"山珍之王"。

（2）黑木耳（*Auricularia auricula*）

黑木耳，又称木耳、云耳、耳子、光木耳、细木耳、黑菜、木蛾、丝耳，属木耳目木耳科木耳属。我国木耳属有 15 个种，广泛分布于我国大部分地区。黑木耳是一种营养价值丰富、质地鲜脆、口感丰富的胶质类食用菌，被称为"素中之荤"。入药其性平，味甘，有益气强身、滋肾养胃、活血等功能，具有抗血凝、抗血栓、降低血黏度、降血脂、软化血管，使血液流动顺畅，减少心血管病发生。木耳中的了磷脂质，对脑细胞有营养作用，因此木耳是很好的补脑食品。

（3）金针菇（*Flammulina velutipes*）

金针菇，又称冬菇、朴蕈、绒毛柄金钱菌等，属伞菌目口蘑科针金钱菌属。广泛分布在亚洲、欧洲、北美洲、大洋洲等地，是我国古代最早进行人工栽培的食用菌之一，栽培历史悠久。金针菇菌盖滑嫩、柄脆、营养丰富、味道鲜美、富含蛋白质、碳水化合物、矿质元素、维生素、真菌纤维等。金针菇具有降低胆固醇、抗衰老、抗疲劳的作用，能够有效增加儿童体重、身高、增强智力，有"增智菇"的美称。

（4）草菇（*Volvariella volvacea*）

草菇，又名兰花菇、苞脚菇，为伞菌目鹅膏菌科小苞脚菇属。原产我国东南地区，在广东、广西、福建、湖南、江西、台湾等省都有大量的栽培。我国草菇产量居世界之首，产量占世界总产量的 3/4 以上。草菇不仅味道鲜美、肉质细嫩，更具有丰富的营养和保健作用。草菇中含有一种凝集素蛋白质，称为草菇毒素 A，具有抗癌功能，另外草菇中的多糖类化合物也具有抗癌活性。纤维素含量高，能防止胆结石和便秘的发生。

6

第六章　植物与医药健康

植物与人类生命健康息息相关，许多植物具有重要的药理作用，可以用于预防或治疗疾病，这类植物也称之为药用植物。俗话说"百草皆是药"，中草药绝大多数是植物药，它们被中医作为预防、诊断、治疗疾病或调节人体机能之用，也可以称为传统植物药。随着科技的发展，以药用植物为原料经过现代技术制备的药物，则可以称为现代植物药。我们还常可以听见"天然药物"的说法，是指自然界中存在的有药理活性的天然物质。天然药物包括植物药、动物药和矿物药，其中植物药占了绝大部分。由此可见，植物与人类健康关系之密切，其重要性也就不言而喻了。

一、历史悠久的植物药

自然界存在如此多样的植物，它们在地球上生活的历史比人类存在的历史还要漫长。可以肯定的是，人类了解、认识、利用它们，经历了曲折漫长的过程。古代劳动人民在长期的生活和生产实践中，发现很多植物能消除或减轻疾病，并逐渐积累了丰富的药物知识。我国是应用植物药历史最为悠久的国家之一，我国古代就有"神农尝百草，一日而遇七十毒"的传说。据统计，成书于 3 000 多年前的我国第一部诗歌总集《诗经》中，就记载了 140 多种植物，对很多植物习性已经有了较多的认识；成书于汉代以前的号称中国"辞书之祖"《尔雅》中记载了 300 多种植物，其中不少为药用植物。

随着药学知识的积累，中国古代产生了很多记载、总结药物知识的著作，称为本草或者本草学著作。约成书于秦汉之际的中国现存最早的药物学专著《神农本草经》记载药物 365 种，其中植物类药就有 252 种。堪称世界上最早的国家药典、我国的本草学专著《新修本草》收载药物 844 种，药物品类已经大为增加，药物学知识日益丰富。宋代唐慎微编著的《经史证类备急本草》整理总结此前的各家本草学著作，收载植物类药物多达 1 100 余种。到了明代，伟大的医药学家李时珍（1518—1593）以毕生精力，广采博收，对本草学进行了全面的整理总结，历时 29 年编成了医药学史上的伟大著作——《本草纲目》。该书共 52 卷，约 190 万字，载药 1 892 种（其中植物药 1 095 种，占全部药物总数的 58%），收集药方 11 096 个，书中还绘制了 1 160 幅精美的插图。《本草纲目》对 16 世纪以前中医药学知识进行了系统总结，在训诂、语言文字、历史、地理、植物、动物、矿物、冶金等方面也有突出成就。此书于 17 世纪末即先后被译为多种文字得到传播，对世界自然科学的发展也有举世公认的贡献。就连达尔文创立进化论学说，还引证了其中的有关资料呢！

中华人民共和国成立以后，由于党和政府高度重视，中医药事业的发展呈现出百花齐放、百家争鸣的良好局面，中药学取得了新的成就。1977 年出版的《中药大辞典》是建国后出版的第一部大型中药专业工具书，共收载中药 5 767 味，其中包括植物药 4 773 味，动物药 740 味，矿物药 82 味以及传统作为单味药使用的中药加工制成品 172 味，已经大大超过《本草纲目》收载的药物数目。此后，集全国之力编写，1999 年出版的《中华本草》内容丰实翔实，旧识新知兼贯博通，共收载药物 8 980 味，插图 8 534 幅，约 2 200 万字，可谓体系庞大，蔚为壮观，该书全面系统总结了 2 000 多年来我国包括中药在内的传统药学成就，集中反映了 20 世纪中药学科的发展水平，客观地体现了中药学术的完整体系，不仅对中医药教学、科研、临床、医疗、资源开发、新药研制均具有一定的指导作用和实用价值，而且对促进中医药走向世界、造福人类，也将发挥重大的作用。

实际上，从整个医学史来看，草药也是世界上其他国家、民族传统医学的重要组成部分，在各国都得到过运用。欧洲草药应用史可追溯到古希腊罗马时期。古希腊著名的医学家希波克拉底就曾经使用过 260 种药用植物，如强心海葱、黑藜芦、牛膝、莨菪等。欧洲在中世纪时，就用一种叫作缬草的草药来治疗癫痫和轻中度失眠。伴随着药学著作《药材》《楼学药书》《简单药物》《医典》等著作的问世，草药知识日渐充实，在文艺复兴时期繁荣发展。目前，欧洲广泛用来治疗女性经前期综合征的穗花牡荆药物，以及治疗脑血管疾病的银杏叶药物制剂，都是植物来源的药物。还有山金车、金盏菊、母菊、紫锥菊、欧洲龙芽草、药用聚合草、黑接骨木花、土木香、小茴香、香蜂花、甘草等，都是目前欧美较为常用的草药。目前，草药在印度医学、顺势疗法、自然疗法等主要传统医学中仍发挥着重要作用。

二、多种多样的化学成分

植物药之所以能够治病、保健，主要是因为植物含有有效的化学成分。如我们熟悉的阿片碱、小檗碱、麻黄素、紫杉醇等等都来源于植物。实际上，目前已知的主要有效成分，是随着医药科技的发展，才得以从植物中分离出来并弄清楚化学结构,并被加以研究利用。药用植物所含化学成分主要包括以下几类。

1. 糖类

糖类又称为碳水化合物，是植物光合作用产生的初生代谢产物，它可作为植物的贮藏养料和骨架。淀粉、纤维素、菊淀粉、树胶、黏液质等都是植物多糖。在生物界的新陈代谢中,糖类可以进而合成植物中的绝大部分成分。山药、大枣、地黄、黄精这些具有滋补、强壮作用的中药，均含有大量的糖类成分。某些药用植物含有的多糖类成分具有很强的生物活性，如香菇多糖具有抑制肿瘤生长作用，人参多糖、灵芝多糖、刺五加多糖、黄芪多糖等具有增强免疫等作用。

2. 酚类

多酚类化学成分是指分子结构中有若干个酚性羟基的化学成分，这类成分大都具有一定的抗氧化能力，能够清除超氧阴离子和羟自由基等，从而减轻机体所受的过氧化损伤。不少从植物中提取的多酚类制品已被作为天然抗氧化剂使用。在自然界中，多酚类成分广泛存在于植物的皮、根、叶、果中，如赋予巧克力独特韵味的多酚类成分，在可可豆中含量就特别高。一些常见的植物性食物，如茶、大豆、红酒、蔬菜和水果中，亦含有丰富的多酚类成分。

3. 挥发油

挥发油是存在于植物中的一类具有芳香气味、可随水蒸气蒸馏出来的挥发性油状成分的总称。挥发油通常具有浓郁的香气，不但可作为香料，也是一类重要的药用植物活性成分。如薄荷中含有丰富的挥发油，从中提取到的挥发油称为薄荷油，具有清凉、祛风、消炎、局麻作用，我们日常应用的口香糖、香水、牙膏、驱蚊水中，都常有添加应用。挥发油在水中能少量溶解而使水溶液具该挥发油特有的香气，医药上常利用这一性质来制备芳香水与注射剂，如菊花露、鱼腥草注射液、柴胡注射液等。

4. 黄酮类

黄酮类化学成分可以说是植物中分布最为广泛的一类次生代谢产物。目前，从植物中发现的黄酮类化学成分已超过 2 000 种。绝大多数植物体内都含有黄酮类物质，它在植物的生长、发育、开花、结果以及抗菌防病等方面，都发挥着重要的作用。许多天然色素都是黄酮类成分，能使植物呈现美丽的颜色，使花朵和果实呈现黄色。黄酮类成分还具有广泛的药物用途，具有抗氧化、保护心血管等，还具有抗炎、镇痛、抗病毒、保护肝脏的功能。如山楂中含有的山楂黄酮具有助消化、降血脂及胆固醇作用。银杏叶含有黄酮和双黄酮类成分，可用于治疗冠心病、心绞痛等。

5. 鞣质

鞣质又称单宁，是存在于植物体内的一类结构比较复杂的多元酚类成分，能与蛋白质结合形成不溶于水的沉淀，故可用来鞣皮，因此称为鞣质。鞣质具有一种苦涩和难闻的味道，植物叶和皮中含有这类成分，可以保护植物免受昆虫和动物的伤害。鞣质具收敛性，内服可用于治疗胃肠道出血、溃疡和水泻等症；外用治疗创伤、灼伤，可使创伤后渗出物中蛋白质凝固，形成痂膜，减少分泌和防止感染，能使创面的微血管收缩，有局部止血作用。鞣质能凝固微生物体内的原生质，还有抑菌作用。有些鞣质具抗病毒作用，如中药贯众所含的鞣质能抑制多种流感病毒。鞣质还可用作生物碱及某些重金属中毒的解毒剂。鞣质具有较强的还原性，可清除生物体内的超氧自由基，延缓衰老。此外，鞣质还有抗变态反应、抗炎、驱虫、降血压等作用。

6. 皂苷

皂苷是许多重要药用植物的主要活性成分，因它能像肥皂一样能在水中产生泡沫而得名，古代人民用富含这类成分的植物制作香皂，洗涤污垢，故称皂苷。皂苷是重要的天然产物成分，具有多种生物活性，如抗肿瘤、抗炎、免疫调节、抗病毒、抗真菌、杀精子、保肝等。人参、远志、桔梗、甘草、知母和柴胡等许多中草药的主要有效成分中，都含有皂苷。皂苷主要分为甾体皂苷和三萜皂苷两种类型，甾体皂苷的化学结构与人体中的许多激素相似，如雌激素，因此含有甾体皂苷的植物通常都表现出较为显著的激素样活性，如薯蓣科植物中含的甾体皂苷可作为合成避孕药的原料；三萜皂苷分布较为广泛，通常能祛痰，但激素样的作用不显著。

7. 生物碱

生物碱是广泛存在于自然界（主要为植物，但有的也存在于动物）中的一类含氮的碱性化合物，已知生物碱种类很多，约在 2 000 种以上。生物碱有似碱的性质，所以过去又称为赝碱。生物碱具有显著的生物活性，是中草药中重要的有效成分之一。如麻黄中的麻黄碱具有松弛支气管平滑肌、收缩血管、兴奋中枢神经作用，临床用于治疗哮喘。黄连、黄檗中含有的小檗碱（即黄连素），具有抗菌、消炎作用，可以治疗肠道感染、菌痢等。夹竹桃科植物长春花中的长春碱、长春新碱具有抗肿瘤作用，可以用来治疗白血病、淋巴肉瘤等。

植物中还含有很多种其他类型的化学成分，如香豆素类、萜类、木脂素类、强心苷类等，它们具有各自的结构特征，也具有不同的药理活性。

近年来，随着绿色浪潮风起云涌，人们对植物药越来越关注，有许多植物药的制剂已得到广泛使用，疗效也得到验证。如银杏叶提取物能改善微循环并能增加记忆力，可用于防治心脑血管疾病，目前已成为全球非常畅销的植物药。红豆杉中提取的紫杉醇是目前治疗卵巢癌、乳腺癌等恶性肿瘤的一线药物，受到非常广泛的关注。据不完全统计，目前临床常用药物中，直接或间接来源于植物的占到一半以上，由此可见植物药的重要性。

三、品类繁多的植物药

我国地域广袤，横跨热带和温带，气候类型多样，是世界上生物多样性最为丰富的国家之一，同时是世界上药用植物种类最多的国家之一。根据 1985 年全国第三次中药资源普查结果，我国有中药资源种类 12 807 种，其中药用植物 11 146 种，药用动物 1 581 种，药用矿物 80 种，可见药用植物所占比例最高，产量最大，地位最重要，与人类健康的关系也最密切。现选择部分颇有特色的药用植物加以介绍。

1. 中药之王话人参（*Panax ginseng*）

人参（图 6.1）属于五加科多年生草本植物，生长旺盛时期茎高可达 60 厘米，用来做药的主要是它的根。人参在我国具有几千年的历史，据《神农本草经》记载，人参具有"补五脏、安精神、定魂魄、止惊悸、开心益智"之功效。通常，栽培的人参称为"园参"，野生的人参称之为"野山参"，主产于吉林、辽宁及黑龙江，是中国著名的"东北三宝"（人参、貂皮、鹿茸）之一。

由于野山参（图 6.2）生长缓慢，采挖困难，功效好，所以十分珍贵。但是由于长期过度采挖，野山参已经难觅踪影，已经被列为国家一级濒危保护物种。目前，巨大的用药需求主要靠栽培人参来解决。由于栽培人参对生态环境要求苛刻，技术要求高，周期长，种植的园参 5 年以上才可以采挖，导致

图 6.1　人参

人参栽培的成本仍然很高。人参采挖后,全根晒干者称"全须生晒参",剪去小支根,晒干者称"生晒参"。将圆参剪去小支根,经 3~6 小时蒸透后,烘干或晒干者,称红参。剪下的支根和细根蒸后干燥者称"红参须"。人参鲜根用针扎孔,用糖水浸后干燥者为糖参。

研究表明,人参的有效成分主要是人参皂苷、多糖、维生素等。人参具有良好的滋补强壮作用,能增强机体对各种有害因素的非特异性抵抗力,并具有显著的抗疲劳、抗应激、抗缺氧作用。人参的使用方法多样,可以切片煎汤、嚼食,还可以磨成细粉吞服,也可代茶饮。还可浸酒或与鸡、肉一起炖煮,制作药膳,滋补强身。但应注意,人参由于具有类激素样活性,可促进性早熟,除非急救,儿童应避免长期大量食用。目前,国家药品食品监督管理局已批准 5 年及 5 年以下人工栽培的人参作为新资源食品,限定食用量 ≤ 3g/ 天,故可作为日常食用,5 年及 5 年以上者主要供药用。

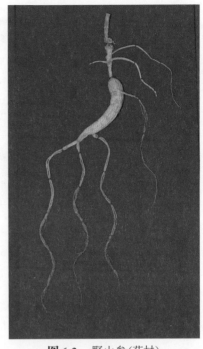

图 6.2 野山参(药材)

西洋参(图 6.3)又称"花旗参",常被人们与人参相提并论。其实在植物分类学上,西洋参是人参的"近亲",但并非同一个种。其植物形态与人参十分相似,药用部位也是根。主产于美国北部及加拿大的与我国东北三省同纬度地区,我国早已引种栽培成功。市面上常见的西洋参常已除去根茎、支根及须根,形态如小胡萝卜,表面有较密集的横纹及细纵皱纹,与人参还是容易区分。西洋

图 6.3 西洋参

参与人参功效相似,也有滋补强壮作用,能提高人体免疫力。但是西洋参性味稍凉,如在炎炎夏季,用西洋参代替人参应用,可以避免"上火"。

2. 峻下攻积说大黄(*Rheum palmatum*)

大黄又名火参、金木、破门、绵纹等,蓼科大黄属植物在我国传统医学中应用已久,我国现存最早的本草学专著《神农本草经》中就有记载。因其药材色黄,又因其泻下作用较为猛烈,有锐不可当之势,古人誉为"将军"。大黄药材横断面可见网状纹理及星点存在,状如锦缎之纹理,故亦有"锦纹"之称。

图 6.4 掌叶大黄

目前,中药学上,蓼科植物掌叶大黄(图 6.4)、唐古特大黄和药用大黄的根均可作中药大黄应用。其中,掌叶大黄、唐古特大黄主产于甘肃、青海、西藏,药用大黄主产于四川、贵州、云南、湖北、陕西。

大黄是临床常用中药,被称为中药中的"四大金刚"之一,其性寒,味苦,能泻热通肠、凉血解毒、逐瘀通经,用于胃肠实热积滞、大便秘结、腹胀腹痛等。大黄中含有的蒽醌类化合物,包括蒽醌、蒽酚、蒽酮类及其苷类等,可以看作是大黄的有效成分。现代研究表明,大黄除了泻下作用外,还有抗菌作用,对葡萄球菌、溶血性链球菌、肺炎球菌等多种细菌及真菌均有不同程度的抑制作用,此外,还有抗病毒、抗阿米巴、抗肿瘤、收敛、利胆和降血脂等作用。但是由于大黄散瘀攻下作用猛烈,耗血动气,易致流产,故孕妇慎用。

3 . 清肝明目的菊花 (*Chrysanthemum morifolium*)

菊花是菊科多年生草本植物,以其头状花序作药用。全国各地都有栽培,安徽、浙江一带最多,品种也很多。按产地和加工方法,分为"亳菊"、"滁菊"、"贡菊"、"杭菊"等(图 6.5)。按花的颜色,又有黄菊花和白菊花之分。菊花味苦性微寒,具疏散风热、平抑肝阳、清肝明目、清热解毒的功效。除药用、观赏外,菊花还可以食用,民间有茶饮、炸菊、凉拌菊苗等吃法。菊花地上部分及花序含挥发油、腺嘌呤、生物碱等多种成分,具有特殊香气,可以提取天然食用香精食用或药用。

作为著名观赏花卉,菊花是中国十大名花之一,花中四君子(梅兰竹菊)之一,也是世界四大切花(菊花、月季、康乃馨、唐菖蒲)之一,产量居首。因菊花具有清寒傲雪的品格,晋代陶渊明爱菊成癖,写过不少咏菊诗句,如"采菊东篱下,悠然见南山"、"秋菊有佳色,更露摄其英"等名句。中国古人有重阳节赏菊和饮菊花酒的习俗。唐代孟浩然的《过故人庄》

图 6.5 杭白菊

中"待到重阳日，还来就菊花"。即言其事。在古代神话传说中，菊花还被赋予了吉祥、长寿的含义。

4. 升阳固表的黄芪（*Astragalus membranaceus*）

黄芪是豆科多年生草本植物，也称为黄耆，还有戴糁、戴椹、百本、箭芪、百药绵等，是一味著名的补气中药，具有强壮作用。相传古时有一位善良的老人，姓戴名糁，擅长针灸术，一生乐于救助他人，老人形瘦面黄，人们以尊称之"黄耆"。老人去世后，人们为纪念他，便将老人墓旁生长的一种味甜，具有补中益气、止汗、利水消肿、除毒生肌作用的草药称为"黄芪"。

黄芪主要有蒙古黄芪和膜荚黄芪（图6.6）两种，以其根作药用。蒙古黄芪主要分布于黑龙江、山西、内蒙古等省区。膜荚黄芪主要分布于黑龙江、山西、内蒙古、陕西、宁夏、甘肃、新疆等省区，以山西、黑龙江及内蒙古等地的产量大，质量优。现代的研究表明黄芪具有多种药理作用，对正常心脏有加强收缩的作用，对于因中毒或疲劳而陷于衰竭的心脏的作用更加显著。黄芪对有些病毒感染还有一定的防治作用，能增加人体的免疫功能，可治身体困倦、无力、气短。我国近代著名国学大师胡适先生中年以后，渐感疲惫不堪，力不从心，便常用黄芪泡水代茶饮用。特别是在讲课之前，总要先呷几口黄芪水，以致精力倍增，讲起话来声如洪钟，滔滔不绝。

图6.6 膜荚黄芪

黄芪不仅是医疗中的常用中药，而且也是经济实惠的滋补品和调味品，可用于煲肉、泡酒、做菜、调味、去腥。民间食用的黄芪煨大枣、黄芪炖母鸡、黄芪煮黑豆，更是美味佳肴，上佳药膳。黄芪营养丰富，既补身体，又别有风味，为产妇、老弱、病后体虚者的上好补品。常服可令人精神焕发、体质增强、荣颜润肤、延年益寿。

5. 清热解毒的马齿苋（*Portulaca oleracea*）

马齿苋（图6.7）又名马齿草、马苋、马齿菜、马齿龙芽、长命菜、马踏菜、长寿菜、耐旱菜等，为马齿苋科一年生肉质草本植物。茎下部匍匐地面，分枝多，肉质，全体光滑无毛；叶片先端圆，稍凹下或平截，基部宽楔形，形似马齿，故名"马齿苋"。马齿苋广泛分布于世界温带和热带地区，我国除高寒地区外均有分布，对气候、土壤等环境条件适应性极强，常生长于田间、路旁、荒地及园地，

图 6.7　马齿苋

喜温向阳,既耐涝、又耐旱和抗热,生长迅速,十分常见。

作为药用,马齿苋具有清热解毒、散血消肿的功效,可以治疗热痢脓血、热淋、血淋、带下、痈肿恶疮、丹毒、瘰疬等。现代研究表明,马齿苋含有多种钾盐、黄酮类、强心苷等活性成分,能抑制人体内血清胆固醇和甘油三酯的生成,促进前列腺素合成,抑制血小板聚集,使血液黏度下降,起到防治心血管病的作用。还含有去甲肾上腺素类成分、α-亚麻酸、维生素 E、胡萝卜素等营养物质,具有很好的抗氧化、抗菌、消炎、调节血脂、降血糖、抗衰老、抗疲劳等作用。

除了作为药用,马齿苋还是一种营养价值极高的野生蔬菜,其所含的胡萝卜素是菠菜的 6 倍、黄瓜的 17 倍、大白菜的 55.75 倍、圆白菜的 111.5 倍。马齿苋的食用方法多样,除去根部并洗净后,可以直接炒着吃;也可以将它投入沸水中,焯几分钟后,切碎拌菜吃,还可以做汤、饺子馅、在面里烙饼吃。目前,国内已开发出马齿苋茶、马齿苋酱、脱水马齿苋、鲜食马齿苋、速冻马齿苋蔬菜、马齿苋干粉等食品,国外市场还有马齿苋色拉、马齿苋三明治等食品。

6. "仙草"之誉说灵芝（*Ganoderma lucidum*）

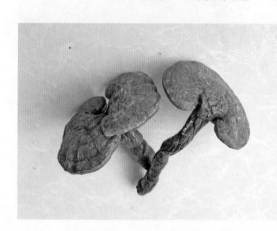

图 6.8　灵芝(药材)

灵芝（图 6.8）又称林中灵、琼珍,有"仙草"的美誉,自古以来就被认为是吉祥、富贵、美好、长寿的象征,是中华医药宝库中的一颗璀璨明珠,被奉为仙药,并形成了独特灵芝文化。《白蛇传》是我们耳熟能详的神话故事,主人公白娘子不顾安危,只身前往天庭盗取灵芝仙草,救活了夫君许仙。这个唯美的爱情故事,更给灵芝蒙上了神秘的面纱。

灵芝属多孔菌科真菌,可以分不同的种类,如红褐色的赤芝、紫黑色的紫芝等。它由菌丝体和子实体组成,药用部位是灵芝的子实体。灵芝菌柄圆柱形,肾形或伞形的菌盖背面可以看到有许多很细小的小孔,这些小孔是灵芝产生孢子的地方。孢子散出后，若环境适宜，就可以萌发成新的灵芝个体。

灵芝作为药用，具有补气安神、止咳平喘的功效，用于眩晕不眠、心悸气短、虚劳咳喘，在药用、保健方面应用得十分广泛。现代药理研究表明灵芝具有多种药效，包括抗癌、抗高血压、抗病毒和免疫调节作用。目前，市面上有灵芝口服液、灵芝破壁孢子粉等，不但能增强人体免疫力，还能辅助抗癌。灵芝的主要化学成分有多糖类、核苷类、呋喃类、甾醇、生物碱类及氨基酸类等。其中，三萜类和多糖类具有抗肿瘤作用、免疫调节作用、降血糖作用、降血脂作用、抗氧化作用和抗衰老作用，已经受到高度关注。除了生成这些生物活性化合物，灵芝还像其他的白腐担子菌一样，能够分泌有效分解纤维素和木质素的酶，预示其还在生物质利用、纤维漂白和有机污染物降解等方面具有应用价值。

7. 价比黄金的冬虫夏草（*Codyceps sinensis*）

冬虫夏草（图 6.9）又称虫草、中华虫草，是中国传统名贵中药材，是一种特殊的虫和真菌共生的生物体，是冬虫夏草真菌的菌丝体通过各种方式感染蝙蝠蛾的幼虫，以其体内的有机物质作为营养能量来源进行寄生生活，经过不断生长发育和分化后，最终菌丝体扭结并形成子座伸出寄主外壳，从而形成的一种特殊的虫菌共生的生物体。入药部位为菌核和子座的复合体。冬虫夏草主要分布在四川、云南、青海、西藏、贵州、青海等省，生长在海拔 3 000~4 000 米的高山灌丛和高山草甸中。

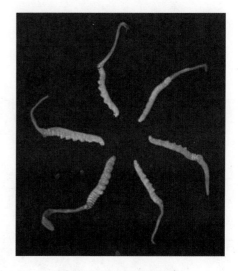

图 6.9　冬虫夏草（药材）

冬虫夏草的"虫"是蝙蝠蛾的幼虫，"草"是一种虫草真菌，两者到底是怎么结合而成冬虫夏草呢？原来，夏季虫子将卵产于草丛的花叶上，随叶片落到地面，经过一个月左右孵化变成幼虫，便钻入潮湿松软的土层。土层里有一种虫草真菌的子囊孢子，它只侵袭那些肥壮、发育良好的幼虫。幼虫受到孢子侵袭后钻向地面浅层，孢子在幼虫体内生长，幼虫的内脏就慢慢消失了，体内变成充满菌丝的一个躯壳，埋藏在土层里。经过一个冬天，到第二年春天来临，菌丝开始生长，到夏天时长出地面，长成一根小草，这样，幼虫的躯壳与小草共同组成了一个完整动植物复合体——冬虫夏草。

冬虫夏草是一种驰名中外的名贵滋补品，具有滋肺补肾、止咳化痰、止血的功效，能治腰膝酸痛、肺结核等症。因为野生数量十分稀少，采集十分困难，所以虫草一直为历代珍稀的中药材，上等的野生冬虫夏草已经高达每公斤 30 万元，价格贵比黄金。随着人工培植技术的发展，我国的科研人员已能用野生虫草菌丝培植出人工虫草的菌丝体，其有效成分与野生的虫草也基本一致，可以说部分解决了野生资源紧张的难题。

8. 典雅名贵的番红花（*Crocus sativus*）

中药凡名称中带有"番"字的中药，大多原产地都不在中国，随着中外交流，才漂洋过海来到中国，并逐渐被认识和应用。孔子曰"有朋自远方来，不亦乐乎！"对于外来的番红花，我国人民对其亦颇为青睐。番红花（图 6.10）原产小亚细亚山区及阿拉伯、希腊等地，明朝时由印度、伊朗经西藏传入内地，故番红花又叫藏红花、西红花。番红花属鸢尾科多年生球茎类草本植物，它的药用价值很高，同时也是极其名贵的药材和香料。明代《本草纲目》已经收载，具有消肿止痛、活血化瘀、养血通经等功效。番红花药用部位是花朵中的柱头，由于繁殖困难，栽培和采集费时费力，产量非常之低，所以非常名贵，今天仍是世界上最贵重的香料之一。

图 6.10 番红花

除了作为药用，番红花还是一种十分古老而又珍贵的花卉植物，它具有扁平的球茎，开花前一个月，会从球茎上长出 10 或 12 片狭长的叶片，叶片及花朵的基部都有鞘状物保护着，花朵娇柔优雅，花色有白、紫、橙等，具特异芳香，是户外花园或室内盆栽的好材料。

中华人民共和国成立后，我国通过番红花的引种栽培，来改变长期依赖进口的局面。1965 年北京、上海、浙江和福建等地从德国引进番红花种球试种，上海马桥首获成功。1979 年又从日本引进种球，到 20 世纪 80 年代上海番红花产量已占全国总产量的 90%，并开始出口创汇。近年来，还在上海崇明、长兴岛建立番红花生产基地，产量稳步增长。目前，浙江、安徽、河南等地也积极鼓励农民种植番红花，但供不应求的局面并没有根本改变，价格仍然居高不下。相信随着科技的发展，育种、栽培技术的不断进步，番红花这位远道而来的"朋友"必将绽放出新的光彩。

9. 滋补强壮的玛卡（*Lepidium meyenii*）

玛卡（图 6.11）原产于南美洲秘鲁安第斯山区，是一种十字花科草本植物，其地下部分的块茎长 10~14 厘米，直径在最宽部分达 3~5 厘米，根茎形似小圆萝卜，营养成分丰富可食用，有"南美人参"之誉。玛卡生活在海拔 3 000 多米的高原，昼夜温差 30℃ 以上，雨量充沛，这种独特的生长条件限制了它的种植。在中国，适合玛卡生长的地方主要是川藏交接的高海拔地区，如攀枝花、丽江、香格里拉、九寨沟等地，这些地区自然条件与原产地相似。

图 6.11　玛卡

玛卡营养成分丰富，根含蛋白质大于 10%、糖类大于 50%、纤维大于 8%，还含丰富的锌、钙、铁、钛、铷、钾、钠、铜、锰、镁、锶、磷、碘等矿物质，并含有维生素 C、维生素 B_1、维生素 B_2、维生素 B_6、维生素 A、维生素 E、维生素 B_{12}、维生素 B_5 等。其脂肪含量虽然不高，但其中不饱和脂肪酸亚油酸和亚麻酸的含量却达 53% 以上。玛卡的鲜根可以和肉或蔬菜一起炒熟食用，也可以晒干后用水或牛奶煮熟食用，南美土著人常把鲜根加蜂蜜和水果榨汁作为一种饮料饮用。近年来，随着国内兴起的引种栽培热潮，经切片、干燥、粉碎、灭菌等步骤制成的玛卡粉，已被卫生部批准作为新资源食品。相信根植于中国特有的饮食文化，玛卡的多种吃法一定会被开发出来。

现有研究表明，玛卡具有抗疲劳、补充体力、改善睡眠、活跃生育、增强记忆等功效，对女性的更年期综合征也有很好的调节作用。已经发现的活性成分包括生物碱、芥子油苷及其分解产物异硫氰酸苄酯、甾醇、多酚类物质等。相信随着研究的深入，其更多的药用成分和药用价值会被开发出来。

10. 誉满世界的黄花蒿（*Artemisia annua*）

黄花蒿（图 6.12）又叫黄蒿、青蒿，是菊科蒿属的一年生草本植物，为中国传统中草药，它环境适应性强，生长在路旁、荒地、山坡、林缘等处，广泛分布在国内各省。黄花蒿药用历史悠久，大约成书于春秋时期的我国最早的诗歌总集《诗经》中，即有"呦

图 6.12　黄花蒿

呦鹿鸣，食野之蒿"的诗句。在明代李时珍所著的《本草纲目》记载，黄花蒿具有清热解疟、祛风止痒、治伤暑、疟疾、潮热、小儿惊风、热泻、恶疮疥癣等功效，已经对其药用价值有了非常全面的认识和了解。

2015 年，我国科学家屠呦呦因为发现治疗疟疾的新药青蒿素获得了诺贝尔奖。青蒿素就是从黄花蒿中提取分离得到的。从中草药中找到一个挽救无数生命，被国际社会承认的主流药物，这是一个非常了不起的成就。其实，从默默无闻的小草到誉满世界的"神药"，青蒿素的发现经历了一个艰难曲折的过程。1967年 5 月 23 日，"疟疾防治药物研究工作协作会议"召开，自此代号为"523 项目"的抗疟药物协作研究正式启动。中国古代的医学著作《肘后备急方》记载"青蒿一握，以水二升渍，绞取汁，尽服之"。屠呦呦和同事们受此启发，从 2 000余种中药中筛选出 640 余种可能具有抗疟活性的药方，并最终从黄花蒿中分离获得治疗疟疾的良药——青蒿素。

疟疾是危害人类最大的疾病之一，纵观人类抗击疟疾的漫长历史，对付疟疾的最有力的药物均源于两种植物提取物，一是法国科学家 19 世纪初从植物金鸡纳树皮中提取出的奎宁；二是我国科学家 20 世纪 70 年代从黄花蒿中提取的青蒿素，是我国创新药物研发的一个典范，也是中医药对世界人民的巨大贡献。同时，也说明自然界馈赠我们的很多未知的抗击危害人类疾病的药物手段正等着我们深入挖掘。

11. 药食兼用的薏苡 (*Coix lacryma-jobi* var. *ma-yuen*（*Roman.*）*Stapf*)

薏苡（图 6.13）为禾本科植物，是一年或多年生草本，秋季果实成熟时采割植株，晒干，打下果实，再晒干，除去外壳、黄褐色种皮及杂质，收集种仁，即是我们日常见到的薏米，又名薏苡仁、苡米、苡仁、土玉米、薏米、薏珠子、回回米、米仁。薏苡喜生于湿润地区，但能耐涝耐旱。中国各地均有栽培。

薏米在我国栽培历史悠久，是我国古老的药食俱佳的粮种之一，可做成粥、饭、各种面食供食用。薏米的营养价值很高，含有蛋白质、脂肪、碳水化合物、粗纤维、矿物质钙、磷、铁、维生素 B_1、维生素 B_2、烟酸、淀粉、亮氨酸、精氨酸、赖氨酸、酪氨酸、脂肪酸、苡仁酯、苡仁油、谷甾醇、生物碱等营养成分。其中蛋白质、脂肪、维生素 B_1

图 6.13　薏苡

的含量远远高于大米，尤其对老弱病者更为适宜，被誉为"世界禾本科植物之王"和"生命健康之禾"。

薏苡还是药用佳品，种仁又能入药治病，其味甘、淡，性微寒，具有健脾利湿、清热排脓、美容养颜功能，可用于治疗水肿、脚气、小便不利、湿痹拘挛、脾虚泄泻。《本草纲目》记载"健脾益胃，补肺清热，祛风胜湿。炊饭食，治冷气。煎饮，利小便热淋"。现代研究表明，薏米具有减肥、预防心血管疾病、降血脂、促进新陈代谢、美白肌肤的功效。更为令人欣喜的是，近年来大量的科学研究和临床实践证明，薏米还是一种有效抗癌药物，目前已将其制成注射液用于肿瘤治疗。薏米还被日本列为防癌食品，其药用价值还将得到更多开发应用。

12. 唯有牡丹甲天下（*Paeonia suffruticosa*）

牡丹（图6.14）是毛茛科多年生落叶小灌木，它芳姿艳质，超逸万卉，清香宜人，观赏价值极高，是我国传统的庭院名贵花卉，素有"花中之王"、"国色天香"的美誉。自古以来，我国人民把它作为幸福、美好、繁荣昌盛的象征。牡丹是中国特有的木本名贵花卉，有数千年的自然生长和1 500多年的人工栽培历史，形成了繁多的类型。根据花的颜色，可分成上百个品种，以黄、绿、肉红、深红、银红为上品，尤其以黄、绿为贵。牡丹在园林绿化中，无论孤植、丛植、片植都很适宜。也可盆栽，摆放园林主要景点中供观赏、展览，也可置于室内或阳台装饰观赏，还可做切花。唐代刘禹锡有诗云"庭前芍药妖无格，池上芙蕖净少情。唯有牡丹真国色，花开时节动京城"，对牡丹雅致妖娆赞颂有加。唐代李白有诗《清平调》"名花倾国两相欢，长得君王带笑看。解释春风无限恨，沉香亭北倚栏杆"，成为吟诵牡丹的千古绝唱。在清代末年，牡丹就曾被当作中国的国花，1985年牡丹被评为中国十大名花之二。牡丹因其雍容华贵，不仅是中国人民珍爱，而且也受到世界各国人民的青睐。世界上引种栽培牡丹的国家有20

图6.14　牡丹

多个，其中以日、法、英、美等国的牡丹园艺品种和栽培数量为最多。

除了作为名贵的观赏花卉，牡丹花还具有很高的食用价值，其食用历史可追溯到五代时期。到了明清时期，人们已经有了较为完美的原料配方和制作方法。据清《养小录》记载"牡丹花瓣,汤焯可,蜜浸可,肉汁烩亦可",其意是无论滑炒、勾芡,还是清炖都十分适宜。牡丹花瓣和花粉可制作保健食品和饮料。菜谱中就有牡丹花银耳汤、牡丹花溜鱼片、牡丹花里脊丝和牡丹花瓣酒,这些以牡丹花为主的菜肴,不仅味美清爽细嫩,而且都有食疗的作用。至今,号称"牡丹之都"的洛阳,其大名鼎鼎的特色菜肴"洛阳水席"中牡丹自然是不可或缺的原料。

除了作为观赏植物之外,牡丹还具有很高的药用价值。牡丹的根入药作"丹皮",性微寒、味辛、无毒,入心、肝、肾三经,有散瘀血、清血、和血、止痛、通经之作用,还有降低血压、抗菌消炎之功效,临床应用可改善月经失调、治疗痛经、止虚汗、盗汗等。如此看来,牡丹观赏、食用、药用价值兼有,真不愧为花中之王。

13. 昼开夜合的合欢（*Albizia julibrissin*）

合欢（图 6.15）又名红粉朴花、朱樱花、红绒球、绒花树、夜合欢、马缨花,是豆科的一种落叶乔木。合欢树具有偶数羽状复叶,小叶对生,白天对开,夜间合拢,非常奇妙,给人以友好之象征,故名为"合欢"。合欢夏季开花,花美形似绒球,清香袭人,受到全国各地人们青睐。在 1993 年被选定为威海市的市树,每年 6 月,合欢盛开,整个小城都笼罩在淡淡的花香之中。

图 6.15 合欢

合欢在城市绿化单植可为庭院树,也可群植与花灌类配植或与其他树种混植成为风景林。合欢叶纤细似羽,绿荫如伞,红花成簇,秀美别致,常栽种于园林观赏,小区、园林、学校、事业单位、工厂、山坡、庭院、路边、建筑物前。全国均有栽植,以长江、珠江流域较多。合欢可吸收雾霾,消除空气中的氯化氢、二氧化氮、二氧化硫、氯气等有害气体,对于消除污染、清洁空气亦颇为有益。

合欢除作为观赏树种之外,还具有较高的药用价值,合欢的花、树皮均可入药。宋代诗人韩琦有诗《夜合》"得此合欢名,忿忧诚可忘",想必那时人们已经认识到合欢具有安神解郁之功效,因而被赋予"合欢"之名。明代李时珍在《本草纲目》中明确记载,合欢花有宁神作用,可治疗郁结胸闷、失眠、健忘、眼疾、神经衰弱等。合欢皮能安五脏、和心志、悦颜色,有较好的强身、镇静、安神、美容的作用，可用于治疗郁结胸闷、失眠、健忘、风火眼，是治疗神经衰弱的佳品；还具有清热解暑，养颜、祛斑、解酒等功效。如此看来，"合欢"之名，还真是名副其实。

14. 出淤泥而不染的莲花（*Nelumbo nucifera*）

莲花（图 6.16）又名荷花、芙蕖、水华、菡萏、水旦、水芙蓉，雅称碧波仙子、风露佳人等，为睡莲科多年生水生草本植物，全国绝大多数地区均有引种栽培。

莲花地下茎长而肥厚，有长节，叶盾圆形，花单生于花梗顶端，嵌生在花托穴内，有红、粉红、白、紫等色，或有彩文、镶边。荷花的根茎种植在池塘或河流底部的淤泥上，而荷叶挺出水面，在伸出水面几厘米的花茎上长着花朵，花大叶丽，清香远溢，出淤泥而不染，深为人们喜爱，历代文人雅士吟咏不绝。南宋诗人杨万里有诗《晓出净慈寺送林子方》"毕竟西湖六月中，风光不与四时同。接天莲叶无穷碧，映日荷花别样红"，盛赞

图 6.16　莲花

了杭州西湖荷花盛开的美景。北宋诗人周敦颐《爱莲说》"予独爱莲之出淤泥而不染，濯清涟而不妖"，对荷花的风格品质也赞誉有加。

中国古代民间就有春天折梅赠远，秋天采莲怀人的传统。自古以来，人们就视莲子为珍贵食品，众多地方专营莲子生产。莲藕是很好的蔬菜和蜜饯果品。莲叶、莲花、莲心等也都是中国人民喜爱的药膳食品，传统的有莲子粥、莲房脯、莲子粉、藕片夹肉、荷叶蒸肉、荷叶粥等，可见莲花食文化的丰富多彩。叶为茶的代用品，又作为包装材料。

不仅如此，莲花全身都可药用，莲子、根茎、藕节、荷叶、花及种子的胚芽等都可入药，可治多种疾病。莲花功能活血止血、去湿消风，用于跌损呕血、天疱湿疮等病症。莲子功能补脾止泻、益肾涩精、养心安神，用于脾虚久泻、遗精带下、心悸失眠等。用藕制成粉，能消食止泻、开胃清热、滋补养性、预防内出血，是妇孺童妪、体弱多病者上好的流质食品和滋补佳珍。莲藕具有清热、生津、凉血、散瘀、补脾、开胃、止泻的功效，主治热病烦渴、吐血、衄血、热淋等症。莲花药用广，价值高，凡此种种，不一而足。

植物种子的寿命最长能有多久？通常认为，埋藏在地下的种子，如果没有发芽，那么很快就会"零落成泥碾作尘"，变质腐烂，化为泥土。令人吃惊的是，

发现埋藏数百甚至上千年的莲子在我国时有报道。而且对于这些古莲子来说，保存千年并不是难事，甚至沉睡千年之后，仍能再次开花结实。这些"千年古莲"中，最有名的是辽宁普兰店挖掘出的古莲子。普兰店的古莲子在 20 世纪初期就被陆续挖掘出来，并被作为文物或饰品被不少人收藏。1918 年，辗转日本的孙中山先生将其收藏的 4 枚普兰店古莲子赠予日本友人，并于 50 多年后的 1960 年，经由日本著名植物学家大贺一郎博士培育，使其中一粒莲子得以萌发并开花。这一粒莲子的后代所培育的莲花品种，被命名为"孙文莲"。大贺一郎利用植物生理学数据推断，这些莲子埋藏时间有千年以上。此段佳话常为人津津乐道。

15. 荒漠珍珠话沙棘（*Hippophae rhamnoides*）

在我国西北干旱、荒漠区广泛分布着一种堪称荒漠珍珠的落叶灌木，名叫沙棘（图 6.17）又叫达尔、醋柳果、醋柳、酸刺子。沙棘为胡颓子科的落叶灌木或乔木，高 5~10 米，具粗壮棘刺，生于河边、高山、草原，产于华北、西北及四川、西藏，具有顽强耐旱、抗风沙能力，可以在盐碱化土地上生存，被广泛用于水土保持，沙漠绿化，对于建设我国西北部秀美的山川功不可没。

图 6.17 沙棘

沙棘有着悠久的药用历史，我国是世界上有沙棘药用记载最早的国家。远在公元 8 世纪，沙棘已被藏医用于治疗消化系统疾病、心脑血管疾病和烧伤及放射性冻伤。在藏医学中，将沙棘从根到茎到果实、种子全部加以利用。《中国民族药志》记述维吾尔族人用沙棘果治口舌生疮、发烧、烧伤、放射线引起的溃疡病等。沙棘"墙里开花，里外都香"，苏联自 1952 年首次批准使用沙棘油，制成的药品从单方到复方，从油剂、膏剂、膜剂到喷雾剂，用于治疗治疗烧伤、皮肤辐射伤、子宫颈糜烂、胃和十二指肠溃疡等，并广泛用于美容保健、航空航天医学等领域。在我国，已经以沙棘为原料制成了治疗慢性支气管炎、缺血性心脏病，以及抗炎、抗溃疡的沙棘浸膏、沙棘胶囊、沙棘油、沙棘冲剂、沙棘干乳剂等药物。

沙棘果实营养丰富，含有多种维生素、脂肪酸、微量元素、亚油素、沙棘黄酮、超氧化物等活性物质和人体所需的各种氨基酸。目前已经有沙棘清原汁、浊原汁、浓缩汁、果油、籽油、果渣油、果汁饮料（浊汁型、清汁型）、硬饮（甜型酒、半干型酒、汽酒、香槟、啤酒）、沙棘晶、沙棘果酱等食品问世。沙棘叶和沙棘果一样含有极其丰富的营养成分和活性物质，主要有蛋白质、多糖类、有机酸、生物碱、黄酮类、氨基酸、类胡萝卜素、叶绿素及微量元素等。我国已于 2013 年正式批准沙棘叶作为新资源食品，目前已有用沙棘叶经发酵工艺制作的保健茶（达滋尔红茶），用于抗疲劳等颇受欢迎。可以预见的是，沙棘这种药用、食用、生态价值俱佳的植物，在绿色浪潮回归、重视生态保护的新世纪，必将受到更多的青睐。

16. 抗癌先锋红豆杉（*Taxus chinensis*）

现今社会，说到抗癌药物，就不得不提红豆杉。红豆杉（图 6.18）是裸子植物，属于紫杉科常绿乔木或灌木，种子坚果状，当年成熟，生于杯状肉质的假种皮中，种脐明显，成熟时肉质假种皮红色。红豆杉的"果实"，宛如南国的相思豆，外红里艳，可以寄托人们的相思，故得名红豆杉。

在植物的进化史上，红豆杉是经过了第四纪冰川后的古老孑遗树种，在地球上已有 250 万年的历史，是植物中的活化石，是名副其实的"植物界的大熊猫"。1971 年美国从红豆杉中提取出了紫杉醇，由于具有独特的抗癌机理，是对多种癌症疗效好、不良反应小的新型抗癌药物，红豆杉更是迅速走红成为"植物明星"。美国率先于 1992 年批准紫杉醇用于临床，经证明对多种癌症有疗效，尤其是对卵巢癌、乳腺癌的有效率达 75%，治愈率达 33%，已成为世界上公认的治疗癌症良药。由于野生红豆杉资源稀缺，目前全球年产紫杉醇仅 250 千克左右，每千克高达 20 多万美元，故又有"植物黄金"之称。它还含有紫杉碱、紫杉素等其他有益化学成分，可以治痛经、利尿、降血压、降血糖等。

图 6.18　红豆杉

除了提取令人瞩目的药用价值，红豆杉的假种皮也可以食用，酸甜可口，刺激食欲，而且它的种子还可以榨油。红豆杉不仅树姿优美、枝叶秀丽，作为上佳的园林植物，红豆杉吸收有毒气体、净化空气能力，远大于普通的绿化树种，还具备喜阴湿、抗虫害、易养护，维护成本低的优势，可在庭院、绿地、草坪等地孤植、丛植或片植，也可与不同的树种配置，都能取得较好的绿化效果，很值得在我国推广种植。红豆杉的应用价值如此之高，也就不难理解它为何能如此走红了。

图 6.19　金银花

17. 清热解毒金银花（*Lonicera japonica*）

金银花（图 6.19）又名忍冬，属于忍冬科多年生半常绿藤本植物。它小枝细长，中空，藤为褐色至赤褐色。卵形叶对生，枝叶均密生柔毛和腺毛。夏季开花，苞片叶状，唇形花有淡香，外面有柔毛和腺毛，雄蕊和花柱均伸出花冠，花成对生于叶腋，球形浆果，熟时黑色。特别之处在于金银花一年开一次花，花开始是白的，后期变成黄色，同一植株上常常可以见到黄色、白色的花，所以人们叫它金银花，此外还有"银花""双花""二花""二宝花""双宝花"等名称。

金银花为清热解毒的良药，自古以来就以它的药用价值而备受关注。金银花性寒、味甘，入肺、心、胃经，具有清热解毒、抗炎、补虚疗风的功效，对于头昏头晕、口干作渴、多汗烦闷、肠炎、菌痢、麻疹、肺炎、乙脑、流脑、急性乳腺炎、败血症、阑尾炎、皮肤感染、痛疽疗疮、丹毒、腮腺炎、化脓性扁桃体炎等病症均有一定疗效。目前，已经面市的含有金银花的药物有"银翘解毒片""银黄片""银黄注射液""金银花露"等，多为清火解毒的良品。

更可贵之处在于，金银花甘寒清热而不伤胃，芳香透达又可祛邪，作为药品、保健品、茶饮都非常安全。以金银花泡水代茶可治疗咽喉肿痛和预防上呼吸道感染。在炎炎夏季，容易肠胃失调，"怕上火，喝凉茶"，金银花早就是传统上制作凉茶的重要原料。其实，金银花与我们常相伴，只是我们不经意忽略了它。

18. 毒药之王话钩吻（*Gelsemium elegans*）

钩吻（图 6.20）又名断肠草，还称胡蔓藤、大茶药、山砒霜、烂肠草等，属于马钱科一年生缠绕性的常绿藤本植物，枝叶茂盛，枝干光滑无毛，叶为对生状，呈卵形，顶端渐尖，花瓣长漏斗状，略带芳香。可在200~2 000 米的丘陵、疏林或灌木林向阳的地方生长，广布于中国及东南亚地区，在中

图 6.20　钩吻

国广东、广西、福建、浙江、江西、湖南、贵州、云南、海南、印度、马来西亚、印度尼西亚及中南半岛（老挝、越南、缅甸北部、泰国北部）等地皆有发现。

钩吻全身有毒，尤其根、叶毒性最大，能杀人于无形，堪称"毒药之王"。据文献记载，当年"尝百草，日遇七十二毒，得茶而解之"的神农氏，最后就是尝了断肠草断送了性命。《本草纲目》记载"断肠草，人误食其叶者死"。现代研究表明钩吻主要的毒性物质是葫蔓藤碱，吃下后肠子会变黑粘连，人会腹痛不止而死。一般的解毒方法是洗胃，服炭灰，再用碱水和催吐剂，洗胃后用绿豆、金银花和甘草急煎后服用可解毒。

尽管钩吻毒性极大，同时也具有一定的药用价值，有攻毒拔毒、散瘀止痛、杀虫止痒的功效，外用治皮肤湿疹、体癣、脚癣、跌打损伤、骨折、痔疮、疗疮、麻风等，还可杀蛆虫、孑孓。由于钩吻毒性太大，安全起见，应以外用为主，并且用量不能太大，还需要密切观察可能出现的不良反应。

19. 良药苦口说黄连（*Coptis chinensis*）

说起黄连（图6.21），就会使人联想到"苦"字，然而，如果只知道黄连的苦，那说明你其实并未真正了解它。黄连属于毛茛科多年生草本植物，根茎黄色，常分枝，密生多数须根，济济相连，故称"黄连"。古人云"良药苦于口"，黄连是治病良药。中医认为，黄连性味苦寒无毒，有泻火解毒、清热燥湿、清心除烦、止吐杀虫的功能，广泛用于高热、时行热毒、伤寒、泻痢、蛔虫病、咽喉肿痛、口疮、痈疽、烧烫伤等各种热证、湿热证、寒热错杂症和各种血症。

黄连治病的历史源远流长，《神农本草经》将黄连列为药中上品；明清时，黄连曾是贡品，四川产区每年必须进贡一定数量给宫廷。用它组成的名方，在我国著名医学著作《伤寒论》中就有12个，约占该书方剂的10%。此书唐代时流传到朝鲜、日本，这些疗效卓著的方剂，至今仍为中、日、朝及东南亚各国的医师所常用。唐代《千金要方》《外台秘要》两书中，有黄连的方剂达260余方，可见黄连治病之广。谚语云"家有黄连，百病可痊"，黄连实在是居家旅行的必备良药。目前，有膏、丹、丸、散、片、针剂等各种由黄连做原料制成的药物，已达百种之多，其重要性自然不言而喻。

现代研究表明，黄连含小檗碱（也称黄连素）等多

图6.21　黄连

种生物碱，其中小檗碱是主要成分，是天然的广谱抗菌药物，对多种杆菌、球菌、真菌、病毒、原虫等都有较强的抑制作用，善治菌痢、腹泻、胃肠炎等症。小檗碱还能加强白细胞的吞噬功能，有良好的消炎、利胆、扩张血管和降低血压的作用。更为引人关注的是，小檗碱还有确切的降血糖作用，可辅助治疗糖尿病。对于黄连而言，良药苦口利于病，此言非虚。

20. 兰科良药话石斛 （*Dendrobium officinale*）

兰科植物多名花奇草，同时亦多良药，最有名者就是石斛。石斛为兰科多年生附生草本植物，生于海拔 1 600 米以上的山地半阴湿的岩石上，喜温暖湿润气候和半阴半阳的环境，野生多在疏松且厚的树皮或树干上生长，有的也生长于石缝中，可分为黄草、金钗、马鞭等数十种，目前多用的有金钗石斛、铁皮石斛（图 6.22）、霍山石斛等品种。

图 6.22　铁皮石斛

石斛药用历史悠久，《神农本草经》记载铁皮石斛"主伤中、除痹、下气、补五脏虚劳羸瘦、强阴、久服厚肠胃"；成书于 1 000 多年前的我国道家典籍《道藏》将石斛列为"中华九大仙草"之首；李时珍在《本草纲目》中称赞铁皮石斛："强阴益精，厚肠胃，补内绝不足，平胃气，长肌肉，益智除惊，轻身延年"。石斛微寒、甘，归胃、肾经，功效益胃生津，滋阴清热，用于阴伤津亏、口干烦渴、食少干呕、病后虚热、目暗不明。现代研究表明，石斛富含多糖、氨基酸和石斛碱、石斛胺碱等有效成分，在临床上多用于慢性咽炎、肠胃疾病、眼科疾病、血栓闭塞性疾病、糖尿病、关节炎、癌症等的辅助治疗。

作为一种十分珍贵的纯天然中草药，除了可以作为药用外，它还是上佳的食材。鲜石斛可以直接嚼在嘴里食用，还可以用来煲汤，如炖乌鸡石斛汤、石斛瘦肉汤等。除了熬汤外，还可以用它来泡茶，如石斛菊花茶，不仅味道清新甘甜，在去除油腻、缓解疲劳、放松身心的同时，还能滋养五脏六腑，让人身心愉悦。还可以熬粥、炒菜。以往，由于乱采滥挖，石斛资源十分紧俏，价格居高不下。近年来，随着人工栽培技术的成功，供需之间的矛盾大大缓解，价格也大幅下降，才得以"飞入寻常百姓家"了。

21. 平易近人的蒲公英 （*Taraxacum mongolicum*）

相信对蒲公英很多人并不陌生，它环境的适应性强，在田园郊外非常多见。

蒲公英（图6.23）也叫黄花地丁、婆婆丁，是菊科属多年生草本植物，开花的时候成白色的球状，只要风一吹就会飘到别的地方孕育新生命，让人感觉非常浪漫。

图6.23　蒲公英

蒲公英还是药食兼用的植物，全草都可以作为药用。《本草纲目》还记载"蒲公英嫩苗可食，生食治感染性疾病尤佳"。中医认为蒲公英性平味甘微苦，有清热解毒、消肿散结、通淋利尿及催乳作用，对治疗乳腺炎非常有效。无论煎汁口服，还是捣泥外敷，皆有效验。此外，蒲公英还有利尿、缓泻、退黄疸、利胆等功效，被广泛应用于临床。

作为野生蔬菜，蒲公英含有蛋白质、脂肪、碳水化合物、微量元素及维生素等，风味独特，食用价值很高。将蒲公英鲜嫩茎叶洗净，沥干蘸酱，略有苦味，鲜美爽口。还可洗净的蒲公英用沸水焯1分钟，沥出，用冷水冲一下，佐以辣椒油、味精、盐、香油、醋、蒜泥等，拌成风味各异的小菜。如果要以其做馅，可将蒲公英嫩茎叶洗净水焯后，稍攥、剁碎，加佐料调成馅（也可加肉），用来包饺子或包子。此外，蒲公英还可以炒食、做汤等，吃法多样，不一而足。当然，更多新颖的吃法还有待"吃货"们去开发。

22. 清肺通窍白玉兰（*Magnolia denudata*）

白玉兰（图6.24）是玉兰花中开白色花的种类，又名木兰、玉兰等，为木兰科落叶乔木，树高一般2~5米，或高可达15米。特别之处在于白玉兰先花后叶，它的花蕾顶着大风度过严冬，经过整冬的沉默，不待叶发，便于早春傲然开放，花大色白，早春开花时晶莹如玉、洁白如雪、清香如兰，犹如雪涛云海，蔚为壮观。鲁迅先生称赞白玉兰有"寒凝大地发春华"的刚毅性格。白玉兰为庭园中名贵的观赏树，是中国著名的花木，也是上海市市花。中国有2 500年左右的栽

图6.24　白玉兰

培历史，野生分布于中国中部及西南地区，现世界各地多有引种栽培。

白玉兰不仅花大而艳美、花姿婀娜、气味幽香、观赏价值高、病虫害少，而且还有很高药用价值，其花蕾可做中药辛夷使用，历来是中医治鼻病的主药，于花蕾期采摘，置通风良好处阴干备用。中医认为其花蕾性味辛、温，具有祛风散寒通窍、宣肺通鼻的功效，可用于头痛、血瘀型痛经、鼻塞、急慢性鼻窦炎、过敏性鼻炎等症。现代研究证明，其所含的挥发油对鼻黏膜血管有收缩作用，并能促进分泌物的吸收，从而改善鼻孔通气功能。树皮、叶和花可用于提取芳香浸膏。不仅如此，玉兰花其花瓣还可供食用，肉质较厚，具特有清香，清代陈淏子所著的《花镜》谓"其（花）瓣择洗清洁，拖面麻油煎食极佳，或蜜浸亦可。"

23. 镇静安神薰衣草（*Lavandula angustifolia*）

大名鼎鼎的薰衣草（图 6.26）为唇形科薰衣草属多年生芳香小灌木，原产于地中海沿岸、欧洲各地及大洋洲列岛，后被广泛栽种于英国及前南斯拉夫等国。我国在 1952 年即引入薰衣草，现主产地在陕西、新疆伊犁地区和上海市。薰衣草叶形花色优美典雅，蓝紫色花序颖长秀丽，是庭院中一种新的多年生耐寒花卉，适宜花径丛植或条植，也可盆栽观赏。

图 6.25　薰衣草

除了作为观赏植物用，薰衣草自古就广泛作为药用，在古罗马时代薰衣草就已是相当普遍的香草，因其功效很多，被称为"香草之后"。茎和叶都可入药，有健胃、发汗、止痛之功效，是治疗伤风感冒、腹痛、湿疹的良药。薰衣草粉能治疗青春痘、滋养秀发、止痛镇定、缓解神经、调节内分泌、养颜美容、安神镇静、淡化疤痕、去痘印、改善睡眠、改善女性疾病以及消除沮丧。

薰衣草香气清新优雅，性质温和，是公认的具有镇静、舒缓、催眠作用的植物。从薰衣草花序中提取的精油，主要成分为乙酸芳樟酯和芳樟醇，具有清热解毒、清洁皮肤、控制油分、祛斑美白、祛皱嫩肤、促进受损组织再生恢复等护肤功能，还可用作兴奋剂、祛风剂和药物矫味剂，以及用于香水、香皂工业；也可用作瓷器描绘时的调色剂。对于农业生产而言，薰衣草又是优良的蜜源植物。

第七章 植物与能源

7

植物可以通过光合作用机制将空气中的二氧化碳、土壤中的水转换成葡萄糖，进而产生纤维素，这是一个将太阳能转变为化学能的了不起的过程，它奠定了地球上绝大多数动物生存和发展的基础，也对人类的产生和发展起到了决定性的作用。植物能源就是指由植物的光合作用固定在地球上的太阳能，是仅次于煤炭、石油、天然气的第四大能源，也被称为植物生物质能源，是唯一的可再生的碳源。据估算地球上每年通过光合作用贮存在植物的枝、茎、叶中的太阳能，相当于全世界每年消耗能量的 10 倍，而作为能源利用的还不到其总量的 1%。因此，很有必要进行更深入的研究，从而为人类提供基于生物质的更为有效、更加清洁的能源。

一、能源植物概况

能源植物又称生物燃料油植物，通常是指具有合成较高还原性烃的能力、可产生接近石油成分和可替代石油使用的产品的植物，以及富含油脂的植物。到目前为止，已发现的能源植物 40 多种，包括草本、乔木、灌木类，主要集中在夹竹桃科、大戟科、萝藦科、菊科、桃金娘科以及豆科，如续随子、绿玉树、橡胶树、西蒙得木、甜菜、甘蔗、木薯、苦配巴树、油棕、小桐子树、黄连木、象草等。根据所含主要成分的不同，可将能源植物分成：①富含碳水化合物的能源植物：利用这类植物所得到的最终产品是乙醇。植物种类较多，分布广泛，如菊芋、木薯、马铃薯、甜菜、高粱、玉米、甘蔗、芒等，都是生产乙醇的好原料；②富含类似石油成分的能源植物：石油的主要成分是烃类，如烷烃、环烷烃等，富含烃类的植物是植物能源的最佳来源，生产成本低，利用率高，如油楠、续随子、绿玉树、苦配巴树等。苦配巴树又称为香胶树，其树汁不需任何加工，即可当柴油用，简单加工就成了汽油，单株年产树汁达 20~30 公斤，是目前已知的"石油"产量最高、质量最好的能源植物;③富含油脂的能源植物:它们既是人类食物的重要组成部分,又是工业用途非常广泛的原料。后两类也可以叫作"石油植物"。我国境内含油量较高的树种很多,如小桐子、黄连木、光皮树、油桐、乌桕、翅果油树、石栗等。

目前,大部分的能源植物还处于野生或半野生状态,科研人员正在利用遗传改良、人工栽培或先进的生物技术手段,通过生物质能转换技术提高利用生物能源的效率,生产出各种清洁燃料从而替代煤炭、石油和天然气等石化燃料,减少对矿物能源的依赖,减轻能源消费给环境造成的污染。总的来看,能源植物的优势在于:①能源植物是新一代的绿色洁净能源,在当今全世界环境污染严重的情况下,应用它对保护环境十分有利;②能源植物分布面积广,若能因地制宜地进行种植,便能就地取木成油,而不需勘探、钻井、采矿,也减少了长途运输,成本低廉,易于普及推广;③能源植物可以迅速生长,能通过规模化种植,保证产量,而且是一种可再生的种植能源,而非一次能源;④植物能源使用起来要比核电等能源安全得多,不会发生爆炸、泄漏等安全事故;⑤开发能源植物,还将逐步加强世界各国在能源方面的独立性,减少对石油市场的依赖,可以在保障能源供应、稳定经济发展方面发挥积极作用。因此,能源植物具有广阔的开发利用前景,大力开发利用能源植物,是解决目前全球能源危机的重要途径之一,也给我们解决未来全球性的能源危机提供了新的希望。

国际上能源植物的研究始于20世纪50年代末,自80年代以来得到迅速发展。1986年美国加利福尼亚州立大学诺贝尔奖获得者卡尔文博士在加利福尼亚大面积地成功引种了具有极高开发价值的续随子和绿玉树等树种,每公顷可收获120~140桶石油,并做了工业应用的可行性分析研究,提出营造"石油人工林",开创了人工种植石油植物的先河。至此在全球迅速掀起了一股开发研究能源植物的热潮,许多国家都制订了相应的开发研究计划,如日本的"阳光计划"、印度的"绿色能源工程"、美国的"能源农场"和巴西的"酒精能源计划"等。随着更多"柴油树"、"酒精树"和"蜡树"等植物的发现及栽培技术的不断成熟,世界各地纷纷建立了"石油植物园"、"能源林场"等,栽种一些产生近似石油燃料的植物。英国、法国、日本、巴西、俄罗斯等国也相继开展石油植物的研究与应用,借助基因工程技术培育新树种,采用更先进的栽培技术来提高产量。

2010年,美国已种植有100多万公顷的石油植物速生林,并建立了三角叶杨、桤木、黑槐、桉树等石油植物研究基地;菲律宾有1.2万公顷的银合欢树,6年后可收1 000万桶石油;日本已建立了5万平方米的石油植物试验场,种植15

万株石油植物，年产石油 100 多桶；瑞士"绿色能源计划"打算用 10 年种植 10 万公顷石油植物，解决全国每年 50% 石油需求量；泰国利用椰子油制作的汽车燃料加油站在泰国中部巴蜀府开始营业，成为世界上第一个椰子油加油站。巴西是乙醇燃料开发应用最有特色的国家，实施了世界上规模最大的"乙醇种植"计划。2004 年，巴西的乙醇产量达 146 亿，乙醇消费量超过 122 亿。巴西乙醇产量占世界总产量的 44%，出口量的 66%。美国还采用基因工程技术，对木质纤维素进行了成功的乙醇转化。

我国是"贫油大国"，也是能源消费大国。1993 年我国由石油净出口国变为净进口国，石油进口量逐年上升，对石油进口依赖度已超过 1/3。优质石油能源的相对短缺及煤炭能源开发与利用过程中的低效率，所造成的环境污染正成为我国经济与社会可持续发展的重要制约因素。石油植物是新一代的绿色洁净能源，对石油植物的研究方兴未艾，近年来国内对此研究持续发力。"七五"期间，四川省林业科学研究院等单位利用野生小桐子提取生物柴油获得了成功；中科院"八五"重点项目"燃料油植物的研究与应用技术"完成了金沙江流域燃料油植物资源的调查研究，建立了小桐子栽培示范区。湖南省在此期间完成了光皮树制取甲脂燃料油的工艺及其燃烧特性的研究；"九五"期间根据《新能源和可再生能源发展纲要》框架，在中央有关部委和地方制订的计划中，植物能源研究方面优先实施的项目包括：对全国绿色能源植物资源进行普查，为制订长期研究开发提供科学依据；运用遗传工程和杂交育种技术，培育生产迅速、出油率高，更新周期短的新品种；进行能源植物燃料的基础研究和开发研究，包括能源植物燃烧特性、提炼工艺及综合利用和开发。

有资料显示，我国热带地区石油植物种质资源丰富，而且许多被证明是很好的石油植物。虽然我国生产生物柴油尚不具备良好的经济效益，但发展我国生物柴油产业具有潜在的巨大经济意义。我国粮食生产能力过剩，我国国土中不适宜种植粮食的荒山、荒坡及水土流失和沙化严重的面积非常巨大，完全可以开发种植特色高产能源木本油料，发展成生物能源的供应地，而不必考虑油脂生产能力过大对油脂市场的冲击。通过对土地的有效利用，还可以增加就业机会、减轻社会压力。我国开发石油植物，可以逐步加强在能源方面的独立性，减少对石油市场的依赖，可以在保障能源供应、稳定经济发展方面发挥积极作用。

二、植物能源转化和利用方式

自地球上存在人类以来，通过直接燃烧植物来获取能源，热能利用的效率一直处在极低的水平上，也存在极大的浪费，造成了环境的污染和养分的流失。随着科技发展，更多的植物能源利用方式被开发出来，如沼气生产、生物质热裂解气化、植物液体燃料等。下面分别加以介绍。

1. 直接燃烧

学会取火、烧柴是人类对能源的最早利用，炊事方式是最原始的利用方式，目前在广大农村地区还广泛应用。由于能源的利用效率低，可以通过改进农村现有的炊事炉灶，不仅可以提高燃烧效率约20%，而且有助于减少室内空气污染，改善生活环境。此外，植物生物质燃烧所产生的能源还可应用于工业过程、区域供热、发电等领域。利用农作物秸秆作为生产用燃料，进行生物质发电或热电联产是近些年的新技术，它有效地提高了生物质能源转换效率，解决了秸秆浪费、污染的问题。

2. 沼气生产

沼气是有机物质在厌氧条件下，经过微生物发酵生成的以甲烷为主的可燃气体。沼气在我国应用的较早，早在20世纪20年代就已经开始了沼气的生产与应用。近年来，国家对农村沼气建设支持力度很大，截至2004年底，我国已有1 540多万农户使用上沼气，每年产沼气55.7亿立方米；在全国建有13.7万处生活污水净化沼气池，处理公厕、医院等公共场所生活污水5.1亿吨。同时，各地因地制宜地整合太阳能、沼气技术以及种植业、养殖业，已经实践性地探索出一系列适合我国农村地区推广应用的小规模庭院式的能源生态模式。与此同时，以厌氧消化为核心技术、以废弃物资源化利用为目的的大中型沼气工程，已成为处理、利用禽畜粪便和工业有机废水最为有效的手段之一。目前，我国沼气工程厌氧消化成套技术已日趋成熟，在厌氧发酵、工程建设等方面已居国际领先水平，这对于优化我国能源结构，提高能源利用效率意义重大。

3. 植物生物质能的气化

植物生物质能的气化是指以植物秸秆、藤蔓等植物生物质为原料，在缺氧条件下加热，使之发生复杂热化学反应的能量转化过程。此过程实质是植物生物质中的C、H、O等元素的原子，在反应条件下变成CO、CH_4、H_2等可燃性气体的分子。植物生物质能的气化装置主要有上吸式气化炉、下吸式气化炉和循环流化床气化炉等。循环流化床气化炉实现了快速加热、快速分解及炭的长时停留，气体热值高，是目前最理想的植物生物质能气化装置，也是今后植物生物质能气化技术研究的方向。

4. 植物生物质能的固化

植物生物质能的固化就是将植物秸秆压缩成体积小、能量密度（相对）高的固体燃料的过程。首先将晒干的植物秸秆用粉碎机粉碎，然后使用"固型燃料成型机"把粉碎的植物秸秆加热、挤压成型，制成"植物生物质煤"，可直接作为"高效无烟柴炉"的燃料；或在制成的"植物生物质煤"的基础上，利用干馏技术将其干馏变成"人工植物生物质木炭"，如此处理植物生物质能源的利用率可提高到50%以上。在现阶段，植物生物质能固化技术适合我国国情，具有较好的发展前景。

5. 植物生物质能的液化

生物质液化就是以各种植物体及残渣为原料，利用发酵或化学热解等方法，制成甲醇、乙醇等清洁（绿色）液体燃料的过程。许多植物能把叶绿体固定的能量转化为燃料，从植物的茎、叶、花、果、籽等部位流出的液体，可以直接或间接作为汽油、柴油的代产品。农作物的秸秆、甘蔗、玉米、薯干等也可经过微生物的糖化发酵获得酒精。另外，目前快速发展的植物生物质能液化的热解技术，可以实现隔绝空气的条件下，对植物生物质加热至750K~860K，使之转化为液体燃料。该技术具有高效率、相对成本低，以及易于大规模实施应用的优点，具有广阔的发展前景。

三、品类繁多的能源植物

尽管我国对能源植物的研究及开发利用起步较晚，与欧美发达国家相比还存在很大差距。但我国植物资源丰富，早在1982年就分析了1 581份植物样品，收集了974种植物，并编写成了《中国油脂植物》《四川油脂植物》，选择出了一些高含油量的植物，如乌桕、油楠、四合木、五角枫等。已查明我国油料植物为151科，697属，1 554种，种子含油量在40%以上的植物154种。现结合国内外能源植物的研究最新进展，选择部分热点能源植物介绍如下：

1. 柴油树（*Jatropha curcas*）

柴油树（图7.1）又称麻疯树、小桐子、芙蓉树、膏桐等，为大戟科落叶小乔木或灌木，树高2~5米，在立地条件好的地段其高可达6~8米。4~5月始花，花期较长，到11

图7.1 柴油树(寿海洋摄)

月还在开花,具有不断开花、不断结实的过程。柴油树结实量大,种子丰富。野生柴油树主要生长于干热的亚热带和潮湿的热带雨林,我国的柴油树为栽培或半野生状态。柴油树喜光,喜暖热气候,耐干旱贫瘠,在石砾质土、粗质土、石灰岩裸露地均能生长,耐旱性强,对土壤肥力和湿度要求不高,是一种抗旱耐瘠的多用途速生树种,可作为生产生物能源、生物医药、生物农药、生物饲料的主要原料,具有较高的环保价值和经济价值。

作为重要的石油植物,柴油树的种子除含油率很高,其可一次种植多年收获,种仁含油率27%,超过油菜、大豆等常见的油料作物。柴油树籽油经改性后可适用于各种柴油发动机,并在硫含量、一氧化碳和铅等的排放量以及其他技术上优于国内零号柴油,是一种低成本高环保燃油,具有较好的开发前景。柴油树的茎、叶、树皮均具丰富的白色乳汁,也含大量毒蛋白、麻疯酮等抗病毒、抗 AIDS、抗糖尿病、抗肿瘤成分。柴油树及其提取物铁海棠碱是很强的杀灭钉螺的天然生物农药,广泛用于灭钉螺,防治血吸虫病,其提取物亦是防治水库及堤坝蛀虫的重要天然生物农药。国内外研究还表明,柴油树果实除榨取源油外,油渣、油饼可做饲料或肥料、化妆品等,提取物还可制造肥皂。

目前,世界上已有20多个国家在种植发展柴油树。该树种根系发达,易于成活,可用以营建保水固土林以及防止石漠化、增加土壤有机质的水土保持防护林。柴油树耐旱耐贫瘠,种植不占用良田,易于管理,节约成本。种植该树种将对适生地区农民的脱贫致富和经济发展起到很大的推动作用,为建立和谐社会做出贡献,由此产生的经济、生态和社会效益将非常明显。

图 7.2　蓖麻

2. 蓖麻（*Ricinus communis*）

蓖麻(图7.2)又叫大麻子、老麻子、草麻,为大戟科一年生或多年生草本植物,热带或南方地区常成多年生灌木或小乔木。单叶互生,叶片盾状圆形。掌状分裂至叶片的一半以下,圆锥花序与叶对生及顶生,下部生雄花,上部生雌花;雄蕊多数,花丝多分枝;花柱,深红色。蒴果球形,有软刺,成熟时开裂。花期5~8月,果期7~10月。原产于埃及、埃塞俄比亚和印度,后传播到巴西、泰国、阿根廷、美国等国,广布于全世界热带地区或栽培于热带至温带各国。蓖麻种植在全世界30多个国家种植已经达到了工业化规模。中国蓖麻引自印度，自海南至黑龙江北纬49°以南均有分布。华北和东北最多，西北和华东次之。目前，全球蓖麻油的产量大约是每年50万~55万吨，印度、中国、巴西、俄罗斯、泰国、埃塞俄比亚和菲律宾等国的种植产量约占全世界蓖麻总产量的近90%，印度的产量占一半以上。

蓖麻种子含油量50%左右，可榨油，油黏度高，凝固点低，既耐严寒又耐高温，−10~−8℃不冰冻，在500~600℃不凝固和变性，具有其他油脂所不及的特性。作为重要工业用油，可制表面活性剂、脂肪酸甘油酯、脂二醇、干性油、癸二酸、聚合用的稳定剂和增塑剂、泡沫塑料及弹性橡胶等，还是高级润滑油原料以及化工、轻工、冶金、机电、纺织、印刷、染料等工业和医药的重要原料。蓖麻榨油后饼粉中富含氮、磷、钾，为良好的有机肥，经高温脱毒后可作饲料。茎皮富含纤维，为造纸和人造棉原料。

蓖麻还具有较高的药用价值。蓖麻叶具有消肿拔毒、止痒的功效，治疮疡肿毒，鲜品捣烂外敷；治湿疹搔痒，煎水外洗；并可灭蛆、杀孑孓。蓖麻根具有祛风活血、止痛镇静的功效，用于风湿关节痛、破伤风、癫痫、精神分裂症。蓖麻油具有缓泻作用。蓖麻子中含蓖麻毒蛋白及蓖麻碱，特别是前者，毒性很大，仅7毫克即可使成人死亡。

3. 续随子（*Euphorbia lathylris*）

续随子（图7.3）又名小巴豆，为大戟科二年生草本植物，全体含有白色乳汁，高可达1米，茎粗壮，直立，无毛，有分枝。茎下部密生叶，狭披针形，叶全缘，无柄，上部的叶交互对生，宽被针形。蒴果球形，光滑，花期4~7月，果期7~8月。分布或栽培于欧洲、亚洲和美洲。中国引种栽培已有很长的历史。

续随子是一种很好的石油植物，种子含油量一般达45%左右，含量高者可达48%以上。续随子油的脂肪酸组成与柴油替代品的分子组成相类似，植株乳汁富含大量烯烃类碳氢化合物，可作为生产生物柴油的理想原料。续随子喜温暖、光照及中生环境，抗逆性较强，容易栽培，对土壤要求不严，沙壤土、黄土、白膳土、麦田土均可，繁殖能力非常强，生长量很大，每年可收获1次。

图7.3　续随子

每公顷土地可生产 25~125 桶石油，如果再经人工筛选可以成为发展石油生产的一种极有前途的植物。

续随子的种子、茎、叶及茎中白色乳汁均可入药、有逐水消肿、破症杀虫、导泻、镇静、镇痛、抗炎、抗菌、抗肿瘤等作用。临床报道可治疗晚期血吸虫病腹水、毒蛇咬伤、妇女经闭等症，但是有毒，临床应用必须加以注意。

4. 绿玉树（*Euphorbia tirucalli*）

绿玉树（图 7.4）又名光棍树、绿珊瑚、光枝树、龙骨树，是大戟科灌木或

小乔木，高达 4~9 米，叶细小互生，呈线形或退化为不明显的鳞片状，长约 1 厘米，宽约 0.2 厘米，早落以减少水分蒸发，故常呈无叶状态，外形貌似绿色玉石而得此名。枝干圆柱状绿色，分枝对生或轮生，于无叶片时以代替叶片进行光合作用。主干单一或分支多，支撑着纷乱的浅绿色，铅笔粗细的肉质枝条，叶片很小，植株可以达到 6~9 米高，冠幅 2~3 米，主干和分支木质化褐色，嫩枝绿色圆筒状，像很多铅笔，叶片小，早落，通常被称作花的部分其实是瓣状苞片，真正的花，在苞片中间不明显。果实为蒴果，暗黑色，披贴伏柔毛，长约 0.5 厘米，成熟时三裂。种子呈卵形，平滑。绿玉树原产于非洲的地中海沿岸地区，现我国香港、澎湖列岛、海南、美国、马来西亚、印度、英国及法国等地有引种栽培。

图 7.4　绿玉树

绿玉树的乳汁中含有丰富的碳氢化合物，且与石油的成分相似，富含 12 种烃类物质，且乳汁中富含烯、萜、甾醇等类似石油成分的碳氢化合物，可以直接或与其他物质混合成原油，作为燃料油替代石油。有研究指出 100 公斤绿玉树茎就可提取 8 公斤的石油物质。绿玉树枝条含有丰富的乳汁，亦可作为生产沼气的原料，其沼气产量较一般嫩枝绿草高 5~10 倍。

在许多国家和地区，如巴西、印度、印度尼西亚、马来群岛，绿玉树被用作传统药物：主治孕妇产后乳汁不足、癣疮及关节肿痛等。全株含有的毒性乳液可作催吐剂及泻剂，对金黄葡萄球菌具有抑制作用，可用于通便，祛风，治疗淋病、百日咳、哮喘、水肿、麻风、黄疸病、膀胱结石、皮肤发痒及蝎子蜇咬及毒蛇咬伤，并可以用作鱼毒。但是其乳液刺激性强，皮肤接触可引起皮肤

发炎、红肿、痛痒和脓包，应用时应加以注意。绿玉树同时具有较高的观赏性，因能耐旱、耐盐和耐风，常用作海边防风林或美化树种。

5. 木薯（*Manihot esculenta*）

木薯（图7.5）又称南洋薯、木番薯、树薯，是大戟科灌木状多年生作物，茎直立，木质，高2~5米，单叶互生掌状深裂，纸质，披针形。腋生疏散圆锥花序，花单性，雌雄同株，雌花着生于花序基部，浅黄色或带紫红色，柱头3裂，子房3室，绿色。雄花着生于花序上部，吊钟状，植后3~5个月开始开花，同序的花，雌花先开，雄花后开，相距7~10天。蒴果，矩圆形，种子褐色，根有细根、粗根和块根。块根中央有一白色线状纤维，性质坚韧，即使块根被折断仍可相连，犹如"藕断丝连"。

图7.5　木薯(寿海洋摄)

木薯原产于美洲热带，全世界热带地区广为栽培。木薯的主要用途是食用、饲用和工业上开发利用。世界上木薯全部产量的65%用于人类食物，是热带湿地低收入农户的主要食用作物。木薯粗粉、叶片是一种高能量的饲料成分，可以作为生产饲料的原料。在发酵工业上，木薯淀粉或干片可制酒精、柠檬酸、谷氨酸、赖氨酸、木薯蛋白质、葡萄糖、果糖等，这些产品在食品、饮料、医药、纺织（染布）、造纸等方面均有重要用途。还可用于制造山梨醇、甘露醇、乳化剂、涂料以及和汽油混合充当汽油等，尤其可望用于制造可降解的塑料制品。中国、日本、美国等国是世界木薯产品主要进口国，约占其贸易总量的70%~80%。泰国是世界最大的木薯产品出口国，其他主要出口国还有印度尼西亚和越南。

6. 椰子（*Cocos nucifera*）

椰子（图7.6）是棕榈科一种大型植物，乔木状，高15~30米，茎粗壮，有环状叶痕，基部增粗，常有簇生小根。叶羽状全裂，长3~4米；裂片多数，外向折叠，革质，线状披针形，长65~100厘米或更长，宽3~4厘米，顶端渐尖；叶柄粗壮，长达1米以上。椰子花序腋生，长1.5~2米，多分枝；佛焰苞纺锤形，厚木质，最下部的长60~100厘米或更长，老时脱落；雄花萼片3片，鳞片状，长3~4毫米，花瓣3枚，卵状长圆形，长1~1.5厘米，雄蕊6枚，花丝长1毫米，花药长3毫米；雌花基部有小苞片数枚；萼片阔圆形，宽约2.5厘米，花瓣与萼片相似，但较小。椰子果成卵球状或近球形，顶端微具三棱，长约15~25

图 7.6　椰子树

厘米，外果皮薄，中果皮厚纤维质，内果皮木质坚硬，基部有 3 孔，其中的 1 孔与胚相对，萌发时即由此孔穿出，其余 2 孔坚实，果腔含有胚乳（即椰子果肉或椰子种仁）、胚和汁液（椰子水）。栽培的椰子树通常 5~6 年后开始结果，15~18 年为盛产期，单株结果 40~80 个，多者超过 100 个，经济寿命超过 80 年。

椰子树广泛分布于亚洲、非洲、大洋洲及南北美洲的热带滨海及内陆地区，主要分布在南北纬 20° 之间，尤以赤道滨海地区分布最多。我国椰子主要分布在海南岛东南沿海的文昌、琼海、万宁、陵水县和三亚市等地，面积和产量约占全国的 80%。此外西沙群岛和南沙群岛、广东的上川和下川岛、台湾南部、云南西双版纳、广西北海和钦州等地也有少量种植。椰子树是非常有潜力的石油植物，20% 的柴油与椰子油混合成的"椰子生物柴油"适合长时间开动的发动机。2006 年，菲律宾一座投资 6.5 亿比索修建的椰子生物柴油厂投产，年产生物柴油 6 000 万升，为亚洲首座能够连续运行的大型生物炼油厂。

椰子的综合利用价值高，椰汁清如水，且相当清甜、晶莹透亮，清凉解渴。一个好椰子，大约有两玻璃杯的水，内含两汤匙糖，以及蛋白质、脂肪、维生素 C 及钙、磷、铁、钾、镁、钠等矿物质，是营养极为丰富的饮料。椰汁还有强心、利尿、驱虫、止呕止泻的功效。

另一种与椰子近缘、也属于棕榈科的西谷椰子（*Metroxylon sagu*），是常绿乔木，茎干单生，高达 10~20 米，由茎基部生多数萌芽，幼时包围叶柄之叶鞘生有硬刺，亦有渐次生长而失去者，故可分为"有刺"及"无刺"两种。叶为羽状、绿色，颇似椰子，叶柄较粗大，上凹下凸，下脊部着生长刺，多 3 根一组簇生。圆锥花序硕大、顶生，着生多数淡红色花，雌雄同株。果实为黄褐色有光泽之鳞被所包。原产于印度尼西亚的摩鹿加群岛与巴布亚新几内亚群岛。西谷椰子形态优美，可用于诸多场所的绿化种植，但在原产地更重要的是作为一种重要的经济植物来种植。在巴布亚新几内亚的塞皮克（Sepik）地区，它还是主要的食物来源,在顶端花序未抽出之前,其茎髓部含有极高的碳水化合物,是制作"西米"的主要原料,而提取淀粉后留下的纤维,则可用作烤薄饼,或作鱼食,且产量极高。

7. 油楠(*Sindora glabra*)

油楠又名科楠、脂树,为豆科植物,乔木高达 20 米。叶长 10~20 厘米,有小叶 2~4 对;圆锥花序生于小枝顶端叶腋,长 15~20 厘米,密被黄色柔毛;荚果圆形或椭圆形,长 5~8 厘米,有散生硬直的刺,内有胶汁。种子一,扁圆形,黑色,径约 1.8 厘米。花期 4~5 月,果期 6~8 月。

油楠长到 12~15 米高、胸径 40~50 厘米时,其心材部位就能形成黄色油状树液。在树干上钻个 5 厘米大小的孔,然后插入竹筒,经过 2~3 小时后,从孔中即可流出 5~10 升的油液,成年油楠一年可累积产 50 斤油,最多可产 100 斤。也可直接将油楠伐倒取油,一株伐倒后的油楠可从树心中流出几十斤油状物。在采伐过程中,有的植株锯到心材时,"柴油"就顺流而出,树液溢如泉涌;有的则在伐倒的树干断面上,渐渐分泌出"油"来。这种淡棕色可燃性油质液体,气味清香,颜色如同煤油,用棉花蘸上一点火就着,可燃性能与柴油相似,经过滤后可直接供柴油机使用,可作为柴油的代用品。林业工人和当地居民常用来点灯照明,叫它"煤油树"。1981 年,我国华南植物研究所的科研人员,从吊罗山林区采集了油楠树脂的样本,经过过滤、蒸馏、化验,发现油液中 75% 左右是无色透明具有清淡木香香气的芳香油,25% 是棕色树脂类残渣,非常适合代替柴油使用。

油楠在我国海南岛尽管蕴藏量不大,还不能大规模开发,但是无疑是热带、亚热带地区非常有潜力的能源树种,特别是在石油等矿物资源不断枯竭的今天,其重要性不言而喻。为此,我国政府和有关部门已制订了保护和发展计划,在广东、广西和福建等省区已成功引种栽培。

8. 美洲香槐(*Cladrastis lutea*)

美洲香槐(图 7.7)又称哥斐树,是豆科香槐属的植物,落叶乔木,奇数羽状复叶,小叶互生;花美丽,稀疏,顶生,通常长而下垂的圆锥花序;荚果狭长圆形,扁平,两荚缝具膜质翅或无翅而边缘稍增厚;种子 3~6 颗,长圆形,扁平。世界共有 12 种,中国有 5 种,分布在中国的西南部、南部至东部。

美洲香槐树流出的乳胶,经过简单加工即可成为燃料,是目前世界上产油率最高的植物,又被称为"柴油树"。美洲香槐的蕴藏量丰富,可以迅速生长,是可再生的种植能源。经研究人员初步的田间试验表明,得到灌溉的美洲香槐,每公顷可产香槐油 10 桶(1 590 升)。美洲香槐的经济价值很高,但是人们大量

图 7.7   美洲香槐(蜡叶标本)

图 7.8   甜菜

的砍伐,导致美洲香槐资源受到了很大的破坏。现在美洲香槐苗木市场非常紧缺。2006 年美洲香槐种子的价格为 8 000 元 / 千克,26 000 粒 / 千克,价格不菲,但一般生根率为 75%。一般的常规方法繁殖已经不能满足市场的需求,采用植物非试管高效快繁技术繁殖美洲香槐种苗,能够在短时间内快速供给市场。由于该技术把组培的复杂程序和步骤在许多方面进行了极大的原始创新,所以其综合快繁效率经长期对照,比组织培养试管快繁还要高,为将来进行产业化生产美洲香槐提供了强有力的技术保障。

9. 甜菜(*Beta vulgaris*)

甜菜(图 7.8)又称恭菜、红菜头,是一种藜科两年生草本植物,茎有 1~2 米高,叶长 5~20 厘米,叶形多变异,有长圆形,心脏形或舌形,叶面有皱纹或平滑;花小,绿色,每朵直径仅 3~5 毫米,5 瓣,风媒。果实球状褐色,通常数个联生成球果;主根为肉质块根,有圆锥形,也有纺锤形和楔形,皮有红色、紫色、白色、浅黄色等不同的品种,喜凉爽气候,根中含糖分,可以生产砂糖,但在高温和潮湿地区生长的甜菜含糖量低。

糖甜菜起源于地中海沿岸,野生种滨海甜菜是栽培甜菜的祖先。甜菜是甘蔗以外的一个主要糖来源,作为糖料作物栽培始于 18 世纪后半叶,至今仅 200多年的历史,并衍化为糖用甜菜、叶用甜菜、根用甜菜、饲用甜菜栽培种。菜用甜菜在美国普遍烹食或腌食,俄罗斯甜菜浓汤是东欧的传统甜汤。糖用甜菜是最重要的商业类型,18 世纪在德国育成。

作制糖原料的糖用甜菜是两年生作物。糖是人民生活不可缺少的营养物质,也是食品工业、饮料工业和医药工业的重要原料。当今世界甜菜种植面积约占糖料作物的 48%,次于甘蔗而居第 2 位,分布在北纬 65° 到南纬 45° 之间的冷凉地区。1985 年全世界甜菜播种面积为 874 万公顷,其中以欧洲最多,其次为北美洲,亚洲占第 3 位,南美洲最少。全世界，生产甜菜的国家有 43 个，总产量近 3 万吨，其中俄罗斯、法国、美国、波兰、联邦德国和中国等种植较多。

大约在公元 1500 年左右，甜菜从阿拉伯国家传入中国，但是大面积引种糖用甜菜始于 1906 年。先在东北试种，1908 年建立第一座机制甜菜糖厂后渐向其他地区推广。主产区在北纬 40° 以北，包括东北、华北、西北 3 个产区，其中东北种植最多，约占全国甜菜总面积的 65%。这些地区都是春播甜菜区，无霜期短、积温较少、日照较长、昼夜温差较大，甜菜的单产和含糖率高、病害轻。在西南部地区，如贵州省的毕节、威宁，四川省的阿坝高原，湖北省的恩施和云南省的曲靖等地，虽纬度较低，但由于海拔高、气候垂直变化大，也均属春播甜菜区。黄淮流域夏播甜菜区是发展起来的新区，面积仅占全国甜菜总面积的 5.5%。中国 1985 年的总产量为 800 多万吨。但在 1988 年后，中国甜菜种植面积日益减少，从 800 多万亩减少到不足 300 万亩。

除生产蔗糖外，甜菜及其副产品还有广泛开发利用前景。甜菜的茎叶是理想的多汁绿色饲料，除含有牲畜所需的一般营养物质外，还富含胡萝卜素，能补充饲料中的维生素 A 之不足，增加其乳制品中维生素 A 的含量。甜菜茎叶还可以作为肥料还田，培肥地力，增加土壤中有机质含量。

10. 甘蔗（*Saccharum officinarum*）

甘蔗（见图 8.12）又名薯蔗、糖蔗，黄皮果蔗，是禾本科一年生或多年生热带和亚热带草本植物。甘蔗圆柱形茎直立、分蘖、丛生、有节，节上有芽；节间实心，外被有蜡粉，有紫、红或黄绿色等；叶子丛生，叶片有肥厚白色的中脉；大型圆锥花序顶生，小穗基部有银色长毛，长圆形或卵圆形颖果细小。

甘蔗的分布主要在北纬 33° 至南纬 30° 之间，其中以南北纬 25° 之间，面积比较集中。甘蔗原产于印度，现广泛种植于热带及亚热带地区。甘蔗种植面积最大的国家是巴西，其次是印度，中国位居第三，种植面积较大的国家还有古巴、泰国、墨西哥、澳大利亚、美国等。中国的主产蔗区，主要分布在北纬 24° 以南的热带、亚热带地区，包括广东、广西、福建、四川、云南、江西、贵州、湖南、浙江、湖北、海南等南方 11 个省区。20 世纪 80 年代中期以来，中国的蔗糖产区迅速向广西、云南等西部地区转移，至 1999 年广西、云南两省的蔗糖产量已约占全国的 70.6%。随着生产技术的发展，在中国中部河南、山东、河北等地也有分散性大棚种植。

甘蔗按用途可分为果蔗和糖蔗。按外表形状也可以分为甘蔗"黑金刚"、甘蔗"黑青刚"和甘蔗"白玉蔗"。果蔗是专供鲜食的甘蔗，它具有较为易撕、纤维少、糖分适中、茎脆、汁多味美、口感好以及茎粗、节长、茎形美观等特点。糖蔗含糖量较高，是用来制糖的原料，一般不会用于市售鲜食。因为皮硬纤维粗，口感较差，只是在产区偶尔鲜食。

11. 甜高粱（*Sorghum bicolor*）

甜高粱（图 7.9）又名甜秆，是禾本科高粱属粒用高粱的变种，一年生草本，秆粗壮，高 2~4 米，基部径 2~2.5 厘米，多汁液，味甜。叶 7~12 片或较多，叶舌硬膜质，花序梗直立，颖果成熟时顶端或两侧裸露，稀完全为颖所包；种胚明显，椭圆形，长约为谷粒之半。花果期 6~9 月。甜高粱源于非洲，魏晋时期经印度传至国内，在中国栽培历史悠久。全国均有栽培，但以黄河流域以南诸省为多，分布北起黑龙江，南至四川、贵州、云南等省，西至新疆维吾尔自治区，东至江苏、上海等省、市，特别是长江下游地区，尤为普遍。上海崇明岛盛产甜高粱，被誉为"芦粟之乡"。过去习惯生食其汁液，南方也有用于榨汁熬制糖稀或制作片糖。随着城乡人民生活水平的提高，亦不再作为主食，栽培面积有所减少。

图 7.9　甜高粱

作为优质的饲用及糖料作物，甜高粱茎秆富含糖分，有"北方甘蔗"之称，用途十分广泛，它不仅产粮食，也产糖、糖浆，还可以做酒、酒精和味精，纤维还可以造纸，浑身是宝。甜高粱营养价值高，植株高大，每亩可产青饲料 6 000~10 000 公斤，被誉为"高能作物"。其抗旱性强、适口性好、饲料转化率高、青贮后甜酸适宜，牲畜普遍喜欢采食。经有关单位在北京等地对奶牛喂饲试验表明，饲喂青贮甜高粱比普通常规饲料日增产鲜奶 805 克，每千克鲜奶节省精饲料 25 克，省料 9.4%。

作为燃料乙醇的一种原料，在国家《可再生能源发展"十一五"规划》中，被列为生物液体燃料的第一个来源，具有抗旱、耐涝、耐盐碱、适应性强、生物学产量高、糖分含量高等特点，是名副其实的高效能植物，一亩甜高粱每天合成的碳水化合物可生产 3.2 升酒精，而玉米只能生产 1.0 升、小麦 0.2 升，甜高粱是玉米和小麦的 3.2 和 16 倍。用边际性土地种植甜高粱，然后用甜高粱秆生产燃料乙醇，如今在黑龙江省大庆即将成为现实，一个利用甜高粱秸秆年产 50 万吨乙醇的万亩"甜高粱"绿色能源生产基地将在哈大齐工业走廊经济区呈现出生机盎然的活力。

12. 西蒙得木（*Simmondsia chinensis*）

西蒙得木（图 7.10）又名"火火巴树""霍霍巴""油油巴"，是西蒙得木科的唯一种，为多年生常绿灰绿色灌木，一般高度在 1~3 米，个别植株可达 5 米。灌丛形，叶椭圆形、小、对生、两面具光亮的蜡质层、叶片较厚。雌雄异株，雄花小，总状花序，雌花无花瓣，多为单花。风媒传粉。蒴果，长约 1.5 厘米，多为一个种子，偶见 2~3 个种子，幼果绿色，成熟后成褐色，几周后果壳开裂，种子脱落。果实成椭圆状，浅褐色、褐色、黑褐色，长约 1.2 厘米。

图 7.10 西蒙得木（蜡叶标本）

西蒙得木根系发达，极耐干热，适宜生长在年降雨量 600 毫米，年均温 22℃ 以上地区。自然分布于北美洲北纬 25°~34°、西经 109°~117° 间索诺拉（Sonoran）沙漠地区。原产地美国和墨西哥，美国是最早开始大规模商业化栽培的国家。目前，美国已经建立了一大批种植基地，其中仅加利福尼亚州、亚利桑那州已建成 2 万多公顷的种植园，栽培技术不断提高，经济效益十分可观。墨西哥也建立了大规模的商业性西蒙得木栽培基地，并已收到良好效果。除上述两国外，在短短的 30 多年间，已引种成功的还有苏丹、巴西、澳大利亚、以色列、南非、沙特、加纳、伊朗、埃及、印度、巴基斯坦、智利、阿根廷、巴拉圭、肯尼亚、坦桑尼亚和哥斯达黎加等 20 多个国家，其中澳大利亚、以色列、苏丹、巴西等国面积较大；以色列引种最早，于 1950 年开始将西蒙得木引种到内盖夫（Negev）沙漠和死海地区，并获得可喜收获。12~13 年生的单株产量高达 5.4~5.9 公斤。澳大利亚近年种植面积不断扩大，已成为继美国、墨西哥之后的重要生产和出口国。目前，国内引种也已初步取得成功，在四川最适宜发展的地区主要在金沙江、雅砻江、安宁河下游海拔 1 400 米以下地带，其次为长江河谷的合江、江津、涪陵、巫山等县海拔 500 米以下的河谷地带。

西蒙得木是一种十分珍贵的具有巨大经济价值的特种工业油料作物，具有广泛的用途和开发利用价值。西蒙得木果实榨出的油被誉为"液体黄金"，具有燃点高、沸点低的特性，是航空、航天及精密仪器专用高级润滑油。医药上，可防治癌症、高血压、冠心病、胃病外伤等症。纯天然的西蒙得木油其成分类似于抹香鲸蜡成分，具有抗氧化性、亲和性佳，是渗透性最强的油，极易被皮肤吸收，不油腻，是大多数高档化妆品的主要原料，世界市场前景广阔。

13. 狗仔花（*Calotropis gigantea*）

狗仔花（图 7.11）又名断肠草、五狗卧花、牛角瓜，是萝藦科灌木，茎直立，高达 3 米，全株具乳汁；茎黄白色，枝粗壮，叶倒卵状长圆形或椭圆状长圆形，

图 7.11 狗仔花（寿海洋摄）

花序伞形状，花冠紫蓝色，蓇葖果单生，膨胀，花果期几乎全年。该植物主要分布于热带的亚洲和非洲地区，我国西南部和南部也有分布。该植物开花的形状非常特别，花心里似蹲着五只小狗，所以又叫"五犬卧花心"。相传北宋宰相王安石吟了两句诗"明月当空叫，五犬卧花心"。写完后搁在桌上，上朝去了。苏东坡恰好此时到府上参拜，见了这两句诗，觉得可笑，以为王安石年老脑钝，遂改成"明月当空照，五犬卧花荫"。苏东坡到海南儋州后，有一次，在昌江旷野间采到一种植物，5 枚副花冠裂片甚似 5 只小狗围蹲在一起，这时他才恍然大悟，深感自己学识不足，不识五狗卧花，改错了诗，顿时羞愧难当。

该植物分布于印度、斯里兰卡、缅甸、越南和马来西亚等地，在我国产于云南、四川、广西和广东等省区。从茎叶中提炼出白色汁液，可制取石油、鞣料及黄色染料，是著名的热带能源植物。茎皮纤维可供造纸、制绳索及人造棉，织麻布、麻袋；种毛可作丝绒原料及填充物。茎叶的乳汁有毒，含多种强心苷，供药用，治皮肤病、痢疾、风湿、支气管炎；树皮可治癫癣。全株可作绿肥。

14. 香胶树（*Copaifera officinalis*）

在巴西的热带丛林中有一种能长出石油的树——香胶树，也称香脂木豆、吐鲁香树，是苏木科常绿乔木，其树干里含有大量的树液是一种富含倍半萜烯的柴油。它的树干粗，在树干上打一个 5 厘米直径的洞，就会有胶汁源源不断地流出来。这种胶汁的化学特性和柴油很相似，稍加提炼，就可以当柴油来使用。安装柴油发动机的汽车，把它加入油箱，马上就可以点火发动、上路行驶。香胶树产的"油"，不仅可以直接供汽车使用，而且产量还很可观。一棵树在 6 个月里分泌出的胶汁有 20~30 千克，66 平方米的土地上，每亩地种植 60~70 棵香胶树，就可以产"石油"十几桶。

15. 橡胶树（*Heveu brasiliensis*）

橡胶树（图7.12）为落叶乔木，是大戟科橡胶树属大乔木，高可达30米，有丰富乳汁。指状复叶具小叶3片；叶柄长达15厘米，顶端有2（3~4）枚腺体；小叶椭圆形，长10~25厘米，宽4~10厘米，顶端短尖至渐尖，基部楔形，全缘，两面无毛；侧脉10~16对，网脉明显；小叶柄长1~2厘米。花序腋生，圆锥状，长达16厘米，被灰白色短柔毛；雄花，花萼裂片卵状披针形，长约2毫米；雄蕊10枚，排成2轮，花药2室，纵裂；雌花，花萼与雄花同，但较大；子房（2~）3（~6）室，花柱短，柱头3枚。蒴果椭圆状，直径5~6厘米，有3纵沟，顶端有喙尖，基部略凹，外果皮薄，干后有网状脉纹，内果皮厚、木质；种子椭圆状，淡灰褐色，有斑纹。花期5~6月。

图7.12　橡胶树（寿海洋摄）

橡胶树喜高温、高湿、静风和肥沃土壤，要求年平均温度26~27℃，在20~30℃范围内都能正常生长和产胶，不耐寒，在温度5℃以下即受冻害。要求年平均降水量1 150~2 500毫米，但不宜在低湿的地方栽植。适于土层深厚、肥沃而湿润、排水良好的酸性砂壤土生长。浅根性，枝条较脆弱，对风的适应能力较差，易受风寒并降低产胶量。

橡胶树原产于巴西亚马孙河流域马拉岳西部地区，主产巴西，其次是秘鲁、哥伦比亚、厄瓜多尔、圭亚那、委内瑞拉和玻利维亚。现已布及亚洲、非洲、大洋洲、拉丁美洲40多个国家和地区。种植面积较大的国家有：印度尼西亚、泰国、马来西亚、中国、印度、越南、尼日利亚、巴西、斯里兰卡、利比里亚等；而以东南亚各国栽培最广，产胶最多，马来西亚、印度尼西亚、泰国、斯里兰卡和印度等5国的植胶面积和产胶量占世界的90%。中国植胶区主要分布于海南、广东、广西、福建、云南，其中海南为主要植胶区。

橡胶树胶乳的主要成分是碳氢化合物，有与石油类似的分子结构，经蒸馏分解最终得到的产物是类似汽油的碳氢化合物液体燃料。制作橡胶的主要原料是天然橡胶，天然橡胶就是由橡胶树割胶时流出的胶乳经凝固及干燥而制得的。天然橡胶因其具有很强的弹性和良好的绝缘性、可塑性、隔水、隔气性、抗拉和耐磨等性能，广泛地运用于工业、国防、交通、医药卫生领域和日常生活等方面，用途极广。种子榨油为制造油漆和肥皂的原料。橡胶果壳可制优质纤维。果壳能制活性炭、糠醛等。木材质轻、花纹美观，加工性能好，经化学处理后可制作高级家具、纤维板、胶合板、纸浆等。

16. 象草（*Pennisetum purpureum*）

图 7.13 象草(陈炳华摄)

象草（图 7.13）又名紫狼尾草，因大象爱吃而得名，属禾本科狼尾草属多年生草本植物，原产于非洲，是热带和亚热带地区广泛栽培的一种多年生高产优良牧草。我国目前在广东、广西、湖南、四川、贵州、云南、福建、江西、台湾等地均有大面积栽培，是我国南方饲养畜禽的重要青绿饲料，河北、陕西、北京也试种成功。

象草喜温暖湿润气候，适应性强，耐旱、耐肥，能耐短时期轻霜，抗病虫害能力强，适宜在海拔 1 000 米以下地区种植。在广州、南宁一带均能自然越冬。在气温 12~14℃时开始生长，23~35℃时生长迅速，5~10℃生长受抑制，5℃以下时停止生长，如连续受冻有被冻死的危险。在广东、广西和福建地区，从 2 月中旬—12 月份均能生长，4—9 月份生长最盛，如雨水充足则生长更迅速，10 月份以后生长弱。一般结实率很低，且种子成熟不一致，又易脱落。种子的发芽率很低，实生苗生长缓慢，故在生产上多采用无性繁殖。象草是喜肥植物，对土壤要求不高，沙土、壤土和微酸性土壤均能生长，但以土层深厚、肥沃疏松的土壤最为适宜。在瘠薄缺肥的土壤条件下象草生长缓慢，茎细弱，分蘖少，叶片短小、色黄，产量低。象草根系发达，能深入土层，耐旱力较强，很少发现病虫害。

目前，为缓解全球气候变暖、减少二氧化碳的排放，欧洲以及北美的农业科学家们正在研究设法推广种植象草，用以燃烧发电，目的在于减少使用日益枯竭的煤炭和石油资源，并努力减少二氧化碳的大量排放。据统计，每公顷象草种植，将它加工后所产生的能量可替代 36 桶石油，收入高达 2 160 美元，农民种象草将有利可图。美国伊利诺斯州对这种能源草的最新试验结果表明，如果美国使用 10%的耕地种植象草，每公顷至少收获 60 吨干草，能供应包括芝加哥市在内的整个美国 50%的电能需求。象草生长时会大量吸收二氧化碳，燃烧时排放出来的二氧化碳又会被附近的象草吸收，因此利用这种能源植物替代煤炭，能在一定程度上促进防止全球变暖的目标尽快实现。

Plants with Life

第八章　农作物的生物多样性

农作物，简称作物，是指人类大面积栽种或大面积收获其果实、种子、叶、变态根、茎以及花，供盈利或口粮用的植物的总称。"作物"一词由日语转借而来，在中国古籍中则称"禾稼"或"谷"。古代有所谓"五谷""六谷""九谷"以至"百谷"之称，其中谷的含义不断发展，由稻、黍、稷、麦、菽，逐步扩大到麻类、瓜果、蔬菜乃至所有栽培植物。中国农业文献中自 20 世纪初开始引用"作物"一词，今已普及，俗称"庄稼"，指农业上栽培的各种植物。随着社会发展，作物的概念范畴也在变化，直接或间接为人类需要而栽培的植物均可划入作物范畴，包括粮食作物和经济作物（油料作物、蔬菜作物、花、草、树木）两大类。农作物是人类基本食物的来源之一。"人以食为天"表达了人与食物的关系，合理的膳食搭配才能给人类带来健康。因此作物是我们人类的衣食之源、赖以生活之本，是人类社会发展的基础。作物种类比较多，根据用途与利用价值来划分，有谷类作物、油料作物、经济作物、薯类作物和饮料作物等。

一、谷类作物

谷类作物包括小麦、稻谷等，是人体最主要、最经济的营养与热能来源。我国人民自古就以谷类食物为主，人体所需热能约有 80%、蛋白质约有 50% 都是由谷类提供的。谷类含有多种营养素，其中以碳水化合物的含量最高，而且消化利用率也高。我国种植的谷类作物种类繁多，这里以水稻、小麦、玉米、粟为代表。

1. 水稻（*Oryza sativer*）

（1）水稻的起源

中国栽培的水稻属亚洲栽培稻，其祖先种是多年生的普通野生稻，在我国分布区域东起台湾桃园、西至云南景洪、南起海南三亚、北至江西东乡。经过

图 8.1 稻谷与稻田

考古鉴定，中国野生稻的驯化、品种和栽培技术约有 1.2 万年的历史，中国已发现有 100 余处新石器时代遗址有碳化稻谷和茎叶的遗址，尤以太湖地区的江苏南部、浙江北部分布最为集中。

（2）水稻的发展

由于中国水稻原产南方，大米一直是长江流域及其以南人民的主粮。随着南北朝以后中心的南移，北方人口大量南迁，更加促进了南方水稻生产的迅速发展。从唐宋以后，南方一些稻区进一步发展成为全国稻米的生产与供应基地。近现代以来，我国科学工作者不断栽培探究水稻系品种，同时水稻种植面积不断扩大，目前从南到北，只要有淡水灌溉流域均有水稻种植的可能，而且北方的黑龙江还是我国优质水稻生产基地。直到 20 世纪 70 年代，袁隆平等多位科研工作者培育出的杂交水稻在解决我国粮食供应的问题上取得了显著成效。

（3）水稻的种类

水稻从品性种类上主要可以分为籼稻和粳稻两大类。籼稻在我国主要分布于南方地区，较耐湿、耐热和耐强光，但不耐寒，所以主要种植于热带和亚热带地区。籼稻生长周期短，一年可多次成熟。去壳后成为籼米，外观细长，透明度低。米的膨胀性好，出饭多，口感较粗。通常可以用于萝卜糕、米粉和炒饭。粳稻多种植于温带和寒带，在我国主要分布于北方地区，生长期相对较长，一般一年只能熟一次。去壳后成为粳米，外观圆短、透明。米质好，黏性较大，碎米少，煮食特性介于糯米和籼米之间，味道好。一般用做食米。

（4）水稻的营养价值

水稻所结子实即稻谷（图 8.1），去壳后称大米或米，大米是人类的主粮，世界上近一半人口都以米饭为主食，稻米营养价值很高，含碳水化合物 75% 左右、蛋白质 8% 左右、脂肪 1.3%~1.8%，并含有丰富的 B 族维生素等。其中稻米中的碳水化合物主要是淀粉，是提供人体热量的主要来源。米糠作为食品虽然口感不好，但其却营养丰富，除含有稻米中 64% 的营养外，还含有 90% 以上人体需要的营养，所以食用米糠油具有较好的生理功能。

2. 小麦（*Triticum aestivum*）

（1）小麦的起源

小麦属于禾本科，一年生或越年生草本植物，是世界上主要的粮食作物之一，全世界近 30% 以上的人口以小麦为主食。在我国，小麦在面积和产量上仅次于水稻，为第二大粮食作物。考古学研究证明，小麦是新石器时代人类对其祖先植物进行驯化的产物，栽培历史可以追溯到万年以上。我国种植小麦已有 5 000 多年的历史，栽培面积分布广，长江以北地区为主要种植区域，在我国目前主要产于河南、山东、江苏、河北等省。

（2）小麦的种类

目前栽培的六倍体小麦是由野生小麦经过天然杂交、基因突变等进化而来的。我国最早种的是春小麦，到了春秋时代开始种植冬小麦。冬小麦秋季播种，次年夏季收获；春小麦春季播种，当年夏、秋收获。我国种植的小麦以冬小麦为主。

小麦种植面积大，分布区域广，品种较多，不同区域有不同的小麦主栽品种，这就客观上形成了不同品种栽培区，成为我国小麦的主产区的一大特点。近年来随着小麦加工业的发展，特种专用小麦也开始出现，如专门用于面包的小麦品种，其面筋含量高，焙烤香味浓，成色自然丰富，为面包加工业发展提供了优质的基础原料。

（3）小麦的营养价值

小麦（图 8.2）自古以来就是我国北方人民的主食，是北方"馒头"的主要原料作物，小麦的营养价值很高，所含碳水化合物约占 75%，蛋白质约占 10%，含有极其丰富的淀粉、脂肪、明磷酸、淀粉酶、蛋白酶、类固醇和维生素 E 等营养，所以它的面粉和麸皮有除热、止燥渴咽干、利尿、养肝气的功能。面粉除供人类食用外，仅少量用来生产淀粉、酒精、面筋等，加工后副产品均为牲畜的优

图 8.2　小麦

图 8.3　玉米

质饲料。进食全麦可以降低血液循环中的雌激素的含量，从而达到防治乳腺癌的目的；对于更年期妇女，食用未精制的小麦（全麸面）还能缓解更年期综合征。

3. 玉米（*Zea mays*）

（1）玉米的起源

玉米俗称苞米、玉蜀黍、棒子，属于禾本科玉蜀黍属，原产于拉丁美洲的墨西哥和秘鲁沿安第斯山麓一带。哥伦布发现美洲大陆后，在第二次归程（1499 年）中，把玉米带到西班牙。随着世界航海业的发展，玉米逐渐传到了世界各地，成为最重要的粮食作物之一。玉米是第一高产作物，由于适应性强、用途多，所以分布很广，在全世界的播种面积仅次于水稻与小麦。

（2）玉米的种类

玉米（图 8.3）栽培历史悠久，用途较多，可以作为食品、饲料、油料及化工原料等，目前以饲料利用为主。除此以外，玉米还有很多特种用途，传统的特用玉米有甜玉米、糯玉米和爆裂玉米，新近发展起来的特用玉米有优质蛋白玉米（高赖氨酸玉米）、高油玉米和高直链淀粉玉米等。

甜玉米：通常分为普通甜玉米、加强甜玉米和超甜玉米。甜玉米对生产技术和采收期的要求比较严格，且货架寿命短。我国科学家现在已经掌握了全套育种技术，并积累了一些种质资源，国内育成的各种甜玉米类型基本能够满足市场需求。

糯玉米：是一种支链淀粉含量较高的玉米品种，黏性强，咀嚼性好，它的生产技术比甜玉米简单得多，与普通玉米相比几乎没有什么特殊要求，采收期比较灵活，货架寿命也比较长，不需要特殊的贮藏、加工条件。糯玉米除鲜食外，还是淀粉加工业的重要原料，中国的糯玉米育种和生产发展非常快，近年来已经成为很多区域的主栽品种。

高油玉米：是玉米种中胚芽含油量较高的品种，特别是其中亚油酸和油酸等不饱和脂肪酸的含量达到 80%，具有降低血清中的胆固醇、软化血管的作用。此外，高油玉米比普通玉米蛋白质高 10%~12%，赖氨酸高 20%，维生素含量也较高，是粮、饲、油三兼顾的多功能玉米。

优质蛋白玉米（高赖氨酸玉米）：产量不低于普通玉米，而全籽粒赖氨酸含量比普通玉米高 80%~100%，是优质的饲料资源，在中国的一些地区，已经实现了高产优质的结合，发展前景广阔。

（3）玉米的综合利用

① 食用：玉米是世界上最重要的粮食之一，如今全世界约有 1/3 的人仍以玉米粒作为主要粮食。玉米的维生素含量是稻米、小麦的 5~10 倍。玉米中除了含有碳水化合物、蛋白质、脂肪和胡萝卜素外，还含有大量的卵磷脂、亚油酸、黄体素、谷胱甘肽、维生素、钙、镁、硒和玉米黄质等营养物质，这些营养或功能物质对预防动脉硬化、心脑血管疾病、癌症、高胆固醇血症、高血压等疾病有很好的作用。随着玉米加工业的发展，玉米的食用品质不断改善，形成了种类多样的玉米食品，包括特制的玉米粉、胚粉、玉米膨化食品、玉米片和玉米啤酒等。

② 饲用：玉米是饲料的主要原料之一，世界上大约 65%~70% 的玉米都用作饲料，发达国家更是高达 80%，是畜牧业发展赖以发展的重要基础。

③ 工业加工：玉米可在食品、化工、发酵、医药、纺织和造纸等工业生产制造等种类繁多的产品。玉米籽粒是重要的工业原料，初加工和深加工可生产二三百种产品。穗轴还可生产糠醛。另外，玉米秸秆和穗轴可以培养生产食用菌，苞叶可以编制提篮、地毯等手工艺品，深受国内外市场欢迎。

4. 粟（*Panicum miliaceum*）

（1）粟的起源

粟（图 8.4）属一年生禾本科植物，其起源于我国，在北方俗称谷子，是一种典型的北方作物，抗日战争期间的"小米饭、南瓜汤"、"小米加步枪"中的小米就是粟的果实。中国种粟历史悠久。出土粟的新石器时代遗址有西安半坡村、河北磁山和河南裴李岗等。中国粟的品种资源丰富。粟的野生种狗尾巴草在中国遍地皆是，它和粟的形态相

图 8.4 粟

似，染色体数相同，容易相互杂交。

（2）粟的种类

粟在长期的选择培育过程中，分化为两大亚种：食用粟和饲用粟。粟的果穗长而疏松垂下，根据颖果胚乳的质地、籽粒大小、颜色、刚毛长短、穗形、生育期和分蘖力等特征划分为许多变种、品种和变型。北方长栽培粳性品种即黄粱，用作主食蒸饭制饼。南方种植糯性品种为最多。谷糠是饲笼鸟及家禽的好饲料，茎叶适口性好，蛋白质含量及消化率高，是优质饲料。在欧洲常种植专供牛、羊、家禽的饲用粟，有河谷地带生长的植株高大类型，也有山地旱生、矮小而且再生性好的早熟类型。

（3）粟的营养价值

粟去壳后称小米，营养价值高，味美，易消化。小米中含蛋白质 9.7%，脂肪 3.5%，碳水化合物 72.8%，每百克小米中可产生的热量比大米、面粉都高。此外，还含有大量人体必需的氨基酸、钙、磷、铁和胡萝卜素等，以及对某些化学致癌有抵抗作用的维生素 E 和维生素 B，硒的含量也很高。可见，小米不仅营养价值高，而且具有较高的滋补价值。此外，小米还可米酿酒、制饴糖，谷草的饲料价值接近豆科牧草，谷糠也是畜禽的精饲料。

图 8.5　花生

二、油料作物

脂肪是人类饮食中的重要组成部分，人类饮食中脂肪油多数来源于油料作物，随着人类对食品健康认识水平的提高，植物油因其不饱和脂肪酸含量高，营养价值高，而成为健康饮食的选择。油料作物种类繁多，主要包括花生、大豆、油菜、芝麻等，我国油料作物种植历史悠久，是世界上油料作物种植最多的国家。

1. 花生（*Arachis hypogaea*）

（1）花生的起源

花生（图 8.5）是豆科落花生属的一种，俗称花生和黄花生。该属约 20 余种。一般认为，花生原产秘鲁和巴西，可追溯到至少公元前 500 年。同时，也有部分表明，中国也可能是花生原产地之一。1958 年的浙江吴兴钱山洋原始社会遗址中，发掘出炭化花生种子，测定灶坑年代距今 4 600~4 800 年。

（2）花生的营养成分

花生是一种营养价值很高的食品，其含有蛋白质 25%~36%，脂肪含量可达 40%，花生中还含有丰富的维生素 B_2、维生素 PP、维生素 A、维生素 D、维生素 E，钙和铁等。花生的脂肪含量占总营养的 30%~39%，而植物性食物中脂肪含量较高的玉米才只有 4% 左右。

（3）花生的功效

花生中除含有一般植物食品营养成分外，还含有多种功能性成分，如花生含有的维生素 K 有止血作用，维生素 E 和一定量的锌，能增强记忆，抗衰老。花生含有的维生素 C 有降低胆固醇的作用，有助于防治动脉硬化、高血压和冠心病。花生中的微量元素硒和另一种生物活性物质白藜芦醇可以防治肿瘤类疾病，同时也是降低血小板凝聚预防和治疗动脉粥样硬化、心脑血管疾病的化学预防剂。花生还有扶正补虚、悦脾和胃、润肺化痰、滋养调气、利水消肿的作用。

（4）花生的综合利用

花生用途广泛，除用作榨取植物油外，将提取过油脂的花生饼粕用于制作成花生蛋白粉、花生蛋白酥，花生蛋白糊、花白蛋白酱、花生蛋白乳酪、巧克力花生，多味花生、蜂蜜花生、花生红衣粉、红衣软糖等营养食品。花生综合开发出的产品新、品种多、质量好、效益高，产品的市场范围广，花生食品深受消费者喜爱，其中有高蛋白营养食品、方便食品、传统食品、花生小食品、糖果、饮料以及当前国内外兴起的功能性保健食品，而且，花生蛋白粉除自己加工外还可用于火腿肠、午餐肉、鱼丸等食品中，其市场开发前景十分广阔。

2. 大豆（*Glgcine max*）

（1）大豆的起源

大豆是豆科的一年生草本植物，也是我国人民熟悉且喜爱的作物品种，是我们平常熟悉的豆腐、腐竹、豆芽、豆浆的加工原料。大豆栽培历史悠久，据考证，当初商代的甲骨文上也发现了有关大豆的记载。在山西侯马曾出土过商代的大豆化石。在周代，大豆也占有相当的地位。春秋时期，齐桓公曾将北方山戎出产的大豆引进中原地区栽培。《诗经》等诗篇和书文记有 "中原有菽，庶民采之"。公元前 5 世纪的《墨子》文章中载有"耕家树艺，聚菽粟。是以菽粟多，而民足乎食。"

图 8.6 大豆

（2）大豆的营养成分

大豆（图 8.6）是作物中蛋白与油脂俱佳的少有的作物品种。大豆中含高品质的蛋白质约 40%，脂肪含量也在豆类中占首位，出油率达 20%；此外，还含有维 11 生素 A、维生素 B、维生素 D、维生素 E 及钙、磷、铁等矿物质。500 克黄豆中含铁质 55 毫克，且易被人体吸收利用，对缺铁性贫血十分有利；500 克黄豆中含磷 2 855 毫克，对大脑神经十分有利。

（3）大豆的功效

大豆保健作用突出，其味甘、性平，入脾、大肠经；具有健脾宽中、润燥消水、清热解毒、益气的功效；主治疳积泻痢、腹胀羸瘦、妊娠中毒、疮痈肿毒、外伤出血等。还能抗菌消炎，对咽炎、结膜炎、口腔炎、菌痢、肠炎有效。

（4）大豆的综合利用

大豆卵磷脂是大豆油在脱胶过程中沉淀出来的磷脂质，再经加工、干燥之后的产品，具有延缓衰老、预防心脑血管疾病等作用。蛋白粉，一般是采用提纯的大豆蛋白、酪蛋白或乳清蛋白或上述几种蛋白的组成的粉剂，其用途是为缺乏蛋白质的人补充蛋白质，有效保障人体正常生理需求。目前市场上的大豆提取物软胶囊是以大豆提取物、大豆油、蜂蜡、甘油、明胶、水、柠檬黄、棕氧化铁为主要原料制成的保健食品，具有增强免疫力的保健功能，其中的大豆提取物就是大豆异黄酮，异黄酮可以起抗雌激素作用功效，能够降低受雌激素激活的癌症比如乳腺癌的风险，异黄酮还是一种有效的抗氧化剂，可以阻止氧自由基的生成，而氧自由基是一种强致癌因素，因此其具有抗肿瘤作用。

3. 油菜（*Brassica campestris var. oleifera*）

（1）油菜的起源

油菜是十字花科芸薹属植物，越年生或一年生草本植物。油菜栽培历史悠久，中国和印度是世界上栽培油菜最古老的国家。从我国陕西省西安半坡社会文化遗址中就发现有菜籽和白菜籽，距今有6 000~7 000 年。

（2）菜籽油的营养成分

油菜（图 8.7）的首要用途就是生产菜籽油，其是我国主要食用油之一，菜籽油是以十字花科植物芸薹（即油菜）的种子榨制所得的透明或半透明状的液体。其中含有多种维生素，如维生素 A、维生素 D 和维生素 E，是人体脂溶性维生素的重要来源。维生素 E 含量丰富，达 60 毫克 /100 克油，尤其是甲型维生素 E 含量高达 13.2 毫克 /100 克油，为大豆油的 2.58 倍。菜籽油中植物甾醇含量也较豆油等常见植物油为高，且种类繁多，有些甾醇还具有特殊的生理功能。

（3）油菜的功效

油菜是一种很好的营养保健油，其可以降低血脂，抑制脂类的吸收；解毒消肿，油菜中所含的植物激素，能够增加酶的形成，

图 8.7　油菜

对进入人体内的致癌物质有吸附排斥作用；宽肠通便，油菜中含有大量的膳食纤维，促进肠道的蠕动，预防肠道肿瘤。油菜含有大量胡萝卜素和维生素 C，有助于增强机体免疫能力。油菜所含钙量也比较高，多食菜籽油有利于老年人钙吸收不足问题。

（4）油的综合利用

油菜籽榨油后，油菜饼粕可以精制植物蛋白产品，其是食品、饲料甚至药用化工原料；油菜花可以供蜜蜂采蜜，获得无公害蜂产品，同时通过授粉也可以提高油菜的产量；油菜茎秆可以栽培食用菌，可栽培平菇和黑木耳等；油菜中提取的磷脂是食品工业上重要的添加剂和防腐剂。

4. 芝麻（*Sesamum indicum*）

（1）芝麻的起源

芝麻又名脂麻、胡麻芝麻，是胡麻科胡麻属一年生直立草本植物，在 5 000 年以前起源于巴基斯坦，是最古老的种植作物之一。史载汉代传入中国，北魏贾思勰《齐民要术》中记载"张骞外国得胡麻"。宋朝沈括《梦溪笔谈》中说"汉

图8.8　芝麻

使张骞始自大宛得油麻种来，故名胡麻"。《词源》解释芝麻时说"相传汉张骞得其种于西域，故名"。

（2）芝麻的营养成分

芝麻（图8.8）是芳香油主要品种之一，其芳香四溢，北方俗称"香油"，南方叫麻油，芝麻中脂肪油含量高达61.7%，芝麻油中以油酸、亚油酸、棕榈酸、甘油酯为主要成分，含有蛋白质21.9%，氨基酸种类与瘦肉类似，还含有芝麻素、芝麻油酚、卵磷脂、蔗糖、多缩戊糖及钙、磷、铁等物质和维生素A、维生素D、维生素E等。

（3）芝麻的功效

芝麻除油脂含量高、经济价值高外，其蛋白质含量也很高，其营养价值与鸡蛋类似，芝麻中含有人体中8种必需氨基酸，含有丰富的脂肪卵磷脂维生素及钙铁锌磷铁。芝麻中还含有抗衰老功能因子，如芝麻酚就有修复神经，抑制老年痴呆作用。芝麻中含有芝麻木聚糖，在抗氧化抗衰老和抑制胆固醇形成的方面功效显著。

（4）芝麻的综合利用

芝麻是重要的食品工业原料，可以直接食用或用作食品原料。利用芝麻为原料加工的食品有小麻油、芝麻酱、芝麻糕、芝麻饼等。在未来的芝麻种植与加工过程中，通过改良品种与定向栽培，培育高产、优质、多抗芝麻新品种，满足国内外市场的需求，开发高附加值的新产品例如芝麻素、芝麻酚、芝麻林素、芝麻木聚糖、芝麻蛋白乳饮料等产品，挖掘芝麻经济潜力，满足人类需求。

三、经济作物

1. 烟草（*Nicotiana tabacum*）

（1）烟草的起源

烟草系茄科一年生草本植物。烟草在美洲已有2 000年栽培与加工的历史，已有3 000年吸食的历史，虽然烟草的危害已经证明，但时至今日烟草仍然是人类难以割舍的"朋友"。烟草大概原生于南美洲玻利维亚和阿根廷两国比邻的地带，玻利维亚的印第安人 3 000 年前就开始利用和吸食烟草。16 世纪传至欧洲，几经辗转，于 16 世纪中后期到 17 世纪前期先后由南北两线分别引入中国。南线大致由吕宋、琉球经福建、广东而传入我国。

（2）烟草的种类

烟草（图 8.9）种类很多，主要来源于调制方法、烟叶品质特性和卷烟工业的利用特点，可将烟草分为烤烟、晒烟、晾烟、香料烟、白肋烟、雪茄烟和黄花烟。烤烟是当今卷烟工业最主要的原料，在全球栽培面积也最大。

（3）烟草的发展

全世界大约有 120 个国家和地区种植烟草。烟草也是我国的重要经济作物之一，烟草行业每年为国家提供的税利占国家财政总收入的 7%~10%。烟草还是重要的出口物质，主要出口国家是美国、加拿大、巴西和津巴布韦等国家。

图 8.9　烟草

我国烟草工业发展起步于 19 世纪中叶，南洋兄弟烟草公司是我国烟草工业发展史上最有影响力的公司，这家公司建立于 1850 年，首先在香港成立公司，1916 年在上海设厂，而后在武汉、广州设立分厂，并在河南、山东建立原料生产基地、兴建烤烟厂。今天的"中华"、"云烟"等也比较知名，是有影响的烟草品牌。

（4）烟草的危害

今天卷烟外包装上都在醒目处印有"吸烟有害健康"的提示语，科学早已证明，吸烟会对人体健康造成严重危害，而且这种危害具有积累性、隐蔽性和潜在性，且吸烟量越大、吸烟年限越长、开始吸烟年龄越小，对人体造成的危害越严重。自 1964 年《美国卫生总监报告》首次对吸烟危害健康问题进行系统阐述以来，大量证据表明，吸烟可导致多部位恶性肿瘤及其他慢性疾病，导致生殖与发育异常，还与其他一些疾病及健康问题的发生关系密切。

2. 棉花（*Gossgpium hirsutum*）

（1）棉花的起源

棉花是锦葵科棉属木本植物的种子纤维，简称棉，自古以来是人类御寒之源。

图 8.10　棉花

棉花已有 5 000 多年的栽培利用史。现代科学推测，据大陆漂移理论棉属的祖先在地质时代出现于联合古大陆非洲中部。白垩纪时发生板块分离和大陆漂移，棉属的祖先分散到各大洲大陆，造成地理隔离。棉花栽培种中的陆地棉起源于中美洲和加勒比海地区。海岛棉原产南美洲安第斯山。哥伦布首次美洲探险时，就看到了印第安人的棉田、棉花、棉纱、棉织品。地理大发现及海道打通后，旧大陆的亚洲棉、草棉与美洲的陆地棉、海岛棉互相杂交、复壮、改良，大大提高了产量和质量及对环境的适应性和抗病虫害的能力。

（2）棉花的种类

我国是世界上种植棉花较早的国家之一，公元前 3 世纪，即战国时代，《尚书》《后汉书》中就有关于我国植棉和纺棉的记载。在我国的棉花历史上，先后种植过四个栽培品种：海岛棉（长绒棉）、亚洲棉（粗绒棉）、陆地棉（细绒棉）和草棉（粗绒棉）。今天人类还培育出了彩色棉，在为人类带来温暖的同时，还带来了自然美丽。

（3）棉花的发展

中国是世界名副其实的棉业大国，皮棉产量居世界第一位，原棉年消费量也居世界第一，占世界总消费量的 1/3，占中国纺织工业原料总用量的 60% 以上。棉花及其为原料的棉纱、棉布、针织品以及服装等，已成为中国出口创汇最多的产业，占全国出口的 1/4 左右，且呈逐年上升趋势。当看见今天穿梭在大街小巷的五颜六色的服饰，我们就不能忘记棉花的功劳。

（4）棉花的经济效益

棉花（图 8.10）能织成各种规格的织物。棉织物坚牢耐磨，能洗涤并在高温下熨烫。棉布吸湿和脱湿快速而使穿着舒适。棉花的主副产品都有较高的利用价值，正如前人所说"棉花全身都是宝"。它既是最重要的纤维作物，又是重要的油料作物，也是含高蛋白的粮食作物，还是纺织、精细化工原料和重要的战略物资，其棉籽压榨的棉籽油，含有多种优质蛋白棉籽粕都是重要资源。因此，必须努力使棉花增产，提高综合利用水平，增产增值，满足国民经济发展的需要。

3. 橡胶（*Hevea brasiliensis*）

（1）橡胶的起源

橡胶树是大戟科木本植物，其原产于南美洲亚马孙河流域的热带雨林中，当地印第安人对橡胶树和橡胶已有悠久的认识史和开发利用史，当地人很早就发现，切割橡胶树皮流出胶乳自然凝固后的橡胶极富弹性，于是把橡胶稍加处理后制成实心的弹力球，成为橡胶的第一大用途，后发展成为一种运动项目——玛雅球赛。

（2）橡胶的种类

橡胶（图8.11）按原料分为天然橡胶和合成橡胶。按形态分为块状生胶、乳胶、液体橡胶和粉末橡胶。乳胶为橡胶的胶体状水分散体；液体橡胶为橡胶的低聚物，未硫化前一般为黏稠的液体；粉末橡胶是将乳胶加工成粉末状，以利配料和加工制作。

（3）橡胶的发展

纵观世界橡胶发展史，橡胶的加工利用经历了三次重大的突破与飞跃：一是橡胶加工史上古德伊尔等发明硫化橡胶法；二是橡胶栽培史上威克汉姆等采集私运橡胶树种子移动移植旧大陆、驯化栽培橡胶树成功；三是橡胶应用史上邓洛普等发明完善充气轮胎，从而使橡胶的消费量猛增。橡胶业从此成为一个农林业、工业、运输业、商业等于一体的新兴庞大产业。橡胶在我国也有110多年的栽培发展史，由于橡胶属于热带作物，仅在海南、云南、台湾等少数省区有成规模的商业性的橡胶园栽培和橡胶产业，其发展在我国具有重要意义。

（4）橡胶的经济效益

橡胶行业是国民经济的重要基础产业之一。它不仅为人们提供日常生活不可或缺的日用、医用等轻工橡胶产品，而且向采掘、交通、建筑、机械、电子等重工业和新兴产业提供各种橡胶制生产设备或橡胶部件。可

图 8.11　切割橡胶

图 8.12 甘蔗

见，橡胶行业的产品种类繁多，延续开发产业发展前景十分广阔。

4. 甘蔗

（1）甘蔗的起源（*Saccharum officinarum*）

甘蔗是禾本科甘蔗属多年生高大实心草本植物，其根状茎粗壮发达。中国台湾、福建、广东、海南、广西、四川、云南等南方热带地区广泛种植。据考证甘蔗原产地可能是新几内亚或印度，后来传播到南洋群岛。大约在周朝周宣王时传入中国南方。先秦时代的"柘"就是甘蔗，到了汉代才出现"蔗"字，"柘"和"蔗"的读音可能来自梵文 sakara。10~13 世纪（宋代），江南各省普遍种植甘蔗；中南半岛和南洋各地如真腊、占城、三佛齐、苏吉丹也普遍种甘蔗制糖。

（2）甘蔗的营养成分

甘蔗（图 8.12）中含有丰富的糖分，是制糖原料之一，还含有对人体新陈代谢非常有益的各种维生素、脂肪、蛋白质、有机酸、钙、铁等物质。甘蔗不但能给食物增添甜味，而且还可以提供人体所需的营养和热量。还含有天门冬氨酸、谷氨酸、丝氨酸等多种氨基酸，延胡索酸、琥珀酸、甘醇酸等有机酸及维生素 B_1、维生素 B_2、维生素 B_6、维生素 C 等，是一种天然饮品贮藏宝库。

（3）甘蔗的经济效益

甘蔗是中国制糖的主要原料。在世界食糖总产量中，蔗糖约占 65%，中国则占 80% 以上。糖是人类必需的食用品之一，也是糖果、饮料等食品工业的重要原料。同时，甘蔗还是轻工、化工和能源的重要原料，蔗渣、废蜜和滤泥等可制成纸张、糠醛、饲料、食用品培养基、酒精、干冰、酵母等。蔗梢、蔗叶、蔗渣糠、废糖蜜或酒精废液等可作反刍动物的饲料；把糖蜜、滤泥掺到谷物类饲料中可制成颗粒饲料；糖厂排出的废渣、废液又可作甘蔗的肥料。因而，发展甘蔗生产，对提高人民的生活、促进农业和相关产业的发展，乃至对整个国民经济的发展都具有重要的地位和作用。今天甘蔗还是工业酒精生产的主要原料，对于缓解能源危机，具有重要意义。

四、薯类作物

1. 甘薯（*Ipomoea batatas*）

（1）甘薯的起源

甘薯（图 8.13）又名甜薯、红薯、白薯、番薯，是旋花科番薯属缠绕草质藤本作物。甘薯的起源比较神秘，一直众说纷纭。其栽培种植起源于中南美洲虽已无疑问，但具体的起源地点和驯化栽培时间仍在不断争论中，一时难以达成共识。在中美洲，甘薯至少在 5 000 年前就被印第安人驯化栽培。据考古发现，在秘鲁的古墓里发现了 8 000 年前的甘薯块根，证明甘薯在当地种植至少已有 8 000~10 000 年的历史了。这也是迄今发现最早的甘薯。在南美洲，20 世纪 60 年代末从秘鲁智尔卡峡谷的洞穴中发掘出甘薯块根遗物，经测定已有上万年的历史，同时还在秘鲁和墨西哥搜集到甘薯属近缘野生种，人们于是假定甘薯的起源中心在墨西哥的尤卡坦半岛和委内瑞拉的奥里诺科河河口之间。甘薯的栽培种植在这片地区最早驯化培育形成，由当地印第安人于 4 500 年前传播到加勒比地区和南美洲。

（2）甘薯的营养价值

我们都知道甘薯是著名的抗癌食品，是

图 8.13 甘薯

目前流行的健康饮食的主要推荐食品之一。同时科学家研究发现甘薯营养丰富，富含淀粉、糖类、蛋白质、维生素、纤维素以及各种氨基酸，是非常好的营养食品。甘薯中各种维生素含量之高是其他粮食作物所不及的，同时，甘薯略呈碱性，而米、面、肉类则为酸性食物，适当食用甘薯可以保持血液中酸碱度平衡。此外，甘薯所含的维生素可刺激肠壁，加快消化道蠕动并吸收水分，有助于排便，可防治便秘、糖尿病，预防痔疮和大肠癌等疾病。因此，常吃细粮的人配以甘薯，则可以弥补维生素之不足。据有关资料显示，成年人每天食用 100~150 克甘薯，即可满足人体对各种维生素的需求。

（3）甘薯的发展前景

甘薯的利用前景十分广阔，利用甘薯作为原料的工业已遍及食品、化工、医疗、造纸等十余个工业门类，利用甘薯制成的产品达400多种。甘薯同化效率高，在巴西及菲律宾已被认为是能源作物。以甘薯为原料生产的酒精可作为石油的代用品，巴西已生产出以酒精为燃料的汽车，每吨薯干可生产酒精90千克。我国已试验成功，将酒精按10%~15%的比例加入汽油中作为燃料，现有发动机不经过任何改装即可正常运行。以薯干为原料生产的果脯糖浆，可以在糕点中代替蔗糖，用此果脯糖浆制成的糕点，色、香、味均优于蔗糖，可防止食品干燥、变硬。在饮料中加入甘薯果脯糖浆，还可避免因食用蔗糖而引起的血管硬化、身体发胖等。糖果及饮料中的柠檬酸也是以薯干为原料制成的，当前我国生产的柠檬酸除满足国内需要外，还有部分出口。用甘薯渣制造的天然色素，可用于食品着色，避免了合成色素对人们健康的危害。在纺织工业中用甘薯淀粉代替精粉浆纱，1千克淀粉可抵上3千克精粉。生产味精也可用薯干做原料，每吨薯干可生产味精150~200千克，不但节省了大量小麦，还可降低成本，其应用前景可见一斑。

2. 马铃薯 （*Solanum tuberosum*）

（1）马铃薯的起源

图8.14　马铃薯

马铃薯（图8.14）又称地蛋、土豆、洋山芋等，是茄科多年生草本植物，块茎可供食用，是全球第三大重要的粮食作物，仅次于小麦和玉米，我国已经将马铃薯列为小麦、水稻、玉米之后的第四大主粮作物，开始在全国推广，相信不久的将来，马铃薯主食化食品将摆上我们餐桌，丰富我们的饮食。土豆起源于南美安第斯高原，已至少有1 500多年的栽培史。在秘鲁和玻利维亚发现过4世纪的土豆形象的陶制品，从秘鲁到智利的古墓中，均发掘出仿照土豆形状制作的陶器。早在1532年西班牙人到达秘鲁北部时，才发现土豆；1570年，土豆才由秘鲁传入西班牙。但也有学者认为土豆在1525年便由西班牙人传入欧洲。最初，土豆的美味并未被人们认识，它只是作为一种廉价的食物装上航船以备返航途中所需，就这样，土豆漂洋过海到欧洲。因此由此可见，马铃薯的主粮化认识过程也不是一帆风顺的。

（2）马铃薯的营养价值

马铃薯是举世公认的耐干旱瘠薄的作物品种，其产量高，营养丰富。马铃薯块茎含有 2% 左右的蛋白质，薯干中蛋白质含量为 8%~9%。据研究，马铃薯的蛋白质营养价值很高，其品质相当于鸡蛋的蛋白质，容易消化、吸收，优于其他作物的蛋白质。而且马铃薯的蛋白质含有 18 种氨基酸，包括人体不能合成的各种必需氨基酸。马铃薯块茎含有多种维生素和无机盐。食用马铃薯有益于健康与维生素的作用是分不开的。特别是维生素 C 可防止坏血病，刺激造血机能等，在日常吃的大米、白面中是没有的，而马铃薯可提供大量的维生素 C。块茎中还含有维生素 A（胡萝卜素）、维生素 B_1（硫胺素）、维生素 B_2（核黄素）、维生素 PP（烟酸）、维生素 E（生育酚）、维生素 B_3（泛酸）、维生素 B_6（吡哆醇）、维生素 M（叶酸）和生物素 H 等，对人体健康都是有益的。

（3）马铃薯的发展

我国也是马铃薯种植大国，栽种面积为 8 800 多万亩，平均亩产近 1000 千克，中国已是全球最大的马铃薯生产国和消费国，在人们经济生活中发挥着越来越重要的作用。2015 年，中国启动了马铃薯主粮化战略，推进把马铃薯加工成馒头、面条、米粉等主食，马铃薯将成稻米、小麦、玉米外的又一主粮，这对于推动马铃薯产业发展无疑具有重要意义，我们再看到的不仅仅是薯条、马铃薯粉丝和酸溜土豆丝，还有马铃薯馒头、面条和米粉任由挑选。

（4）马铃薯的综合利用

美国、日本、英国等直接鲜食的马铃薯约占 5%，而制作的马铃薯食品约占80%。根据马铃薯制品的工艺特点和使用目的，马铃薯产品分为四大类：第一类是干制品，也就是贮存一年以上的制品，如干马铃薯泥、干制马铃薯、干制马铃薯半成品；第二类是冷冻制品，属非长期贮存制品（3 个月），如马铃薯丸子、马铃薯饼等；第三类是油炸制品，是短期贮存制品（不超过 3 个月），如油炸马铃薯片、酥脆马铃薯等；第四类是在公共饮食服务业中用马铃薯配菜，如利用粉状马铃薯制品作馅的填充料，利用粒和片来生产肉卷、饺子、馅饼等配菜。

五、饮料作物

1. 茶（*Camellia sinensis*）

（1）茶的起源

茶是中华文化国粹之一，中国自古有"神农尝百草，日遇七十二毒，得茶

图 8.15 茶

而解之"的传说，虽无可稽查，但可说明对茶认知甚早。根据现代植物学考察资料，今云南、贵州、四川一带古老茶区中，仍有不少高达数十米的野生大茶树，且变异丰富、类型复杂。世界山茶科植物绝大部分分布于云贵高原边界山区等地，可说明这里是茶的起源地。茶的栽培起自何时，秦、汉前尚乏直接史料。秦代，茶已由四川传至陕西、甘肃、河南一带。后道教、佛教盛行，提倡饮茶，茶的消费益增。从东汉到南北朝的 500 多年间，茶树又进一步推广到淮河流域、长江中下游以至岭南各地。

（2）茶的发展

中国是茶发祥地，也是茶文化中心，我国茶向世界其他国家传播，有史料记载的以日本最早。隋文帝开皇年间，中国饮茶风俗随佛教文化传入日本，唐德宗贞元二十一年，日本僧人来浙江学佛，回国时携带茶籽种植于滋贺县金池上茶园，此后茶树栽培在日本就逐渐由此向中部和南部传播。亚洲其他国家如印度尼西亚等自 18 世纪起才从中国引入茶籽开始茶叶生产，19 世纪中叶有较大发展；非洲则在 19 世纪 50 年代前后开始种植茶树，20 世纪才获得较快发展。欧洲虽早在 13 世纪马可波罗来中国时已知饮茶之事，但直至 17 世纪初才开始从中国购买茶叶。茶已经成为许多国家人民日常生活中不可缺少的重要饮料。时至今日，茶文化已经影响世界各地，在品味茗香清渴之时，同样享用茶文化的熏陶。

（3）茶的功效

茶（图 8.15）是药食兼用植物原料，能消食去腻、降火明目、宁心除烦、清暑解毒、生津止渴。茶中含有的茶多酚，具有很强的抗氧化性和生理活性，是人体自由基的清除剂，可以阻断亚硝酸胺等多种致癌物质在体内合成。它还能吸收放射性物质达到防辐射的效果，从而保护女性皮肤。用茶叶洗脸，还能清除面部的油腻、收敛毛孔、减缓皮肤老化。如将茶叶与药物或食物配成药茶，则疗效更好。如用姜茶治痢疾，薄荷茶、槐叶茶用于清热，橘红茶用于止咳，莲心茶用于止晕，三仙茶用于消食，杞菊茶用于补肝等。现代医学研究发现，茶还具有抗癌防癌作用。因此今天市场上流行的茶饮料、茶多酚牙膏、茶多酚蛋糕等均有科学的依据。

2. 可可树（*Theobroma cacao*）

（1）可可的起源

可可是梧桐科可可属中的一个（栽培）种，常绿乔木。野生可可树原生长于南美洲北部的亚马孙河、奥里诺科河两岸的热带雨林地区。印第安人对野生可可的利用和开发已有好几千年甚至上万年的历史，不过，史前时代他们只是吃野生可可果的果肉，而扔掉珍贵的可可种。印第安人对可可的驯化、人工栽培、开发利用也已有 2 000 多年的历史。由印第安奥尔梅克人首先开始在中美洲墨西哥地区进行人工栽培，并逐步开始传播。1525 年，西班牙人在中美洲加勒比海地区的特立尼达岛开始种植可可树，此后逐渐在海地等西印度群岛推开。1660 年，法国人也开始在加勒比海马提尼克岛种植可可树。大概在 16 世纪 30 年代，西班牙人将可可树种植跨洋传入西非的比奥科岛，后来又从该岛传入非洲大陆。

（2）可可的成分与功效

可可（图 8.16）是一种神奇的植物，可以说其改变了现代都市人的生活，"一杯咖啡，一缕清香"，成为今天进行商贸活动不可或缺的媒介之一。（生豆）含水分 5.58%，脂肪 50.29%，含氮物质 14.19%，可可碱 1.55%，其他非氮物质 13.91%，淀粉 8.77%，粗纤维 4.93%，其灰分中含有磷酸 40.4%、钾 31.28%，氧化镁 16.22%。可可中含有咖啡因等神经中枢兴奋物质和丹宁，丹宁则与

图 8.16　可可

巧克力的色、香、味有很大关系，是咖啡品质评价的重要依据。其中可可碱、咖啡因会刺激大脑皮质、消除睡意、增强触觉与思考力以及可调整心脏机能，又有扩张肾脏血管、利尿等作用。

（3）可可的发展与综合利用

可可在我国的台湾、云南、海南、广西、广东等省区均有成功引种栽培，并且成为这些地区的特色经济作物，在农民增收致富中发挥了重要作用。可可豆为制造可可粉和可可脂的主要原料。可可豆经发酵、粗碎、去皮等工序得到的可可豆碎片（通称可可饼），由可可饼脱脂粉碎之后的粉状物，即为可可粉。可可脂与可可粉主要用作饮料，制造巧克力糖、糕点及冰淇淋等食品。干豆可作病弱者的滋补品与兴奋剂，还可作饮料。相信随着咖啡文化的发展，可可种植加工业将进一步繁荣发展，更好满足市场需求。

9

第九章　植物的栽培驯化、引种和入侵

人类从狩猎时代主要以动物为食物过渡到利用植物作为食物，这是人类文明的一个重要的里程碑。因为狩猎有很大的机缘性和不确定性，在一定的时间范围内，食物的来源不一定能够得到充分的保证，同时狩猎活动还有很大的伤亡危险，而利用野生植物为食物则有一定保障，能够在相对固定的时间内获得食物。但是由于被取食的部位产量低或不宜采收，于是引发了人类对野生植物的栽培和驯化，这个过程不仅大大增加了对植物利用的效率，同时也为人类的定居生活，即生活在相对固定的空间和环境创造了基本条件。

人类对野生植物的栽培驯化可以追溯到 1 万年以前。根据考古的资料显示，世界主要的粮食作物，如大麦、小麦、水稻、玉米等植物的栽培驯化历史都在 1 万年左右。在人类长期的栽培驯化过程中，这些植物的产量和品质不断得到改良，可以为更多的人口和不同地区的人口提供食物，逐渐形成更大规模的植物栽培种植并导致了原始农业的形成。野生植物被驯化成栽培植物，在人类的群体扩张和迁徙的过程中，栽培植物被引种到不同的地方，最终形成了栽培植物的现代分布格局。按照苏联植物育种学家瓦维洛夫的作物起源中心的学说，全世界一共有八大栽培植物的起源中心，表明农作物只起源于地理上某些地区。但是有些栽培植物，如小麦、水稻和玉米广泛分布于全世界，就表明这些栽培植物被全世界人民喜爱而被引种到不同的地方。

人类的活动以及活动范围的不断扩大，不仅导致了栽培植物被引种到全球各地，而且还促使许多种植物被带到了世界各地。有些植物通过人类有意或无意的活动而被引入一个新的分布区域，而且在当地的自然或人为生态系统中生存下来，形成了具有自我再生和自我繁殖能力群体，并给当地的生态系统或社会经济造成了明显的损害或影响，这些植物被称之为外来入侵植物。通常，一个生态系统是经过长期的进化形成，系统中的物种之间经过上万年，甚至上

百万年的相互竞争，互利互惠和适应性进化，才形成了目前既相互依赖、又互相制约的特殊关系。一个外来物种（包括植物、动物和微生物）引入后，有可能打破生态系统已有的平衡，因而改变或破坏当地的生态环境，成为真正的入侵者。外来种入侵会造成本地物种生物多样性及其功能的丧失，当地土著物种和生态景观特有性的丧失等，对当地社会和经济产生明显的负面影响或危害。因此，有必要对植物的栽培驯化、引种和入侵性进行相关介绍。

一、植物的栽培驯化与引种

什么是植物驯化和植物引种驯化？植物驯化（domestication）是利用植物的变异性和适应性，通过选择将野生植物在自然条件下的生长和繁殖过程改变为在人工控制管理下生长和繁殖的过程。而植物引种驯化是指人类将植物转移到其自然分布或当前范围以外的地方进行栽培和驯化的过程。人类为了满足自身的需要，人为地栽培各种植物，并通过改良和异地引种，定向地改变野生植物的习性和表型性状，使之适应新的环境条件，这就是植物的引种驯化过程。植物的引种与驯化是人类文明发展的重要促进剂，对获得和改良野生植物的种类有着重要的意义。

1. 植物栽培驯化的历史

在旧石器时期，人类还与其他动物一样，只限于对环境中已有野生植物的采集利用。他们四处寻找可食用的植物，全凭经验和运气，常常是饥一顿饱一顿。随着人类智慧的发展，人们开始有意识地栽培可食用的植物。约在1万年前，人类在逐步学会驯化植物和动物的同时，摆脱了完全依靠狩猎和采集为生的生存方式，这就出现了原始的农业。农业的出现，使得人类的生存条件得到极大的改善。西亚、北非、中国、印度及中美洲等地古老文明的出现，最初都是同农业的发生和发展直接相关。这反过来又刺激了人们对农业的热情，选育产量高的植物、直至改良植物的性状以满足自己的需要。于是，驯化植物也随着人类文明的发展，逐渐发展壮大起来。

最早出现的驯化植物应该是起源于温带的粮食作物，这可能是因为在远古时期，热带物产相对丰富，一年中可供取食的食物种类比较多，人类生存的压力相对较小。而在温带地区，季节性的食物短缺严重地制约了早期人类的生存和发展。寻找食物并储藏能够在其他季节可以维持温饱的食物成了当时人们急需解决的问题。因此，粮食作物的驯化也就顺理成章成了最重要的需求。当时成功驯化的植物有许多都延续至今，如当今世界上使用最多、分布最广、产量最高的农作物——水稻、小麦、玉米，其驯化栽培的历史都可以追溯到 8 000 年以前。

水稻的栽培史，至少也有 1 万多年了。现在世界上有一半以上的人口食用稻米。一般认为水稻起源于我国长江中下游一带，长江以南至今还有栽培稻的祖先种植物——普通野生稻（*O. rufipogon*）的分布。同时考古工作发现，浙江的河姆渡、江苏的草鞋山、湖南的彭头山以及江西的万年等多处考古遗址中发均发现了 7 000 年以前的稻作遗存，而在江西万年仙人洞还发现了 1 万年前栽培稻植硅石标本。

小麦发源地是在里海以西的阿塞拜疆及其周围地区，也就是外高加索一带。但是很早就传入我国，在甲骨文中已经有了"麦"字，至少说明了在殷商时代（约公元前 10 世纪），河南一带就是产麦地区。现在一般认为，小麦是北从土耳其斯坦通过新疆、蒙古传入我国，南经印度通过云南、四川传入我国。经过长期的发展，终于取代了黄河流域固有的黍、粟的地位，成了我国广大居民的主粮。目前，我国小麦种植面积达四亿亩，成为仅次于水稻的第二大粮食作物。

玉米起源于墨西哥，至今至少有 8 000 多年的历史了，墨西哥人还在种植玉米的过程中创造出了辉煌的玛雅和阿兹特克文明。1493 年，哥伦布将玉米从美洲带到了欧洲，后来又传遍了世界，如今它是世界上第三大粮食作物。墨西哥人常说："我们创造了玉米，玉米同时也创造了我们，我们是玉米人"。

与果腹同等重要的就是"蔽体"，原始人类都是直接利用兽皮、树叶来蔽体，而使用天然原料织成纺织品，我国是世界上最早的国家之一。同样在甲骨文中，已有丝、麻的象形文字，可见在 3 000 年前，黄河流域的人们已经在利用麻了。我国古代做衣服的主要原料有两种：一种用蚕丝织成的称为"帛"；一种用麻织成的叫"布"，帛仅仅是奢侈品，而广大民众蔽体御寒的衣物主要是麻织品。

主要粮食作物和其他用作衣物野生植物驯化的成功，启发了人们，一些用于蔬菜、瓜果、园艺等农作物也相继得以驯化。例如：我国蔬菜瓜果的种植历史，从文献上可以追溯到商周时期，当时已经产生了专门种植蔬菜瓜果的园圃业。如甲骨文中已有"圃"字，《诗经》中涉及的蔬菜有韭、葵、瓜、瓠、菽、菽、菲、芹、笋、藕、荠等十几种，涉及的果树有桃、李、杏、梅、枣、栗、郁李、薁、棠、柚等十几种。但是从考古的发现来看，这些栽培驯化植物的历史则要比记载的早得多，许多栽培植物都可以追溯到史前时期。

随着人类的发展和需求的增加，一些作为"嗜好"的栽培作物也相继出现，著名的植物如茶、咖啡、烟叶等。传说在神农时期（约公元前二三千年）我国人民就开始利用茶了,《神农本草》记载"神农尝百草,日遇七十二毒,得荼(茶)而解之"。《诗经》里(约公元前 11 世纪)就提到栽培茶树,作为祭品和药物;到了西汉后期和三国时期,就开始作为宫廷饮料;从西晋到隋朝,逐渐成为普通饮料。茶树的驯化成功和普遍栽培应该在三国到两晋时期。

在传统农业阶段,植物的驯化主要是围绕着民生问题来进行。

18 世纪,西方工业革命使得农业生产力极大的提高,大规模的机械化作业使得一些发达国家的温饱问题得以解决,人们更加关注生活的质量,于是,蔬菜、瓜果和园艺等的驯化植物迅速地发展起来。虽然这些植物都起源于传统农业时期,有的栽培历史还相当悠久,但是长期来只是作为次要作物点缀,并没有形成大的产业。进入工业时代后,一方面有这样的社会需求,另一方面人类的科学技术水平有了突飞猛进的发展,导致了这些驯化植物的新品种层出不穷,逐渐成为人们生活中的必需品。

同时,工业化也促进了工业原料作物的发展。比如棉花的祖先是生长在热带和亚热带的乔木,后来经过人工长期培育,不断向温带和干旱地区引种,逐渐改造成半木本的一年生植物,生长周期也由多年生缩短到了一百几十天。最早在中国栽培的棉花,是起源于印度的亚洲棉(草棉)。宋代在我国珠江流域已有栽培,宋末元初,逐渐传入长江流域。其中元代的黄道婆,为棉花的传播和纺织技术的改进,起到了非常重要的作用。经过明清两代的提倡,我国南北适宜种棉的地区普遍种植了棉花。棉花才逐渐取代了麻,成为手工纺织业的纤维作物。19 世纪后期机器纺织业在中国兴起,需要纤维较长的棉为原料。于是质量好、产量高的美洲棉(陆地棉)就替代了亚洲棉,成为主要的纤维作物了。

不仅老的植物得以改良更新,新的驯化植物也涌现出来,最著名的就是橡胶了。橡胶树原来生长在美洲热带雨林中,当地的印第安人利用它的树脂来制作不透水的容器和弹性的玩具。1840 年,橡胶硫化法的发明,使得其用途触及现代生活的各个方面,而光靠采集野生橡胶已经远远不能满足需要,橡胶树的驯化栽培也就应运而生。1900 年全世界橡胶产量 5.4 万吨,栽培橡胶只有 4 吨;1914 年,年产橡胶 12 万吨,栽培橡胶有 7 万多吨,约占 60%;到了 1932 年,栽培橡胶产量达 70 万吨,占全部产量的 99%。

2. 植物栽培驯化的案例

（1）水稻

稻米(见图 3.25)是世界上最重要的粮食作物之一,它为全世界近一半的人口提供主粮,远超过排在粮食作物第二位小麦的 34%。在亚洲的热带和亚热带地区，水稻更是人们的最主要食品。现在世界上有两种栽培稻，绝大部分地区栽培的是亚洲栽培稻（*O. sativa*），除此之外还有少数地区（如西非的局部地区）种植非洲栽培稻（*O. glaberrima*）。科学家们根据目前已有的分子证据绘制出了有关水稻起源方式的进化"路线图"。普通野生稻和矮舌野生稻（*O. barthii*）分别是亚洲栽培稻和非洲栽培稻的祖先种，它们分化于 60 万年前左右，在大约 20 万年以后，普通野生稻又开始分化为不同的类型（群体），包括一年生和多年生类型，直到大约距今 1 万多年前，人类（可能来自不同地区）开始对普通野稻的不同群体进行人工驯化，逐步形成了具有明显差异的粳稻和籼稻。现在一般认为亚洲栽培稻起源于亚洲的热带和亚热带地区，约有 1 万多年的栽培历史了。大量的考古资料已经表明，亚洲栽培稻起源于中国的长江下游地区。

1974 年浙江省博物馆在浙江余姚河姆渡新石器遗址发现大量籼稻谷粒，碳 14 测定为距今 7 000 多年；1989 年湖南澧县彭头山发掘出土的稻谷遗存，经文物部门测定为 9 100±120 年；1999 年，在广东英德市牛栏洞出土了人工栽培的水稻硅酸体，经文物部门测定为 1 万年前稻的遗存，同年，湖南道县玉蟾岩遗址出土了 1 万年前的栽培稻壳，在江西万年的仙人洞和吊桶环古遗址，也发现了 1 万年以前的栽培植硅石。而早在 1963 年，广西邕宁、武鸣等地就出土了 1 万年前的石磨盘、石磨棒等生产加工工具，与以上稻作栽培的时间相联系，说明这些工具，正是加工稻谷的工具。这些都是人类栽培水稻最早的直接证据。在中国各地，4 000 年以上的稻谷遗址，广泛分布于河南、安徽、湖北、云南、浙江、江苏、上海、广东等地。在原始社会时期，栽培稻已经分布长江、珠江和黄河流域的部分地区。所以说，中国是世界上最早栽培水稻的国家。

栽培稻起源于野生稻。根据现代植物学的考证，野生稻现在还分布于中国南方、菲律宾、中南半岛和印度。中国古代把野生稻叫"秜稻"、"穭稻"或"离稻"。"秜"与"离"是近音字，"穭"与"落"是近音字，含有比较容易落粒和比栽培稻早熟的意思。这也是野生稻类的一个共同特点，每当栽培稻接近成熟时，野生稻的谷粒已经落光了。野生稻产量很低，但是分蘖力强，抗病力强，而且米质优良。在 20 世纪 20 年代，就有人利用野生稻和栽培稻自然杂交，选育出第一个具有野生稻亲缘的新品种。

习惯上将亚洲栽培稻划分为籼稻（*O. sativa* subsp. *indica*）和粳稻（*O. sativa* subsp. *japonica*）两个不同的亚种。而按照其糯性（直链淀粉和支链淀粉的含量）又将栽培稻分为黏稻和糯稻两种不同的类型，这只是根据稻米的黏性程度而言的。籼稻主要分布在华南热带和秦岭淮河以南的亚热带低洼地区，具有耐热和耐强光的习性。粳稻主要分布在黄河流域以北、华南的高山区、太湖地区和淮北温度较低的地区，以及西南云贵高原，具有耐寒和耐弱光的习性。近年来，我国的粳稻的种植有逐渐向南移的趋势。糯稻则是从籼稻或糯稻中选育出的黏性较强的品种，从籼稻中选出的叫籼糯，从粳稻中选出的叫粳糯。

香稻是我国劳动人民培育出的特殊优良品种，约有 2 000 多年的历史了，古代就有"大香稻"、"小香稻"，"上风吹之，五里闻香"。香稻现在在我国南方各省都有，大多作为一种特色品种栽培。香稻散发芳香气味的原因，是因为它含有一种挥发性有机物——香豆素。它的形成与热带气候有关。许多热带草本植物都含有这种香豆素，在水稻中出现的这种变异，经过人工选择，就发展成为各种各样的香稻品种。

（2）小麦

小麦（见图 8.2），包括二倍体的一粒小麦（2n=2x=14，*Triticum. monococcum*）、四倍体的二粒小麦（2n=4x=28，*T. dicoccum*）和六倍体的普通小麦（2n=6x=42，*T. aestivum*）是世界上最早栽培的食用植物之一。早在 1 万年以前，人类就已经开始种植栽培二倍体的一粒小麦并以其作为重要的粮食。后来又开始种植四倍体的二粒小麦。目前，全世界食用最多和利用最广的是六倍体的普通小麦（也称面包小麦）。小麦在人类文明和文化发展过程中起到了关键性的作用，迄今仍是世界上大多数国家的基本粮食作物，是保证全球"粮食安全"的重要基础。小麦在全世界的分布很广，遍及世界各大洲，几乎自北极圈到非洲和美洲的南端均有种植，总面积为 2 亿多公顷。

六倍体小麦起源于西南亚地区，包括叙利亚、伊拉克、约旦、土耳其、伊朗、阿富汗等国家。最早栽培于西南亚的"新月形沃地"，是小麦的多样性中心。普通小麦的起源是由 3 个二倍体的野生物种经过两次杂交以及杂交种的染色体加倍并经过栽培驯化而形成。最早是由含 AA 基因组的野生一粒小麦（*T. boeoticum*，2n=2x=14）与含 BB 基因组的拟斯卑尔脱山羊草（*Aegilopsspeltoides*，2n=2x=14）进行天然杂交，然后杂种经过染色体自然加倍形成了含 AABB 基因组的四倍体的野生二粒小麦。野生二粒小麦再与另一个含 DD 基因组的二倍体的山羊草属物种节节麦（*Aegilops. tauschii*，2n=2x=14）进行天然杂交，然后杂种再经过染色体自然加倍，便形成了含 AABBDD 基因组的野生六倍体小麦，通过人工的驯化和栽培便形成了普通小麦。野生种中，野生一粒小麦在土耳其、伊拉克分布最广，其次为苏联；乌拉尔图小麦在黎巴嫩和土耳其分布最广。野生二粒小麦则在以色列分布最广，其次是土耳其、黎巴嫩和伊拉克；阿拉拉特小麦主要分布在伊拉克、土耳其、苏联和伊朗。

二倍体小麦在原始人类文化遗物中年代最早的发现是在叙利亚和伊拉克一带，继而在埃及，以后才出现在欧洲。已知最早碳化的穗轴易折断的二倍体小麦籽粒，是在叙利亚北部史前人类居住地发现的，鉴定为 1 万年前的遗存。考古学家在各地先后发现有 9 000 年以前许多碳化的、特别干燥的或泥化的麦粒或麦穗。目前年代最早的标本是 8 700 年前的遗物，在伊拉克查谟地区，有碳化的麦穗与保存在烘干的黏土中的小麦小穗，可以清楚地鉴定出来是野生一粒（二倍体）小麦与野生二粒（四倍体）小麦，以及一种类似栽培圆锥小麦的小穗。考古学家在伊拉克的马塔尔茹（Matarrah）发现了约为 8 000 年以前的栽培的圆锥小麦。考古学家在 7 000~6 000 年以前来自伊拉克的遗物中，发现了更多的小麦出土物，同期在埃及出土有栽培圆锥小麦与偶见的密穗型小麦麦粒，在欧洲多瑙河三角洲间黄土平原到莱茵河口一带出土的有近似栽培一粒小麦和栽培圆锥小麦等出土物。

最早，中东的原始人类采集野生一粒小麦与野生二粒小麦为食，大约在 9 000 年以前人类开始懂得农业栽培，以后对野生小麦进行栽培，经人类传播使小麦的生长地远远超出野生小麦原有分布区，传播到了北非、欧洲与东亚，并在人类栽培过程中，经人工与自然选择，培育出了栽培一粒小麦与栽培圆锥小麦的许多品种。栽培二粒小麦（*T. dicoccum*）是近东早期农业中最重要的谷物，8 000 年前栽培二粒小麦就从"新月形沃地"的山区传播到美索不达米亚平原，在 7 000 年前又传播到埃及、地中海盆地、欧洲和中亚，约在 6 000 年前传到印度和埃塞俄比亚。

大量研究结果表明，我国种植的一粒小麦和二粒小麦均是从西亚引入，并且在栽培和利用的过程中产生了较多的遗传变异和类型。而我国的普通小麦在漫长的栽培和进一步驯化过程中，发生了较多的遗传变异和分化出了较多的品种。据统计，全国小麦有 6 000 多种类型，分属在上千个品种之中，我国小麦地方品种和变异类型之多是世界上最罕见的，这表明我国是小麦的最大的变异中心之一，同时也表明我国可能是栽培普通小麦的起源地之一。

（3）玉米

玉米（见图 8.3）的初生起源中心在南美洲的亚马孙河流域，包括巴西、玻利维亚、阿根廷等地；次生起源中心则在中美洲的墨西哥、秘鲁、危地马拉和洪都拉斯。科学研究表明，玉米的驯化可能始于 7 000~10 000 年以前。早在 9 000 年前，美洲大陆的印第安人就已经开始种植玉米。美国波士顿大学一位考古学家理查德·马克尼施在墨西哥城东南梯华肯山谷中的一个洞内发现了最早的玉米化石标本，这些标本可追溯到大约 7 000 多年以前。此外，考古学家在美洲多处发现了大约 25 000 个玉米果穗化石，进一步证明了玉米起源于美洲。1492 年哥伦布发现美洲新大陆时，发现当地的印第安人以一种"奇特"的作物为食，这种"奇特"的作物就是玉米。1494 年，当哥伦布第一次把这种作物带回西班牙，玉米很快传播到欧洲许多地方。随后，玉米便在全世界快速传播，并在适合它生长的地方大量种植。

同其他主要禾谷类作物如水稻、小麦、大麦和高粱一样，玉米虽然是一种驯化作物，但它显著区别于其他禾谷类作物的起源和驯化方式。因为，其他作物如水稻、小麦在自然界仍保留了与之形态和结构相似的野生祖先种，而玉米则不同，至今在自然界中尚未发现与玉米形态和结构相似的野生祖先种，乃至玉米从野生祖先种到栽培驯化种之间的中间过渡类型。

关于玉米的起源主要有六种假说。

① 有稃野生玉米起源假说。有稃野生玉米起源假说是 Saint-Hilaire 1829 年提出的。该假说认为，玉米起源于原始有稃野生玉米，现今玉米的无稃以及果穗外包被厚厚苞叶是人们长期驯化、选择的结果。

② "共同起源"学说。认为玉米与两个墨西哥植物大刍草（*Zea diploperennis*）和摩擦禾属（*Tripsacum*）起源于一个共同祖先原始普通野生玉米，该原始普通野生玉米经过自然或人为栽培、选择，趋异进化而分化出玉米、大刍草和摩擦禾。

③ "三成分起源"学说。1939 年，Manglesdorf 和 Reeves 提出了"三成分起源"学说。该理论认为世界上原来有一种野生玉米，现在已经灭绝。该野生玉米沿如下几个途径进化成栽培玉米：1）原始野生有稃玉米是玉米的原始自然野生类型，大约在 2 500 年前，人类在美洲大陆出现以后，有稃玉米发生突变产生野生玉米和其他变种；2）突变产生的野生玉米和摩擦禾天然杂交或回交产生原始大刍草；3）原始大刍草与野生玉米杂交产生墨西哥大刍草、墨西哥马齿型玉米以及热带硬粒型玉米等。

④ 大刍草直向进化起源假说。大刍草直向进化起源假说是 Ascherson 于 1895 年提出的。该假说认为玉米起源于一种原始野生的大刍草，原始的大刍草与现在大刍草的籽粒成熟后都具有易于脱落的特性，只是人们在采集过程中，往往采集那些不易于脱落种子，长期这种无意识的选择以及后期驯化、选择，使易于脱落的种子逐步增加了缩合水平，后来发现这种半驯化缩合类型利于栽

培、采集，通过长期的选择、驯化成了现代栽培玉米。

⑤ 大刍草异常突变假说。该理论认为玉米是沿如下几个途径进化的：原始大刍草驯化成玉米是某种偶然因素引起大刍草发生大的突变；驯化成玉米的异常突变体早期是致死的，经过长久的栽培、选择、驯化形成现代的栽培玉米；玉米真正的驯化是从大刍草产生突变转化后，即突变体能够产生开放式籽粒才开始的。玉米果穗不是由大刍草的雌花驯化而来的，而是突变导致大刍草的主要侧枝穗状雄花顶端的中心小穗转化成为玉米的雌穗。在植物内源激素的作用下大刍草雄花序轴逐渐变为新玉米果穗。

⑥ 摩擦禾-二倍体多年生大刍草起源假说。该理论认为二倍体多年生大刍草是玉米的祖先之一，玉米起源于摩擦禾与二倍体多年生大刍草杂交后代，杂交后代形成玉米起关键作用的基因来源于摩擦禾。

至今，玉米起源与进化理论假说除上述主要的六种以外，还有如玉米草以及高粱与薏苡杂交等其他假说。可是，这些众多的玉米起源与进化假说都不能通过实验加以直接验证，都存在"合理性"解释的难题。比较而言，玉米由大刍草起源进化而来已为大多数科学家认同。

（4）茶

茶（见图 8.15）是世界上消费最多的饮料之一，它起源于中国，据推算茶树在我国的栽培已有 4 000 多年的历史了。在古代，因为地区、语言和用途不同，茶有许多称谓，如槚、荼等，直到唐朝陆羽（公元 728—804 年）在公元 758 年前后写出世界上第一部《茶经》，才有了统一的名称——茶。他在总结唐以前茶的不同异名说："一曰茶，二曰槚，三曰蔎，四曰茗，五曰荈"。现在除了"茗"还在继续使用外，其余的已经被人忘却了。

野生的茶树最早被我们祖先利用时，当然不会是作为饮料，而是作为一种草药。《神农本草》中就有记载，茶能解毒，不仅经过历代医家的证实，而且直到现在，中医也还用作解毒剂。茶可以解毒，就必然被视为珍品。到了周朝，《礼记·地官》中记载"掌茶"和"聚茶"以供丧事之用。从而可知，在3 000 年前，茶叶的用途就扩大为祭品。到了春秋时代，《晏子春秋》中云"食脱粟之食，炙三弋五卵茗菜耳"，可以说明在公元前 6 世纪初，茶叶已发展到既是祭品，又是菜食了。到了西汉，王褒的《僮约》中有"烹鳖烹茶"和"武阳买茶"的描写，说明那时茶叶已是士大夫的生活必需品了，家僮每天要在家烹茶，还要到武阳这个地方去买茶。茶从发现到成为日常饮料，大约经过了 1 000 多年的时间才得以完成。

茶叶与山茶花同属于山茶属（*Camellia*），在分类上属于山茶科（Theaceae）。山茶属约有200多种植物，产于亚洲的热带和亚热带地区。我国有190多种，主要分布在南部和西南地区。茶的原产地在云南、贵州以及越南北部、老挝、缅甸、泰国一带，原始的茶树是乔木。现在云南西双版纳还有一些高达10米以上的大树。它们的叶片较大，叶背部的叶脉上有柔毛。云南名茶——普洱茶，就是用这种类型的茶叶制成的。

茶树被发现和利用后，从原产地向外迁移传播。在许多不同的地理条件下，经过人们有意识的选育，茶树的外部形态和内部的新陈代谢都起了变化，形成了许多品种。我国大部分的茶区，都在云南的北部和东北部。那里天气比较寒冷，降雨量也较少，因此树干变矮，变成了灌木状，叶片也变小，叶色也变深。现在长江流域以南地区栽培的都是这种类型的茶树。

世界各国以前都不产茶，最先饮用的茶叶都是直接或间接地从我国去的。日本是最早传入中国茶的国家，饮茶的历史也较早；其次是伊朗和印度。而欧洲最早饮茶的人，是16世纪到中国和日本的传教士。16世纪到17世纪，东南亚沦为荷兰的殖民地，荷兰人从华侨那里认识了茶。在1607年荷兰派船只从爪哇来澳门运载绿茶，于1610年转运到欧洲贩卖，获利很厚，从此以后，贩运中国茶叶成为荷兰东印度公司的主要业务之一。不过，最早进行茶叶贸易的国家是葡萄牙，他们于1516年就首次从广东把中国的茶叶带到了欧洲。

17世纪初，在欧洲饮茶的仅仅是少数上层人士，他们视饮茶为珍奇事物，只在会见贵宾或举行典礼仪式时才饮茶。随着荷兰东印度公司业务的进展，30年代时，茶叶首先成为荷兰宫廷的时尚饮料。英国作为世界上最大的茶叶消费国，饮茶的历史却开始得较晚。1661年，葡萄牙公主卡特琳嫁给英王查理二世，把饮茶的风气带入英国宫廷。在1664年，东印度公司向英国国王进献的礼物中，就有两磅中国茶。可见当时茶叶还是非常珍贵的。1679年博得科（CornelisBontekoe）替荷兰东印度公司写了《咖啡·茶·可可》一书，很快就被译成各国文字，风行欧洲，茶叶随之也逐渐为普通人所知。到了18世纪初，中国绿茶大量进入英国市场，茶价逐渐下降，饮茶风气逐渐在英国流行。当时，在伦敦很多咖啡馆中都兼卖茶，茶汤用小桶装盛，就像啤酒一样。开始时，饮茶还是作为一种奢侈的享受，后来茶叶越来越便宜，慢慢地就演变成了大众的饮料了。现在茶叶已是英国人每日必不可少的物品了，平均每人每年约消费10磅茶叶。英国茶文化的重要代表——午后茶，据说是19世纪30年代，第七世裴德福公爵夫人安娜所创。当时王公贵族经常聚会，公爵夫人每次在下午5时都要进高级茶及饼干，说这样可以产生消除沉思的感觉。此后，贵族们也都效仿这种做法，午后茶就逐渐成为一种时兴的礼仪了。

我国与西方最早进行茶叶贸易的是广东人和福建厦门人。因此，西方各国茶字的译音都由广东方言和厦门方言演变而来。葡萄牙语中的茶为"cha"，是广东方言茶字的发音。之后，它又转变成十几国的语音，主要分布在中东、北非和南欧东欧一带。厦门方言中茶字的发音如"退"，可能与"茶"有关。荷兰人根据厦门方言用拉丁文译成"thee"。欧洲各国除葡萄牙外，最初都是依赖荷兰供应茶叶，因此，茶字的译音都是据厦门发音转变而来。英语"tea"就是由"thee"转变而来。

世界各国由于进口中国茶叶的时间不同，创立"茶"这个词自然也有先后之分。有确切文献可考的，如日本 1191 年；意大利威尼斯 1559 年；葡萄牙 1590 年；俄国 1507 年；意大利罗马 1588 年；伊朗 1597 年；荷兰 1598 年；瑞典 1623 年；德国 1633 年；法国 1648 年。

（5）橡胶

三叶橡胶树（见图 7.12）原先生长在南美洲的热带雨林中。由于它的价值的发现，推动和促进了汽车工业的发展，也在大森林的腹地奇迹性地"创造"了一个城市——马瑙斯。

自古以来，印第安人在一种称作"流泪的树"的树干上刻出刀痕，收集流出的白色乳浆。这种乳浆在空气中会慢慢变硬、变黑，被称作"橡胶"。他们把橡胶涂在潮湿的木头上，以便容易取火。

占领亚马孙地区的葡萄牙人首先利用橡胶制成统靴和容器，开辟了橡胶的新用途。19 世纪，由于欧洲汽车工业的兴起，制造轮胎需要橡胶，使橡胶的身价倍增，随着需要量的增加，在亚马孙森林出现了寻找橡胶树的热潮。每天清晨，成千的奴隶被驱赶到森林里去采胶。他们通过烟熏把橡胶汁凝固，做成 30~40 千克重的大球团，再用小船把这些橡胶球运出去。

橡胶被运到亚马孙河与其支流内格罗河交汇处的小镇马瑙斯。这个印第安马瑙族人的居住地虽然远离海岸，但是由于亚马孙河水流缓慢，河道深 50~80 米，欧洲来万吨巨轮可以直接驶进森林的腹地，等待装满橡胶后返航。

这个野生橡胶的贸易中心逐渐扩大，欧洲的商人和实业家纷至沓来。一时间，马瑙斯富商云集，财源滚滚。他们建起了港口、学校、医院、银行；铺设了南美洲第一条 16 公里长的有轨电车；埃菲尔铁塔的设计者设计建造了贸易市场；1896 年还建成了一座豪华的歌剧院，这座典型的欧式建筑，正面饰以白色浮雕，巨大的廊柱勾勒出建筑的气势。马瑙斯人穷其金钱，除了以巴西硬木做地板，其他一切都从欧洲进口。那意大利的大理石柱、西班牙的雕花铁栏和法国的水晶灯饰，无不透出强烈的欧洲气息，墙壁上的绘画都出自意大利名家之手，至今都能够与欧洲的任何一个歌剧院媲美。马瑙斯俨然成了世界大都市。到20世纪初，马瑙斯已有5万人口，每年有8万吨橡胶运出去。

可是好景不长，1880年，橡胶树种被带出亚马孙平原，大面积地种植在亚洲的热带地区。到了1910年，亚洲的橡胶开始投放市场，产量越来越高。野生橡胶的价格暴跌。在马瑙斯，破产的事接二连三发生，大家兜售剩余的橡胶，往日繁荣的景象不复存在。在20多年后，复归为原先的小镇。

1967年马瑙斯成为自由港以后，该地区的工商税和所得税被免除，并实行进出口自由。外资大量涌入，建立起电子、彩电、计算机、微波炉、空调、钟表、摩托车、自行车等工业。90年代中期，工业企业已发展到500多家，商业企业有9 600多家。地处航运中心的马瑙斯又逐步繁荣发展起来。如今，这座由集散橡胶而发展起来的大城市，有130多万人口，是巴西西北部重要的城市。

（6）古柯

南美洲的安第斯山生长着一种古柯树（*Erythroxylum novogranatense*）居住在当地的印第安人直到现在仍然喜欢咀嚼它的叶子。可卡因就是从古柯树叶中提炼出来的白色结晶状细微粉末，属中枢兴奋剂，其药用价值是作为局部麻醉剂。古柯叶能增加心律和呼吸，并能扩张动脉，使人精神振奋，增强以持久力。印第安人把它们视作非凡的物品，常作为礼品相互赠送。在一些显要人物的葬礼上，常把古柯的叶子作为陪葬，显然，那些人把这种叶子看作像金子和银子一样贵重。

早期的探险者将古柯叶和各种神奇的传说一起带回了欧洲，引起了人们极大的兴趣，原来古柯对于欧洲人同样可以解除疲劳和感觉身体良好。巴黎的一位精明的商人马里亚纳意识到这是个难得的商机。他用古柯试验了几年之后，就开始出售一种叫"马里亚纳古柯酒"的饮料。这是一个很快成功的例子，甚至罗马天主教的教皇也经常服用这种饮料，为此，还赠予马里亚纳一枚鉴赏奖章。

继马里亚纳公司之后，美国亚特兰大的一家饮料公司用古柯和非洲可乐果调味香料制成的饮料"可口可乐"，也得到了成功。后来，政府对可口可乐公司提出了诉讼，法院判决古柯是有害的，必须从饮料中去除。虽然从饮料中除掉了古柯，但是可口可乐公司仍然保留其商标名称。改进之后的可口可乐，反而赢得了更大的市场，现在已经成为世界上最大的饮料公司。

古柯的神奇作用，促使人们用现代的手段对它进行研究。1860年德国的科学家分离出了古柯碱——可卡因；25 年之后，科学家柯勒发现古柯碱是一种有效的局部麻醉剂，这正是全世界的医生们长期以来寻找的物质，它可以抑制因手术造成的疼痛。但是不久就发现古柯碱既可赐福但又是祸因，使用不当很容易上瘾。现在，医院里都使用安全的古柯碱代用品——普鲁卡因。

二、入侵植物

1. 什么叫入侵植物

所谓入侵植物就是指因人为或自然原因，植物从原来的生长地进入另一个环境，并对该环境的生物、农林牧渔业生产造成损失，给人类健康造成损害，破坏生态平衡的植物。

俗话说：一方水土养一方人。其实植物也是一样，长期的进化，使得植物对原产地的环境有着特异性的适应。虽然生物都有向四周扩散的特性。但是新环境与原产地或多或少有差别，如温度、降水、土壤、海拔高度等等，绝大多数植物都不能适应，导致竞争力低下，无法生活繁殖。只有少数植物，如芦苇、蒲公英等世界广布种，适应性非常强，能够逐渐扩散到世界上的许多地区。

植物的扩散，除了自然的原因之外，当今最主要的是人类的活动造成的，有时是有意识的，如引种栽培；有时是无意识的，如运输的货物中无意夹带。不管是哪种情况，如果能在新环境中生存，就被称作外来物种。

2. 入侵植物的危害

据统计，所有外来生物中，有 10% 可在新的生态系统中自行繁衍，其中又有约 10% 能够造成生物危害成为外来入侵物种，这些生物数量虽少，造成的损失却是巨大的。如在美国、印度、南非向联合国提供的报告中指出，美国每年因外来物种（包括动物）入侵造成的经济损失高达 1 500 亿美元，印度为 1 300 亿美元，南非为 800 亿美元。

我国的形势同样不容乐观。根据国家林业局的调查，迄今为止，我国已发现外来有害植物 107 种，外来害虫 32 种，外来病原菌 23 种，这些有害外来物种已经入侵了我国大多数生态系统，成为我国可持续发展的心腹之患。在中国，目前已有 16 种外来物种形成了严重危害，仅这些外来物种每年入侵的林地面积已达 150 万公顷，农田面积超过 140 万公顷，由此造成的农林业直接经济损失每年已达 574 亿元，相当于海南省一年的国民生产总值。

以上的数字是触目惊心的，但外来入侵物种所造成的损害却不只是经济上的。我国是世界上生物多样性最丰富的国家之一，有维管植物约 30 000 种，仅次于马来西亚和巴西。在几千年的农业进程中，培育出数十万的农作物品种与品系，并成功驯化了成百上千个畜、禽、鱼优良品种和品系，构成了丰富多彩的生物遗传多样性。但是入侵物种的大量繁殖，挤占了当地物种的生存空间，使得大量的本地资源受到严重威胁。调查显示，目前我国各类生物物种受威胁的比例普遍在 20%~40% 之间。明末引入中国的仙人掌，取代了华南沿海地区和西南干热河谷地段的原有天然植被。20 世纪 60 年代在云南景洪发现的 24 处普通野生稻的分布点，到现在仅存一处。

在全世界濒危物种名录中的植物，大约有 35%~46% 是由外来生物入侵引起的。最新的研究表明，生物入侵已成为导致物种濒危和灭绝的第二位因素，仅次于生存环境的丧失。而且许多外来物种所产生的粉尘，是呼吸道与哮喘患者的"无形杀手"，如东部地区的入侵植物豚草，每年开花时产生的花粉，就能引发过敏性哮喘。

上海地区不仅人为影响大，而且交通发达，外来植物输入的机会较多，因此外来植物数量多，约有 350 多种，约占全部自生种类的五分之二。而且可以看到国内其他地方很少看到的种类，如大狼把草（*Bidens-frondosa*）和翅果裸柱菊（*Soliva-pterosperma*）等，真正成为严重危害的入侵植物的有十几种。如大家比较熟悉的有加拿大一枝黄花、凤眼莲、喜旱莲子草、刺果毛茛等。在荒地和城市空地中，它们已经成为的主要植物，而真正的上海土生种，却已经很难见到了。

3. 入侵植物案例

（1）葛藤（*Pueraria lobata*）

葛藤又名葛条、野葛等，为豆科落叶木质藤本。在中国分布广，除新疆、西藏外，遍布全国各地。喜温暖湿润，耐寒、耐旱、耐瘠薄，常生于草地、灌丛、疏林下及林缘，根系发达，生命力强。用种子或扦插繁殖。地下块根富含淀粉，称为葛根，自古来我国人民就利用做食品和药品。

1876 年，在美国费城举行了国庆 100 周年世界博览会，规模宏大，各国代表纷至沓来，其中日本代表团就带去了葛藤。日本人在博览会上介绍说，葛藤可以炼糖浆，制葛粉；葛根有清热止泻的功效，能医治发烧、感冒和胃病；葛藤纤维是纺织篮筐的好材料；葛叶能作为牲畜饲料；葛花能让蜜蜂采蜜，甚至将葛藤焚烧后，散放出的气味还有驱蚊效果呢。

这一连串的介绍使美国人大开眼界，葛藤一下子在美国风行起来。人们将它引种在庭院里以供观赏。有个农民试用葛藤茎叶喂牛，见牲畜吃得津津有味，就大肆宣传，于是葛藤又进入了牧场。后来，土壤学家们看到葛藤有旺盛的生命力，决定将它迁居到美国南部，解决严重的水土流失问题。在那儿，既可以利用葛藤的根来固定土壤，固氮增加肥力，还可以提供大量牧草。在最初几十年内，美国南部大量种植葛藤，它像"救星"一样受到欢迎。

但谁也没想到，到了 20 世纪 60 年代，深受美国人欢迎的葛藤，渐渐变成了人人痛恨的"绿色恶魔"。这是怎么回事呢？原来，葛藤在亚洲受到大自然的控制，受到严冬和病虫害的威胁，发展不快。可是在湿热的美国南部，没有天敌，也没有严冬，葛藤一天可长 30 厘米，成为当地生长最快、最难抑制的植物，它一下子侵占了美国南方的几千万顷土地。尤其是当葛藤进入森林后，利用善于攀缘的柔软身躯，拼命往大树的高处爬，伸展出一张张大叶子，把大量光线遮挡住，它的根还尽力深入地层吸收水分，使其他植物干枯而死。

现在，葛藤已成为美国南部的一大祸害。为了对付葛藤，美国农业部和林业部不惜耗费巨资，动用大量的人力和物力，开始了一场大规模的葛藤歼灭战。当地的农业工人全部被动员起来了，他们除了喷洒除草剂，采用拖拉机深翻土地将葛藤连根铲除的方法外，还放出大批牛羊去啃食葛藤。有些州的政府部门通过法律手段，宣布栽种葛藤为非法行为。这场人与葛藤的战争持续了很久，虽然取得了一定的效果，但远远没有达到完全控制的目的，看来"战争"还要继续下去。

就在美国人大张旗鼓去消灭葛藤的同时，一些前沿的"脑清醒"的科学家却在研究葛藤新的利用价值。他们认为，葛藤的最大特点是生长迅速，而且在它的茎、叶和块根中，含有丰富的淀粉，通过发酵能提炼出甲烷和酒精，充当能源燃料。说不定，葛藤在未来的日子里，又会从"恶魔"变回到"救星"。

（2）凤眼莲（*Eichhornia crassipes*）

凤眼莲生长在水中，我们平时称它为水葫芦，作为一种恶性杂草，这几年报刊、电视上时有报道，每逢春夏季节，它开始进行惊人的繁殖，一年之中，10 株小凤眼莲可以增加到 60 万株，在河面上铺成大片绿色的水上浮垫。它污染水域，堵塞河道，难以清除，是使人们头疼的东西。但是在 20 世纪 70 年代，它是作为一种重要作物引入上海的。当时猪饲料紧缺困扰着农村集体养猪事业，凤眼莲以其生长速度快又不占耕地迅速在上海农村推广开来。由于凤眼莲原产热带地区，在表层水温降低到 0℃ 左右时，它就会死亡。因此，当时人们把凤眼莲安全过冬当作一件重要的事情来做。改革开放之后，农村散养的猪逐渐减少，凤眼莲也失去了控制。尤其是近十几年来连续暖冬，河水难得结冰，使得凤眼莲很容易度过冬天，这就使得它泛滥成灾。

其实，我国并不是凤眼莲的第一个受害者，类似的悲剧早在100多年前就出现过。凤眼莲原产于南美洲，它的叶子又厚又大，密密层层，中央抽出紫蓝色的花朵，十分美丽。在100多年前被人送到美国新奥尔良博览会展出。当时，人们欣赏它的花朵娇艳美丽，于是便把它的幼苗带到美国各州种养。一开始，人们只为了美化自己的小环境而种养，将它养在池塘和山泉之中，后来才扩展到江湖河流。仅仅过了十几年，这位刚来到美国水城的新"居民"，一下子成了无法控制的水中恶魔。到1899年，沿墨西哥湾的内陆水道，完全被凤眼莲堵塞。在绵延数百千米的河道内，大量繁殖的凤眼莲，结成一片厚厚的浮垫，把整个水域掩盖起来。水中的鱼类和其他生物，常常因为缺少氧气而成片死去，反而招引来无数的蚊蝇昆虫。过往的船只根本无法通行，尤其当水涨风急时，一丛丛凤眼莲堆积在一起，好像一道道绿色水坝，甚至连河水都不畅流。人类受到了凤眼莲的严重威胁，美国国会为此发布了一个特别命令，指派工兵部队去疏通水道。士兵们从来没有遇上过这样的新奇事，一时间不知如何着手，但军令如山倒，必须完成。一开始他们用长柄叉作为工具，沿河打捞，可凤眼莲的繁殖实在太快了，采用这种方法根本来不及。后来改用炸药，也不见效。无可奈何之下，清除人员试用剧毒砒霜，结果虽然毒杀了凤眼莲，同时连带着许多牛羊和农作物也一起被毒死。最后，他们甚至使用了火焰喷射器，想不到第二年，被烧焦了的凤眼莲反而发芽更早，长势更为旺盛。

消灭凤眼莲的战斗持续了几十年，取得的成绩微乎其微。1951年，工兵部队使用了一种新型水上割草机，终于在堵塞的河流中，开辟出一条十多米宽的水道。然而好景不长，水道仅通行了几个月，很快又被快速繁殖的凤眼莲堵塞了。后来，科学家发明了2.4-D除草剂，把它洒在水面上，总算控制住凤眼莲的蔓延。但是，在林木繁茂的河谷，为了怕伤害其他植物，不能喷洒除草剂，幸存下来的凤眼莲还在随水漂流，继续进行大规模的繁殖。

究竟怎样才能真正控制凤眼莲呢？这个严峻的问题使人类伤透脑筋。近年来，有些科学家们提出，最有效的控制就是懂得如何去利用它。由于凤眼莲含有丰富的蛋白质，是喂养猪的好饲料，而且从它的植物体中，还能提炼出一种石油代用品的物质。所以科学家们预言，也许用不了多久，这种"水中恶魔"会再成为一个植物能源的宝库，到那时人类与凤眼莲之间的"战争"也许会真正结束了。

（3）薇甘菊（*Mikania micrantha*）

薇甘菊是世界十大重要入侵有害植物之一，为菊科（*Asteraceae*）假泽兰属（*Mikania*）植物，原产南美、中美洲，现已广泛分布于亚洲热带地区，如印度、马来西亚、泰国、印度尼西亚、尼泊尔、菲律宾、巴布亚新几内亚、所罗门、印度洋圣诞岛和太平洋上的一些岛屿，包括斐济、西萨摩亚、澳大利亚北昆士兰地区，成为当今世界热带、亚热带地区危害最严重的杂草之一。主要生长于林缘、溪流、河流岸边，及受干扰破坏的路边，尤其喜好低洼潮湿的空旷地，在海拔 2 000~3 000 米的陡坡上也能发现其踪影。这种植物因其生命力强和匍匐生长的特性而著称，是多分枝、攀援类的草质藤本，因其营养生长非常迅速，故极易危害稀疏林地、果园、荔枝林和竹林，严重地区可造成成片果树死亡的现象。薇甘菊会攀援和缠绕于乔灌木植物，沉重地压在这些植物冠层顶部，阻碍其光合作用和生长发育，继而导致这些植物死亡。以此，薇甘菊是世界上最具危险性的有害入侵植物之一。

1949 年印度尼西亚橡胶园主从南美洲巴拉圭引入薇甘菊作为橡胶园的土壤覆盖植物，1956 年用做垃圾填埋场的土壤覆盖植物。之后，薇甘菊便很快传播到整个印度尼西亚，后来又扩散到东南亚、太平洋地区及印度、斯里兰卡和孟加拉等国，现广泛分布于南亚、东南亚。20 世纪 80 年代末传入中国海南岛、香港地区及珠江中的内伶仃岛，现已在珠江三角洲广泛扩散，并有进一步蔓延的趋势，并在这些地区造成了严重的危害。近年来，有关学者对相关项目进行研究时，曾在广东沿海地区进行考察，发现薇甘菊已在该省的惠州、深圳、东莞、珠海、中山、顺德、阳江、新会、湛江等地有比较广泛的分布，其中临近香港的深圳、东莞等地最为严重。调查还发现，薇甘菊的分布以香港、深圳、东莞为中心，沿东部向潮汕方向、北部向增城及花都方向、西部向肇庆及湛江方向蔓延。目前已经确定薇甘菊在广东全省的蔓延已达 35 个县市。薇甘菊的分布趋势是：从中心到边缘地带数量由多至少，频度由高到低，覆盖厚度由厚至薄，由连续分布到间断分布再至偶然分布，所见的薇甘菊分布面积也逐渐减少，几万或几千平方米、几平方米甚至单丛。但是，薇甘菊表现明显进一步扩散的趋势，且扩散的速度明显加快，可能导致更大范围的危害。

作为一种危害严重的外来入侵植物，对薇甘菊的控制是一项非常困难的工作，在一些受薇甘菊影响严重的地区，人们多年来采用了化学防治、生物防治、或人工铲除等多种方法，但是这些方法并没有有效控制薇甘菊的蔓延和危害。对于如何更加有效地控制这种危害极大的入侵植物，目前还没有更好的办法。因此，加强对其生物学和生态学特性以及入侵-扩散机理的研究，了解其危害的生物过程，并对其发展和危害进行科学监控和预测，切断薇甘菊入侵、传播和扩散的途径，研制出有效的、结合生态控制、机械防治和化学防治在内的综合防治方法，这是维持生态系统健康和保护物种多样性的重要课题。

第十章 转基因植物及其生物安全

人类大规模和有效利用可食用植物，并通过栽培和驯化将野生植物逐渐改变为产量高、风味好的农作物，这段对野生植物利用和改良的历史可以追溯到一万年以前。然而人类对农作物的改良是永无止境的，人类将农作物改良得更高产、更好吃、更适应不同环境以及更符合人类各种需求的努力，从来都没有终止过。人类最早是通过观察和筛选大自然创造出的优良性状（自然变异），并将其保留、扩大、繁殖和应用。在这一过程中，农作物的种类越来越多，多样性也越来越高，可以满足世界不同地区的人群的不同需求。但是，自然创造的变异远远满足不了人类对农作物产品改良不断增长的需求，同时农业生态环境的不断变化（例如更多的病虫害以及更严重的环境污染），均对农作物生产带来了更严峻的挑战。人类再不能满足自然变异提供的有限优良性状，在 100 多年的科学技术发展过程中，人类通过人工杂交、化学和物理诱变、体细胞融合以及生物技术的方法来不断对农作物进行遗传改良。

利用转基因生物技术来创造遗传变异对农作物进行遗传改良就是现代植物育种的有效方法之一。自 1983 年世界上第一株转基因植物被成功培育以来，植物转基因技术得到了迅猛的发展。随着该技术的发展和广泛运用，其产品被不断开发和培育出来。根据国际农业生物技术应用服务组织（ISAAA）的不完全统计，全球转基因植物的种植总面积已经由 2006 年不足 100 万公顷的面积，迅速增长至 2014 年的 1.81 亿公顷（约合 27.15 亿亩）。转基因作物自 1996 年至 2014 年间产生了巨大的效益，转基因植物的种植使化学农药的使用率降低了 37%，作物产量提高了 22%，农民利润增加了 68%，增加农作物产量所带来的经济价值超过了 1 333 亿美元。

一、快速发展的转基因技术

转基因植物是通过转基因技术实现的。所谓转基因技术就是将人工分离和修饰和改良过的基因通过一定的技术手段导入到目标生物体的基因组中，并使导入的基因发挥正常功能（表达出相应的蛋白质分子），从而引起生物体性状发生可遗传的改变。人们常说的"遗传工程"、"基因工程"、"遗传转化"等技术均为转基因技术的同义词或近义词。目前常用的植物转基因技术有 3 种。

（1）农杆菌介导转化法：农杆菌是普遍存在于土壤中的一种细菌，它能在自然条件下趋化性地感染植物的受伤部位，并诱导产生冠瘿瘤或发状根。农杆菌中细胞中分别含有 Ti 质粒和 Ri 质粒，其上有一段 T–DNA，农杆菌通过侵染植物伤口进入细胞后，可将 T–DNA 插入到植物基因组中。因此，农杆菌是一种天然的植物遗传转化体系。人们将目的基因插入到经过改造的 T–DNA 区，借助农杆菌的感染实现外源基因向植物细胞的转移与整合，然后通过细胞和组织培养技术，再生出转基因植株。农杆菌介导法起初只被用于双子叶植物中，近年来，农杆菌介导转化在一些单子叶植物（尤其是水稻）中也得到了广泛应用。

（2）基因枪介导转化法：利用火药爆炸或高压气体加速（这一加速设备被称为基因枪，particle gun），将包裹了目的基因的 DNA 物质的高速"微弹"（particle）直接射入完整的植物组织和细胞中，然后通过细胞和组织培养技术，再生出植株，通过筛选，获得其中转基因阳性的植株即为转基因植株。与农杆菌转化法相比，基因枪法转化的一个主要优点是不因为受体植物的种类而限制目的基因的转移。而且其载体质粒的构建也相对比较简单，因此也是目前转基因研究中应用较为广泛的一种方法。

（3）花粉管通道法：在授粉后向子房注射包含目的基因的 DNA 溶液，利用植物在开花、受精过程中形成的花粉管为通道，将外源 DNA 导入受精卵细胞，并进一步地整合到受体细胞的基因组中，随着受精卵的发育而逐渐成为携带转基因的新植物个体。该方法于 20 世纪 80 年代初期由我国学者周光宇提出，我国目前推广面积最大的转基因抗虫棉就是用花粉管通道法培育出来的。该法的最大优点是不依赖组织培养人工再生植株，技术简单，不需要装备精良的实验室，常规育种工作者易于掌握。

二、多种多样的转基因植物

转基因植物是指利用转基因技术，将有益目的基因转移到受体植物的细胞内并整合到基因组中，使植物体获得有益的生物特征和性状，从而培育出具有高产、优质、多抗性（抗病、抗虫、抗寒、抗旱、抗涝、抗盐碱、抗除草剂）等性状的植物新品种。通常认为，基因的转移过程可以通过不同物种之间的有性杂交来实现，但今天所谈到的转基因植物更多是特指那些在实验室内，通过转基因生物技术或 DNA 重组技术，人工转入相同或不同物种的外源基因而创造出拥有新特性的植物。更广义地讲，转基因的产品包括用转基因生物或离体培养细胞生产的外源基因的表达产物，如人的生长素、胰岛素、干扰素、疫苗等基因已在转基因植物中得到表达。简单地说，转基因植物是指基因组中含有人工转入外源基因的植物。因为转基因植物的基因组经转基因技术的遗传修饰，因而被广泛地称为"遗传修饰生物"（genetically modified organism，简称 GMO）。

通常，转基因植物中的外源基因主要包括两大类，即目的基因和标记基因。目的基因是人们期望受体植物获得或增强的某一个（如抗虫性）或某些（如抗虫和抗除草剂）表型性状的外源基因。标记基因是帮助人们对转基因植物的细胞和个体进行筛选和鉴定的一类外源基因，包括选择标记基因和报告基因。有时，标记基因本身就是目的基因，如除草剂抗性基因。

转基因食品（Genetically Modified Foods，简称 GMF）是指利用转基因生物直接或间接制造而生产的食品、食品原料添加物等，它可以是活体的，也可以是非活体的。目前，在已经进入食品领域的三类转基因生物（转基因动物、转基因植物和转基因微生物）中，植物性转基因食品种类要比其他两类多得多。

转基因植物应用的目标不同，所使用的目的基因亦不相同。根据所使用的目的基因的不同，可以将转基因植物分为不同的种类。下面举例简要介绍几种常见类型的转基因植物。

（1）提高品质的转基因植物　β 胡萝卜素是维生素 A 的前体，对人体健康非常重要。稻谷中的 β 胡萝卜素分布在种皮中，随着稻谷去壳变成稻米过程而丧失，因而以稻米为主食的人群通常缺乏维生素 A 而导致疾病。2000 年欧洲研究人员采用转基因技术将三个控制 β 胡萝卜素生产的基因转入到水稻中，使水稻胚乳产生 β 胡萝卜素，从而提高了稻米中的 β 胡萝卜素的含量，成功改变了稻米品质（即"黄金稻米"）。色氨酸是人体必需的氨基酸，无法自己合成，只能从外界摄取，一般植物性食品中色氨酸含量很低甚至没有，只有靠动物性食物中获取。在美国普遍种植的转基因玉米中色氨酸含量提高了 20%，而转基因油菜不饱和脂肪酸的含量大增，对心血管有利。

（2）抗虫转基因植物　虫害是导致农业减产的主要原因之一。传统上，为了防止虫害，每年需要喷施大量的农药。喷施农药一方面增加人力、物力和财力投入，另一方面因农药残留导致环境污染。现在，人们利用转基因技术将自然界本身存在的生产生物毒素的基因转入植物中，使其产生抗虫性，减少或免除虫害，节省开支而实现增产的目的。目前最常用的抗虫转基因是 *Bt* 基因，它是从苏云金杆菌（*Bacillus thuringiensis*）中分离出的、能产生对多数害虫具有致死作用的蛋白毒素。已经进行商品化生产的 *Bt* 抗虫转基因植物有：转 *Bt* 棉花、转 *Bt* 大豆、转 *Bt* 玉米、转 *Bt* 油菜、转 *Bt* 甜菜等。我国已有多个转 *Bt* 抗虫基因水稻在进行环境释放实验。

（3）抗病转基因植物　例如烟草花叶病毒是西红柿、土豆、烟叶等植物的主要病害。现在抗烟草花叶病毒的转基因西红柿、土豆、烟叶等已培育出来，其中部分品种已商品化生产。

（4）抗除草剂转基因植物　除草剂已大量用于农业生产，但除草剂通常对农作物本身也是有害的。为了克服除草剂的伤害，一些抗除草剂的基因已成功转入植物中。

（5）耐盐转基因植物　地球上有大量的盐碱地存在，而世界上主要的农植物品种都不能在盐碱地上生长。为了充分利用土地，利用转基因技术，人们已培育出来一些耐盐植物，比如耐盐的西红柿等。

还有其他类型的转基因植物。比如，最近美国就批准了一项药用的转基因水稻的商品化生产。

三、转基因食品的安全疑问

毫无疑问，转基因生物技术是人类改良植物的有益尝试，也是目前改良植物的最有效的方法之一，转基因技术及其产品为人口不断增长的人类解决粮食安全、资源匮乏、环境污染等重大问题起到了积极的作用。然而，转基因生物技术的应用和转基因植物的商品化应用也引起了全球对转基因的生物安全，包括食品安全、环境安全以及社会、经济和伦理问题的广泛关注，甚至是激烈的争议。转基因技术及其产品的生物安全问题已成为当今全球共同关注和亟待解决的问题。

转基因是遗传物质从一个生物群体或个体转移到另一个群体或个体的现象。在自然界，转基因过程可以发生在同一个物种之内（种内杂交），也可以发生在不同的物种之间（种间杂交）。这个过程可以通过有性生殖过程来实现（有性杂交、基因渐渗或基因流），也可能通过无性生殖过程来实现（基因水平转移），生物体之间的接触、相互感染和转化来导致基因水平转移。

从本质上讲，转基因技术育种和常规杂交育种都是通过人工的方法和技术，将优良的遗传变异（基因）转移到目标植物，从而获得新品种。不同的是常规育种是模拟自然中的有性杂交现象来进行的，基因重组和转移的范围仅限于同一植物种内或具有较近亲缘关系的不同物种之间。而生物技术的转基因则是模仿自然中的基因水平转移方式来进行的，基因重组和转移的范围可以在没有亲缘关系的任何不同物种之间，甚至是将人工合成的基因转入植物中。人们还无法完全预测将一个基因转入新的遗传背景中会产生什么样的结果。因此，转基因技术和转基因植物的问世和在世界范围内的商品化应用，在带来了巨大经济和社会利益的同时，也引起了人们的质疑。转基因生物的安全问题从一开始便受到广泛的关注和争论，在一些国家和地区甚至发生过针对转基因植物研究实验机构和种植场地的暴力事件，这在人类科技史上实属罕见。因此，有必要对转基因植物的生物安全问题进行澄清和讨论。

1. 生物安全的概念和涉及领域

生物安全（biosafety）是现代媒体中出现最频繁的有关生物学方面的词汇之一。顾名思义，生物安全必定是与生物和安全性有关。那么，什么是生物安全呢，生物安全又与哪些学科有相关呢？我们只有弄清了生物安全的定义，才可能进一步了解生物安全所涵盖的内容、涉及的领域和研究的内容。生物安全有其广义和狭义的定义。

广义的生物安全是指"在一个特定的时空范围内，由于自然或人类活动引起的外来种迁入，并由此对当地其他物种和生态系统造成改变和危害；人为造成环境的剧烈变化而对生物的多样性产生影响和威胁；在科学研究、开发、生产和应用中造成对人类健康、生存环境和社会生活有害的影响"。按照上述定义生物安全所涵盖的内容和涉及的领域非常广泛，包括一切因自然因素和人类活动所造成与生物有关的安全性问题。因此，生物安全包含了转基因生物、外来种入侵和有害生物（包括动、植物和微生物）的过境传入，生物多样性侵蚀，由人类活动引发的自然灾害，跨国界人畜病害（如疯牛病）的传播、扩散和流行，生态环境污染以及生化和有毒武器等所带来的不安全因素和不利影响。

狭义的生物安全概念有不同定义。通常是指转基因生物技术及其转基因产品从研制、开发、生产到实际应用的整个过程中，可能对人类健康和生态环境安全带来的不利影响和危害。按照国际粮农组织（FAO）的定义，生物安全是指"避免由于对具有感染力的有机体或遗传改良有机体的研究和商品化生产而对人类的健康和安全以及对环境的保护带来的风险"。还有对狭义生物安全的定义是指"转基因有机体在研究和商品化生产过程中可能出现对人类健康以及环境保护方面的风险。"

随着转基因技术的不断发展，大量转基因生物的研制成功并有目的地释放到环境中去进行大田实验，甚至是进行大规模的商品化生产，这就使得原有的生物安全概念或是问题不再仅限于实验室或局部的小环境。由于大量转基因食品被推上市场，而对于转基因生物不同角度的研究报道和科学家中本来就存在着对转基因生物不同的看法和争议，加上媒体的炒作、公众的疑虑，以及转基因技术和使用转基因产品与一些宗教理念的冲突，政治理念的不同和贫富的巨大悬殊，转基因产品引起的经济利益冲突、知识产权和专利的保护，加之各国对转基因技术及其产品的生物安全管理法律和法规的差异，进出口贸易涉及的转基因产品标识、海关检测、检疫等问题，使得生物安全涉及的领域远远地超出了它原来的定义。生物安全变成了一个即错综复杂、又包罗万象的一个复合概念。因此，生物安全的现代概念所涉及的内容是很广泛的。为了便于了解生物安全的概念以及系统地掌握生物安全的知识，将生物安全主要涉及的主要内容概括为以下几方面。①转基因的食品安全；②转基因的环境安全；③生物安全的管理和相关法规；④转基因产品的标识与检测；⑤转基因的社会、经济和伦理问题；⑥公众对转基因的接受和认知；⑦转基因生物安全评价和管理体系。

人们对转基因植物的安全性最关注两个方面是食品安全和环境安全，因此，对转基因植物涉及的这两个领域进行重点介绍。

2. 转基因植物的食品安全

"民以食为天"。大多数转基因植物及其产品是被用作人类的食品或动物饲料，因此转基因植物的食品安全是人们最关注问题之一。目前，公众关注的转基因食品安全性主要有以下几方面。

（1）转基因对人体有无毒性

转基因植物中的目的基因通常来源于微生物（如细菌）基因组中的基因序列（称为外源基因），消费者担心这些外源基因会不会像细菌一样对人体产生毒害作用。另外，有些外源基因产生的蛋白（如 Bt 蛋白）具有杀虫作用，于是人们关心杀虫的蛋白是否也会对人类产生毒性呢。

（2）转基因是否发生转移

公众担心来源于细菌或其他生物体（如病毒）的外源基因被人体摄入体内以后，是否会转移至人体胃或肠道的上皮细胞或肠道正常微生物中，导致人体的这些器官产生病变，或改变人体内正常的微生物生态环境，从而对人体产生不良影响。

（3）转基因产生的蛋白质是否导致人体过敏

不同来源的外源基因在转基因植物中会产生相应的蛋白质分子，这些蛋白质分子可能不是人类（或牲畜）传统食品中的成分，这些蛋白质会不会引起食用者或接触者出现过敏反应，人体免疫系统可能难以或无法适应转基因生成的新型蛋白质诱发的过敏症。

（4）选择标记基因是否会导致食用者产生抗药性

在第一代转基因植物的生产过程中，通常需要使用选择标记来对转基因植物进行筛选，而选择标记通常是抗生素基因。大多数第一代的转基因植物中都含有此类标记基因。由于抗生素抗性基因产生的蛋白质可能改变抗生素的抗性，因此，公众担心长期食用含有抗生素基因的转基因植物是否会产生抗生素抗药性。但是，由于生物技术的发展和食品安全的需求，在新一代的转基因植物中已经不包含选择标记基因。因此，这个转基因植物的食品安全问题已经不复存在。

值得一提的是，任何转基因食品在其进入商品化生产以前，都要经过严格的安全评价阶段，所以能够在商品化生产和销售链中出现的转基因食品都是经过安全评价并获得安全证书的产品，应该不存在食品安全问题。虽然目前的科学水平还不能完全精确地预测一个新的外源基因在植物的遗传背景中会产生什么样的相互作用，但从理论上讲，凡是经过国家安全评价的转基因食品是安全的。各类转基因产品，如大豆、油菜和玉米产品（包括婴儿食品），迄今已经被使用了近20年，在美国市场上已有转基因产品数千种之多，在我国转基因食品也销售和使用了多年，到目前为止，尚未发生一例食品安全的事件。

3. 转基因植物的环境安全

在诸多的生物安全问题中，转基因生物的环境（或生态）安全一直是备受全球广泛关注和争议的生物安全问题。转基因植物的环境安全是指转基因植物在环境释放之后，它作为一种植物的新类型进入生态环境，可能导致的对生态环境及其各组成部分的影响和风险。目前，全球对转基因植物商品化种植比较有共识的环境生物安全问题主要包含以下几个方面内容：①转基因对靶标和非靶标生物的影响；②转基因逃逸及其可能带来的生态后果；③转基因植物演变为杂草的问题；④转基因植物对生物多样性的影响；⑤抗生虫或抗病基因长期使用导致靶标生物对转基因产生抗性；⑥转基因作物长期种植和使用对土壤微生物群落的影响等。

（1）转基因对靶标和非靶标生物的影响

靶标生物是指植物中的转基因所针对的防治对象生物，如特定的害虫、病菌或者杂草。非靶标生物则是指那些本身不是转基因所针对的防治对象生物，主要包括中性的昆虫和害虫的天敌（如瓢虫、寄生蜂和蜘蛛等）、传粉者（如蜜蜂、蝴蝶和蜂鸟等）、植食性动物、土壤生物、受保护的物种（包括濒危物种和大众喜爱的物种，如君王斑蝶）以及对当地生物多样性产生和维持有贡献的物种。

以水稻为例，转基因水稻的种植将最有可能在有灌溉条件的施肥较高的稻田生态系统，因为在多数这样的水稻生态环境中，水稻病、虫害发生的情况均比较严重。为了有效地控制病虫害的发生，便降低因病虫为害所导致的产量损失，农民在水稻生产中常常使用大量的农药。因此在这一类稻田生态系统中，由于广谱杀虫剂的长期施用，对包括靶标昆虫、非靶标昆虫和天敌在内的生物多样性产生了极大的负面影响。大规模种植具有较强针对性的抗虫转基因（如 *Bt* 水稻），将会大大减低化学杀虫剂的施用量，这样将有益于水稻田生态系统中非靶标生物的生存和生物多样性的增加，对逐渐恢复水稻生态系统的生物多样性产生积极的正面影响。对抗虫转基因水稻（*Bt, CpTI*）的环境安全实验表明在种植抗虫转基因水稻的稻田生态系统中，并没有发现明显对非靶标生物产生负面影响的结果。对 *Bt* 转基因抗虫棉的大量研究也表明，与过去施用化学农药杀虫剂来防治的棉田害虫的情况相比较，转基因抗虫棉的长期种植不仅对棉田生态系统内的非靶标生物没有明显的负面影响，而且还有利于总体生物多样性的恢复和增加。

抗病转基因水稻的外源转基因（*Xa21*）来自分布于非洲的稻属野生种长雄蕊野生稻（*Oryza longistaminata*），到目前为止，还没有关于来自野生稻的基因对环境有不利影响的报告。抗水稻白叶枯病基因的 *Xa21* 已经通过常规杂交育种的方法转育到栽培水稻而育成了抗病水稻品种而进入水稻大田生产多年，到目前为止也没有关于 *Xa21* 基因对环境造成危害的报道。因此，抗虫和抗病转基因水稻的商品化种植与目前施用大量化学农药来控制病、虫害的方法相比，应该不会对水稻生态系统中的非靶标生物和生物多样性带来明显的不利影响。

（2）转基因逃逸及其可能带来的生态后果

基因漂移（或基因流 gene flow）是指基因通过一定的媒介在同一物种的群体之间，甚至是不同物种之间进行移动的现象。基因漂移有两种方式，即基因的垂直漂移（vertical gene flow）和水平转移（horizontal gene transfer）。基因水平转移通常指基因在亲缘关系很远的物种之间进行交换和移动，多发生于微生物的物种之间。虽然基因的水平转移在生物的进化过程中有一定的意义，而且对于基因水平转移与转基因逃逸的关系和意义也有不少的研究报道，但是目前还没有充足的证据表明，基因的水平转移会导致转基因逃逸和带来明显的环境生物安全问题。因此我们讨论的基因漂移只涉及传统意义上的基因漂移，即通过有性杂交的方式发生于亲缘关系很近或同一物种不同群体之间的基因交换，以及通过植物的器官来进行传播的基因漂移。通常基因漂移可以通过 3 种不同的媒介来实现，即：花粉介导（pollen-mediated）的基因漂移、种子传播介导（seed-mediated）的基因漂移和无性繁殖器官介导（vegetative-organ-mediated）的基因漂移。这里涉及的基因漂移分析主要是由花粉介导的基因漂移。按照基因漂移的对象不同，还可将基因漂移划分为作物 – 作物（crop-to-crop）、作物 – 野生近缘种（crop-to-wild）以及作物 – 杂草类型（crop-to-weedy）的基因漂移。

　　主要栽培植物品种间以及栽培植物和其野生近缘种间普遍存在着基因漂移。以转基因水稻的基因逃逸为例，作物 – 作物转基因逃逸是指转基因通过花粉或种子介导从转基因水稻品种漂移到非转基因水稻品种的现象。水稻作物 – 作物的转基因逃逸常常会造成非转基因水稻的转基因混杂或"污染"，由此导致的负面影响更多是经济和贸易方面的，例如造成水稻的出口贸易等问题。对于水稻的作物 – 作物转基因逃逸的可能性，目前已有了大量的研究报道，结果表明水稻不同品种之间的基因漂移频率很低，即使在近距离（<1 米）的情况下，抗虫转基因水稻中的外源基因（*Bt* 或 *CpTI*）逃逸到非转基因水稻亲本品种的频率均在 0.9% 以下。如果在转基因水稻和非转基因水稻品种之间设立 5 ～ 10 米的空间隔离距离，抗虫转基因（*Bt/CpTI*）逃逸到非转基因水稻品种的频率将会迅速衰减至 0.01%~0.001%。这样的无意混杂水平，在目前对转基因生物控制最严的欧盟（无意混杂的阈值水平为 0.9%）也是可以接受的。因此，我们认为由花粉介导的转基因水稻向非转基因水稻品种的基因漂移频率很低，如果采取一定的隔离措施，不会由作物 – 作物的转基因漂移导致明显的"污染"问题，更不会产生环境生物安全问题。

　　对于栽培稻基因向野生稻近缘种（包括杂草稻）逃逸的研究也有了大量的报道，结果表明虽然栽培稻向其野生近缘种漂移的频率在不同的环境条件下（如风速、气温和光照等）以及不同的受体野生稻物种居群之间有较大的差异，但栽培稻向野生稻基因漂移的频率相对比较高。例如栽培稻在一个生长季节内（一代）向普通野生稻产生的基因漂移频率就可以达到 3%~18%，而栽培稻在一个生长季节内向杂草稻基因漂移的频率在 0.01%~0.5%。与水稻的作物-作物基因流不同，栽培稻向野生稻近缘种（或杂草稻）的基因漂移频率是可以在不同的时代之间得到不断的积累，而导致转基因在野生稻近缘种居群内的累加和扩散。对于野生稻居群来说，抗虫转基因的获得可能会提高野生稻居群内携带转基因个体的抗虫能力和生态适合度，有利于在有虫压环境下的进化选择而导致这些个体竞争能力和入侵能力的增强，最终带来环境生物安全问题。对于杂草稻而言，抗除草剂基因能够提高杂草稻居群内携带转基因个体的抗除草剂能力，使其在施用除草剂的环境下增强了杂草稻的选择优势而造成这些个体生存竞争和入侵能力的增强，带来杂草控制的问题，给施用除草剂的农业生态环境带来一定的负面生态影响。

从上面的分析我们不难看出，如果进行转基因水稻的商品化种植，由花粉介导的外源基因向非转基因水稻漂移（或逃逸）的频率非常低，不会带来明显的环境和其他生物安全问题。如果采取一定的空间隔离措施（5 米左右）便可以进一步降低转基因漂移的频率，使其远远低于目前世界上对转基因无意混杂要求最严的欧盟所规定的阈值水平（0.9%），从而避免经合法批准商品化种植的水稻品种以其产品在国际贸易方面引起的不必要的问题和争端。但是，对于由种子传播而介导的水稻转基因漂移和转基因混杂，应该引起我们的足够重视，因为由种子传播介导（主要由人为因素造成）的转基因逃逸，其频率的变化范围较大，很难进行正确的判断和评价，在很大程度上取决于我们对转基因水稻种子的收获、储藏、运输和交易等过程的监管措施是否得力。这一点对于是否造成水稻转基因的无意混杂，以及造成无意混杂的程度均至关重要。2007 年报道在欧洲三个国家出现的转基因水稻的"污染"，很可能就是由于对种子传播而介导的转基因漂移管理不力造成的。可见通过采取有效的管理措施，是可以大大降低或避免这类无意混杂的事件。

（3）转基因植物演变为杂草的问题

杂草是指对人类行为或利益有害或有干扰的任何植物。杂草生长迅速并且具有强大生存竞争力，能够以某种方式阻碍其他植物的生长，因此常常给农业生产造成巨大损失。例如，稻田中发生的杂草稻（*Oryza sativa f. spontanea*）在不同危害水平的情况下可以导致栽培稻的产量损失达到 5%~100%。大多数植物本身就具有成为杂草的潜力，或者在不同的环境下就可以演变为杂草，特别是种子数量多以及种子落粒性比较强的植物种类，例如油菜。这一类植物的农作物品种一旦培养为转基因作物就很容易演变为杂草。因为，转基因植物的外源转基因，如抗虫、抗病、抗除草剂以及耐不利环境因子胁迫的转基因，具有一定的自然选择优势，能使转基因植物提高其生态适应能力，一旦这些植物逸生到农田以外的环境，就可能提高自我繁殖的能力和生存能力，使这些转基因植物演化为杂草的可能性增强。

从目前对水稻、玉米、棉花、马铃薯、亚麻和芦笋等转基因植物的田间实验结果来看，大多数转基因栽培植物的生存竞争力并没有比其常规栽培植物有显著增加。不过最近有报道，加拿大抗除草剂转基因油菜在麦田中已经变成了杂草，而且难以治理。因而，要特别关注那些受体植物本身或其亲缘植物是恶性杂草的转基因植物，因为转基因操作可能会导致产生新的杂草甚至"超级杂草"。另外，如果转基因作物的外源转基因通过基因漂移逃逸到作物的野生近缘种，可能使得野生近缘物种具有获得选择优势的潜在可能性，这些野生近缘种植物包含有了抗病、抗虫或抗除草剂基因，也有可能演变成为难以控制的"超级杂草"。例如，在加拿大发现3种抗除草剂转基因油菜的转基因通过花粉传播的基因漂移逃逸到一种杂草型油菜（野生近缘杂草），从而形成了可以抗几种除草剂的杂草型油菜。2001年2月，英国政府环境顾问"英国自然"提交的一份报告中，特意描述了加拿大转基因油菜可能成为"超级杂草"的威胁，但是目前还没有这种所谓的"超级杂草"带来危害的报道。

（4）转基因植物对生物多样性的影响

由于转基因植物的种植面积在全球范围内迅速增加，转基因植物的种植与快速扩展是否会影响农民对种植品种的决策，即选择大量种植转基因作物而放弃自己种植的传统农家品种，从而导致大量农家品种被少数的转基因品种所取代，使农业生态系统中的品种多样性降低。另一种看法认为，当转基因作物品种的个体通过人为混杂的方式或基因漂移，混入非转基因品种中，由于某些转基因（如抗虫、抗病或抗旱等）具有自然选择优势而被保留下来，而传统的非转基因品种可能由于不具有上述优良性状而逐渐被自然选择或农民的有意识选择淘汰，而造成传统农作物品种中不同类型基因型（遗传多样性）的丧失，最终导致某一特殊农业生态系统中生态多样性的下降。

对于上述的第一种情况导致作物品种多样性下降的担忧，其实早在20世纪60年代末，在半矮秆基因资源利用和遗传改良技术而带来的"绿色革命"过程中，就产生了许多具有跨时代意义的高产作物（如水稻、小麦和玉米）品种，这些高产品种一方面大幅度提高了作物的产量，在上世纪六七十年代解决了世界许多地区的饥饿问题，拯救了千百万人的生命；另一方面，由于这些高产品种的大面积推广，农民放弃了对传统农家作物品种的种植，从而致使许多地区的传统品种丧失，也带来了之后农作物传统品种资源保护及其保护策略的产生。

由于优良品种的大面积种植而导致农业生态系统中品种多样性下降的问题，可以通过政策以及对品种种植的合理布局来解决，而不是摒弃这些优良品种。

反过来，上述事实均说明无论是"绿色革命"产生的一系列高产品种，或是"基因革命"产生的高产、优质的转基因品种具有更广泛的应用和更强的生命力。通过更适宜的政策调控、合理的种植布局，加之有意识地对特有农家品种的保护，是可以解决由于少数高产优质品种的种植而带来品种多样性降低的这一问题。而对于上述的第二种情况导致的作物品种多样性下降，则可以通过对转基因作物种植的有效管理，以及在转基因品种和非转基因品种之间设置一定的空间隔离距离来达到降低和避免基因漂移而导致的转基因混杂。欧洲许多国家曾研究和探讨一种转基因作物和非转基因作物共存（co-existence）而互助不产生影响或影响极小的种植管理办法。

另外，大规模地种植抗除草剂转基因植物品种和长期施用不同类型的除草剂，可能会影响到农田生态系统内的草本植物和以这些草本植物为食的动物种群构成的变化，这些变化可能会通过食物链或食物网而影响整个农田生态系统，甚至农田以外自然生境中的生物多样性。来自英国的一项研究预测，大面积种植抗除草剂的转基因作物和长期施用不同类型的除草剂，可能会影响生态系统中的生物多样性。因为他们的研究表明，长期种植经常规育种方法获得的抗除草剂作物以及大量施用除草剂已经导致当地一种云雀（skylark）群体数量的下降，其原因是长期施用除草剂导致该云雀所食用的主要草种子数量的下降甚至在局部地区消失。长期种植抗除草剂转基因植物和单一施用除草剂，可能会造成农田内伴生杂草对除草剂产生抗性，特别是抗除草剂的外源转基因通过基因漂移逃逸到转基因植物的同种杂草（如杂草油菜和杂草稻）群体中，将产生具有抗除草剂性状的杂草，这些具有抗除草剂特性的杂草可能会在具有抗除草剂选择压下迅速繁殖和扩散，不仅改变了农田生态系统中的生物多样性，而且还带来杂草控制的困难。

转基因植物对生物多样性的影响是比较复杂的环境安全问题，涉及所有可能引起生物多样性发生改变的生态学过程，而不仅仅局限于上述 3 方面环境安全问题的综合效应。这种影响可能更加隐蔽，需要在转基因植物大规模释放到环境中之后，并经过在生态系统中的长时间积累和级联放大效应，最终才显现出来。目前，对于此类风险，还没有建立起科学的评价体系。对于转基因植物对生物多样性的潜在影响，必须进行长时间和大规模的评价。

（5）抗生虫或抗病基因长期使用导致靶标生物对转基因产生抗性

靶标有害生物（包括靶标害虫和病等）在长期单一地暴露于某一种抗虫（或抗病）转基因的环境条件下，可以通过变异和适应性进化逐渐产生对杀虫或抗病转基因的抗性，从而带来一定的后果。对目标害虫对抗虫转基因（如 *Bt* 转基因）抗性的快速产生，更主要的问题是导致抗虫转基因资源的丧失。抗虫基因 *Bt* 是最早用于作物转基因生物技术的基因，转抗虫 *Bt* 基因的作物已经商品化并且大面积种植多年，目前由于各国采用的"高剂量＋庇护所" *Bt* 抗性治理的策略非常有效，到目前为止还暂时未发现明显的、大规模的靶标害虫种群产生抗性的报道，因此采取有效的抗性治理，是可以延缓靶标害虫对抗虫转基因（*Bt* 等）抗性的产生和发展。

以转基因水稻为例，如果转基因抗虫水稻在中国进行商品化种植，靶标害虫对抗虫转基因产生抗性的可能性相对较高。对转抗虫基因产生抗性速率相对较高可能性的预测主要有如下两方面的根据。第一，与栽培棉的靶标害虫情况不一样，我国的水稻靶标害虫，如：稻大螟、二化螟、三化螟以及稻纵卷叶螟等均有较丰富的遗传多样性，这些不同的遗传变异类型为靶标害虫抗性群体的产生提供了充足的遗传基础和条件。我国靶标害虫的这种丰富的变异可能与我国是栽培水稻的起源和多样性中心，存在着极丰富的水稻遗传多样性，在水稻长期的栽培和育种过程中，不同品种之间的有性杂交也形成了水稻品种间和品种内一定的遗传变异，与水稻如此丰富的遗传多样性相适应，可能也导致了以水稻为食的这些主要靶标害虫具有丰富的变异。根据中国农科院植保研究所的前期研究结果报道，我国的稻螟虫无论在繁殖或生活史对策方面确实存在丰富的遗传变异类型，因此，可能造成靶标害虫对抗虫转基因产生抗性的速率相对较高。第二，我国目前水稻的种植模式主要还是以小户农民为基础的小面积（每户 10 亩以下）个体生产的方式，在这种水稻种植和生产的模式下，非常不利于"高剂量＋庇护所"抗性治理策略的实施和监管。由上述分析我们不难看出，在我国抗虫转基因水稻的商品化种植可能在抗性治理方面会遇到比较严峻的挑战，特别是以"高剂量＋庇护所"为基础的抗性治理策略。因此应该加强研究，认真查清水稻靶标害虫在我国不同水稻种植区域和同一种植区域内的遗传变异类型以及变异水平，通过协同进化的研究进一步揭示水稻重要靶标害虫遗传多样性的形成与水稻品种遗传多样性关系。形成靶标害虫抗性产生规律和机制的理论基础和研究技术平台，为我国抗虫转基因水稻商品化生产可能带来的抗性发展的预测和抗性治理提供科学依据和实施方案。

（6）转基因作物长期种植和使用对土壤微生物群落的影响

转基因植物进入大规模的商品化种植，其根系的分泌物，残留在土壤中的转基因作物根系、凋落物和未被收获的作物残留部分进入土壤以后，是否会对土壤中的微生物和小型动物产生负面影响？同时这些含有转基因的残留物在土壤中进行分解的过程中，是否会影响土壤的生态性能及功能？这也是转基因环境生物安全关注的问题之一。例如有人认为，含有抗虫 *Bt* 转基因的残留物进入土壤以后，是否对土壤微生物或小型动物带来负面作用。针对这一问题，科学家也从不同的角度，并利用含 *Bt* 抗虫转基因的不同作物的残留物对土壤微生物和小型动物进行了研究。研究结果表明，含有 *Bt* 转基因残体的土壤中虽然能够检测出一定量的 *Bt* 基因或 Bt 蛋白的残留，但是这些残留物对微生物和小型动物均没有造成明显的影响。考虑到 *Bt* 基因就是从土壤中的细菌（苏云金芽孢杆菌）中分离出来的，经过遗传修饰过的 *Bt* 基因再回到土壤中，应该不会对土壤产生额外的影响。但是，我们对这一领域的知识还相对较少，从生物安全的角度出发，可以进行更多的有关转基因对土壤生物群落的影响的深入研究。

研究人员对转基因水稻的种植是否会对土壤生物和微生物群落带来不利影响进行了研究，通过对于转抗虫基因（*Bt*）水稻对稻田土壤生物群落动态影响的研究，几乎没有什么具有结论性意义的结果。有的研究人员报道了 *Bt* 转基因抗虫玉米的残留物对蚯蚓成体有一定的负面影响，但是也有一些研究结果未显示 Bt 蛋白对土壤生物（包括蚯蚓）有任何影响。但是，对转基因植物的大规模商品化种植是否会对土壤生物和微生物群落造成影响，这方面的认识积累还远远不够，应该开展更多的相关研究。

4. 生物安全的管理和相关法规

全世界的转基因生物研发、种植、利用、转移运输、贸易和管理等等都是在法律的框架下进行的。生物安全的国际法规是附属于《生物多样性公约》下的《卡塔赫纳生物安全议定书》。该议定书是在世界范围内对具有活性的转基因生物进行生产、过境传输、管理以及利益分配等具有明确的规定的法律文件，全世界已有包括中国在内的一百多个国家签署同意执行该议定书。各国也建立了适合于自己国情的转基因生物安全管理法规和法律文件，便于指导和监管转基因生物的生产和商品化应用。

我国也有相对完备的转基因生物安全管理法规。2001 年 5 月 21 日，由当时的国务院总理朱镕基签署的中华人民共和国国务院令第 304 号《农业转基因生物管理条例》，就是目前我国生物安全管理的最高法律依据。此外，农业部还颁发了多个与之配套的法律文件，例如《农业转基因生物安全评价管理办法》《农业转基因生物标识管理办法》《农业转基因生物进口安全管理办法》《农业转基因生物加工审批办法》等等。此外，我国还成立了由多部委联合领导的转基因生物安全管理专职部门，建立了生物安全审理、评价和监管的体系。这些条例、法律和安全管理体系的建立和健全，对于我国转基因技术和转基因产品的有序发展和商品化应用提供了充分的法律保证。

5. 转基因产品的标识与检测

为了让广大的消费者具有知情权和选择权，在我国和其他许多国家，按照转基因生物安全的法规，对于任何一种转基因产品均要求对其进行强制的标识。也即是说，生产商和销售商必须对其含有转基因成分的产品进行书面示明。转基因产品的标识并不是表明该产品与其他非转基因产品有什么实质性的区别，或是存在安全隐患，而只是为消费者提供知情信息。相反，进行了转基因标识或贴有标签，正表明该产品经过了生物安全评价，应该是安全的。在有些国家如美国和加拿大，转基因产品的标识是自愿的，生产商和销售商可以不对其转基因产品进行标识，因为这一过程需要数量不小的花费。而我国的法律明确规定对国内生产和进口的转基因产品一律要进行标识，以满足消费者的知情权和选择权。另外，为了保证和加强对转基因产品及其加工原料标识的执行和监管，我国还成立了专业的资质机构，对销售产品是否含有转基因成分进行科学的鉴定和检测，以确保消费者的知情权得到落实。

6. 转基因的社会、经济和伦理问题

由于转基因技术涉及巨大的经济利益，自该技术的广泛应用以来，也引发了人们对其是否会产生全球性的社会、经济和伦理影响进行了激烈的讨论。例如，转基因生物技术是否会被跨国大公司所垄断，导致真正需要这些技术的人群（如小农户）和发展中国家因为付不起昂贵的费用而无法使用该技术？生物技术的垄断和转基因产品的集约化生产是否会导致两极分化的日益加剧，而使小农户变得更贫穷，甚至破产，从而导致社会的不稳定性？此外，由于不同宗教信仰的缘故，转基因生物技术也涉及一些伦理方面的问题。例如，信仰神创论的人群认为，人类不可以对上帝创造的万物进行人为的改变，包括基因改良，而素食主义者也许不愿意食用和接受含有动物基因的产品等。这些都属于转基因社会、经济和伦理问题的范畴。

7. 公众对转基因的接受和认知

在风险评价、风险监管和风险交流这样一个完备体系中，风险交流是非常重要的一个环节。但有关转基因生物安全的风险交流却往往不被大多数人重视。风险交流是指通过信息交流、宣传和公众教育等形式，将有关技术和产品的科学知识以及相关的安全知识传播到全社会。通过风险交流，让公众对转基因生物技术、转基因生物以及相关生物安全的一系列科学知识和科学内容有一个正

确和全面的认识，从而对有关转基因生物及其安全性的信息有正确的判断。这样不仅可以在政府有关部门和公众的共同努力下尽可能降低转基因产品的负面影响或潜在风险，而且还可以避免由于不具转基因生物一般知识而造成公众对信息的盲信，以及面对大量信息而不知所措，甚至不必要的恐慌。因此，应该有计划地加强公众对生物技术、转基因以及转基因生物安全知识的学习和了解，特别是从青少年的教育就开始加入有关新技术，如转基因生物技术的内容，以便提高公众对转基因技术及其生物安全的认识水平和对转基因产品的认知程度。

8. 转基因生物安全评价和管理体系

作为一种新技术的应用，转基因产品是否具有潜在的风险？风险有多高？是否可以通过一定的措施避免或将风险降到最低？对这些问题的回答必须依靠科学研究手段。因此，应该加强转基因生物安全的科学研究并且建立以科学为基础的生物安全评价体系。转基因生物安全的评价是一个科学的过程，是以科学研究的结果和数据为依据的，大力加强相关科学领域的研究，积累大量的科学研究数据，研究有效的生物安全评价方法，对于指导转基因生物的安全评价和利用具有重要的意义。此外，在安全评价的过程中，还应该遵循与转基因生物安全评价相适应的一系列原则。例如，在食品安全评价中的"实质等同性原则"，还有其他方面评价中的如"预防原则""逐步实施原则""个案原则"和"科学、透明原则"等等。如何将各个原则进行优化而适宜地使用到转基因的生物安全评价中，达到转基因产品的可持续和安全利用以及消费者放心使用转基因产品的目的，也是生物安全的重要内容之一。

四、转基因生物的安全评价及其原则

1. 风险及其风险评价

风险（risk）可定义为：预计在未来将产生危害或危险的可能性（The expectation of the potential damage or hazard that can occur）。人们常常将"风险"和"危险"的概念相互混淆，但是准确地讲，风险和危险（或危害）的意义是不一样的，风险只是危险将产生的一种可能性，或对可能产生危险概率的一种预测。因此，风险的变量单位是百分率（%），在极端的情况下，当完全没有任何危险的可能性，则风险为零（0），而当危险必然发生，则风险为百分之百（100%）。但是，这种极端的情况是几乎不存在的，在大多数情况下，风险的可能在0~100%。对于转基因植物食品的安全而言，食品的风险为人体食用了转基因食品可能产生急性或慢性的中毒、过敏性以及其他非正常事件的危害性。对于转基因植物的环境生物安全而言，生态或环境风险为转基因植物大规模释放以及商品化生产过程中可能对环境带来的危害性。

风险评价（risk assessment）可定义为：有益于确定风险是否可能发生以及对产生风险的程度进行严格评判的操作或实施程序（a critical and productive exercise that helps to determine the occurrence and magnitude of relevant risks）。转基因产品的风险评价的目的是为了确定其食品和环境风险是否可能发生，风险的程度如何，并采取措施将其发生的可能性降至最低。风险的评价有定性和定量评价两类，风险的定量评价非常重要，结果也比较精确，但是评价者需要获得有关危险性或者危害性的确切资料，如：转基因食品对人体和牲畜的毒性水平以及转基因对环境的毒性水平等量化指标。因此，生物安全的风险评价非常具有挑战性，而其中危害性和危险性的定量分析和确定是转基因食品和环境风险评价的关键所在。

2. 生物安全风险评价的原则

对转基因生物安全的风险评价而言，风险是危害性及其发生概率的函数，即：风险（%）= 危害性 × 发生概率（risk = hazard × exposure）。这里危害性指转基因生物的环境释放和食用带来的实际危害性或负面影响，而发生概率是指在特定时空条件下发生这种危害或负面影响的定量测度。因此，转基因生物的食品和环境风险是由转基因生物作为食品或对环境的危害性及其发生的可能性共同决定的。

例如，对转基因生物的大规模环境释放和商品化生产可能导致的环境安全问题的有效评价，在很大程度上取决于是否能够获得有关转基因生物对环境产生的危害，以及危害性有多大可能性的信息和知识。所以说，在对转基因生物的环境安全进行评价之前，获得上述的相关信息和知识至关重要。通常，转基因生物的环境风险评价应该包括以下几个关键步骤：①危害性的确定；②产生危害性概率的确定；③产生危害性的效应评价；④风险的确定和评价。在设计转基因的生物安全环境风险评价体系和实施方案时，最为关键的一个环节是分析和确定转基因生物的环境释放和商品化生产可能带来的危害性或产生负面效应。因此，本文将基于目前已有的研究结果和已有的相关知识，对我国转基因水稻商品化种植可能产生的对环境的危害性或负面效应进行一系列理性和科学的分析，并以这些预测的负面效应作为对转基因水稻商品化种植环境生物安全评价的对象。

五、展望

自从 1996 年世界第一个转基因植物（西红柿）品种商品化生产到现在，全球转基因作物的种植面积呈异常快速的增长势态，全球有一亿多农户种植了转基因作物，这充分证明转基因生物技术所带来的巨大社会经济利益及其强大的生命力。这是一项能产生很大经济效益的技术，在当今国际竞争强手如林的形势下，各个国家都希望在这个市场中占有一席之地。中国不去占领这个市场，其他国家将毫不客气地占领这一市场。然而，我国的转基因技术研发和转基因产品应用的形势不容乐观，据 2014 年资料的统计，我国的物种转基因植物（棉花、木瓜、白杨、番茄和甜椒）的种植面积仅为 390 万公顷，以转基因作物种植面积的排序，中国与南美小国巴拉圭并列排在第 6 位。全球排在第 1~5 位的国家分别是美国（7 310万公顷）、巴西（4 220 万公顷）、阿根廷（2 430 万公顷）、印度（1 160 万公顷）和加拿大（1 160 万公顷）。从上述数据看，中国转基因作物的种植面积仅为我们邻国印度的三分之一，就更不用和与我国经济发展水平相似的巴西相比了（比我国多10 多倍）！可以想象，我国在全球转基因市场所占的份额还不足 4%！在未来全球资源趋于紧缺、粮食安全面临日益严重挑战和各国的经济利益严重冲突的形势下，不发展生物技术、不用我国的优势技术去占领国际市场，我国就会处于被动的局面。

转基因植物是一个全新的技术产品，目前科学水平还不能准确地回答它对人类健康和生态环境是否有不良影响。人们对生物技术给人类带来的影响还只能进行某种程度的预期，至于这种影响到底会有多严重，涉及面到底有多广，现在还很难给出结论。世界在发展，科技也在进步，无论我们喜欢与否，转基因生物技术一定会在全球范围内不断发展。由世界科技进步而给各国带来的发展机遇是一样的，只有紧紧抓住发展的机遇，才能让科学技术的成果为国家的发展和人民生活水平的提高做出应有的贡献。和其他高新技术一样，转基因生物技术在世界的经济发展中占有重要的地位。但是转基因生物技术还不是一个完美的技术，还有改善和发展的空间。像任何其他的新技术和发明，可能在一产生时都有潜在的风险性，关键是要权衡其效益和风险的利弊。实际上，现实生活中大多数事物，如电器、汽车、飞机旅行、免疫等都包含潜在的风险，但并未妨碍人们对它们的利用。转基因植物的安全性是一个重要而复杂的问题，应谨慎对待。因此，对转基因植物既不能急功近利，更不能因噎废食。本着"两害相权取其轻，两利相权取其重"的原则，我们是因为该技术还存在一定的缺陷就完全摈弃它，还是让它通过不断改良和完善来造福人类、造福中国人民？全世界很多国家都对这一技术的发展持积极支持的态度，为了保证这一技术可持续和健康发展，各国都在发展自己的转基因生物安全评价方法和技术。相信，随着生物安全问题的逐步解决，随着公众对转基因技术及其产品认识的加深和生物安全研究的深入，转基因植物必将为人类的文明进步做出更大的贡献。

第十一章　珍稀濒危植物及其保护

11

植物资源是人类赖以生存和发展的不可缺少的自然资源，也是重要的天然基因库。随着社会经济的发展、科学技术的进步，人类对自然资源的需求与利用开发能力得到前所未有的提高，许多野生植物物种已经灭绝或者正处于濒危灭绝之中，成为珍稀濒危物种。合理开发利用、实现资源的可持续发展，已成为社会各界关注和亟待解决的问题。

一、植物濒危的原因

对于每一个植物个体，都要经历生长、发展、死亡的过程。但对于一个物种，种群数量减少以致成为珍稀濒危种，除了自身遗传因素导致种群衰退的原因外，更多的是来自外部的因素。

造成物种灭绝的外部原因是多方面的，主要有自然历史的变迁及灾害，人口的迅速增长，生态环境的改变、破坏、污染、乱砍滥伐、乱采滥挖，国内外贸易等等。这些原因除了历史变迁及灾害等客观因素，其他多数是人类所造成的。长期以来，由于对合理利用植物资源认识不足，致使植物种类受到不同程度的破坏，有些植物资源正面临消失的危险。甘草因其清热解毒、祛痰止咳等功效而为人所用。历史上，甘草的野生资源蕴藏量很大，内蒙古过去一直是主产地，新疆也是资源最丰富的地区，而现在几乎找不到野生的原始群落；目前我国甘草野生资源的面积较 20 世纪 50 年代减少了 60% 以上，资源的蕴藏量减少了近70%。每挖一亩甘草相当于破坏了 3 亩草场，造成草地严重沙化，沙尘暴频频发生。其他的药用植物如野生的当归、野山参近来因为资源稀少也几乎难见踪迹。

有数据统计，目前高等植物每年约灭绝 200 种，加上其他物种，大致每天有 1 种在消失。到 21 世纪中叶，全球将有 5 到 6 万植物受到不同程度的威胁。科学家们预言，如果人类保持目前的自然资源消费水平，对它们的破坏行动不加以停止，还不立刻行动起来拯救濒于灭绝的物种，物种消灭的速度将提高到每小时灭绝1种。物种一旦灭绝，对整个人类及其子孙后代将会带来无可挽回的损失。我国有高等植物30 000多种，其中有1 200多个单种属和少种属，200多个我国特有属，约10 000个特有种，还有一些属于古老孑遗植物，至少有3 000种处于受威胁或濒临灭绝的境地。

二、珍稀濒危植物介绍

关于珍稀濒危生物物种的等级和标准，各国有不同的标准。1996年起，"国际自然与自然资源保护联盟"（IUCN）出版了"濒危物种的红皮书和名录"，其中有关濒于灭绝危险物种的等级划分得到国际社会广泛承认，IUCN在第40次理事会上通过了该联盟下属的物种生存委员会提出修改后新的等级标准。根据这个标准，将濒危物种等级分为以下8大类：灭绝（extinct，EX）、野生灭绝（Extinct in the wild，EW）、极危（Critically Endangered，CR）、濒危（Endangered，En）、易危（Vulnerable，Vu）、低危（Lower Risk，LR）、数据不足（Data Deficient，DD）、未评估（Not Evaluated，NE）。此外《濒危野生植物种国际贸易公约》（CITES）附录Ⅰ、Ⅱ、Ⅲ也规定了一些受保护的植物名录，其中附录Ⅰ包括所有受到和可能受到贸易的影响而有灭绝危险的物种。

我国对珍稀濒危物种等级划分类别的标准参照IUCN濒危物种等级标准，结合我国的实际情况，具体分为濒危（Endangered）种类、稀有（Rare）种类和渐危（Vulnerable）种类三类。1982年国务院环保局、中科院植物所主持编写了《中国珍稀濒危保护植物名录》（第一批），共列388种植物，濒危的121种，稀有的110种，渐危的157种。其中定为一级保护的植物有水杉、梭椤、银杉、珙桐、野山参、金花茶、秃杉、望天树。

国务院发布的《野生药材资源保护管理条例》（1987年10月30日）提出了野生药材资源物种的名录及等级标准，将我国重点保护的野生药材分为三级：一级为濒临绝灭状态的稀有珍贵野生药材物种；二级为分布区域缩小、资源处于衰竭状态的重要野生药材物种；三级为资源严重减少和主要常用野生药材物种。

凡是上述文件或法规提到的需要保护的植物都可作为珍稀濒危植物。

以下介绍一些常见或有重要影响的珍稀濒危植物。

1. 红豆杉（*Taxus chinensis*）

红豆杉（图11.1）属植物全世界约有11种，分布于北半球。自1971年美国化学家瓦尼（Wani）等从短叶红豆杉*Taxus brevifolia* 树皮中得到紫杉醇，并证实其有抗癌作用后，该属植物受到广泛重视。红豆杉因树皮及枝叶含有紫杉醇（含量约 0.01%），有很好的抗肿瘤作用，紫杉醇于 1991 年被 FDA 批准上市，导致了红豆杉资源的开发热，从野生红豆杉树皮提取紫杉醇，对红豆杉资源造成严重破坏，尤其是我国的云南红豆杉，在 1992 年到 2002 年的十年间，由于人为盗采剥皮，几乎遭受灭顶之灾，野

图 11.1 红豆杉果枝

生红豆杉大树 90% 以上都被破坏致死。红豆杉属所有植物已被列为国家一级保护植物，并被 IUCN 列入附录 2.

我国红豆杉属植物有 4 种，1 变种：西藏红豆杉（*Taxus wallichian*）、东北红豆杉（*Taxus cuspidata*）、云南红豆杉（*Taxus yunnanensis*）、红豆杉、南方红豆杉又称美丽红豆杉（*Taxus chinensis* var. mairei）均可供用于提取紫杉醇。但该属植物生长缓慢，且野生资源日益减少，目前已大量人工栽培以扩大药源。

2. 榧树（*Torreya grandis*）

榧树（图 11.2）是红豆杉科榧属常绿乔木，是我国特有树种，高达 25 米，雌雄异株。种子核果状，椭圆形或倒卵形，成熟时被珠托发育成的假种皮包被。分布于江苏南部、浙江、福建北部、江西北部、安徽南部，西至湖南西南部及贵州松桃等地，生于海拔 1 400 米以下，温暖多雨，黄壤、红壤、黄褐土地区。种子（榧子）药用可杀虫消积、润燥通便。被列为我国二级保护。

香榧（*T. grandis* cv. *Merrilii*）为榧树的栽培变种，我国特产果树，也称玉榧或蜂榧。其种子称香榧子。清《光绪诸暨县志·物产志》记载："香榧每生果，三年始可采。叠三节，每年采一节"。民间有香榧"三年一结果"说法，实指香榧花芽原基形成到果熟需经历 3 个年头。香榧树枝叶茂盛，寿命长，四季常绿，树形优美，是重要的经济树种和观赏树种，对保持水土、改良土壤、调节气候、美化环境等也具有重要作用。香榧木材

图 11.2 榧树

纹理直，硬度好，可用于造船、建材家具及工艺雕刻。

红豆杉科植物均为我国的珍稀植物，榧属植物出现在距今约 1.7 亿年前的中生代侏罗纪，属第三纪孑遗裸子植物，也是我国特有的经济树种。浙江栽培香榧历史悠久，主产于诸暨、东阳、绍兴等地。诸暨枫桥会稽山麓与东阳东白山有树龄逾千年的古香榧树。香榧子为著名干果，宋代即被列为朝廷贡品。香榧种仁含油率高达 50% ~60%，其中主要为油酸、亚油酸等不饱和脂肪酸。

3. 草麻黄（*Ephedra sinica*）

草麻黄（图 11.3）属草本状矮小亚灌木。植株高 25~60 厘米。木质茎短，小枝绿色，对生或轮生，节间长 3~5 厘米。叶膜质鞘状。雌雄异株，雄球花多呈复穗状，雌球花成熟时苞片增厚成肉质，红色，内含种子 1~2 粒。分布于河北、山西、河南、陕西、内蒙古、辽宁、吉林等省区。适应性强，习生长在山坡、平原、干燥荒地、河床及草原等处，常组成大面积的单纯群落。蒙古也有分布。

麻黄作为著名的药用植物，已有上千年的应用历史，麻黄属植物的枝茎常含有多种生物碱，其中以麻黄碱为主要有效成分。麻黄的茎、枝具有发汗作用、根则相反。

麻黄属全世界分布有 67 种，其中有 9 个亚种和变种。中麻黄是分布最广泛的麻黄之一。麻黄属所有的种都是旱生多年生草本状灌木植物，常生长在旷阔的干旱石质山坡和前山地带或沙质荒漠。因此麻黄是防风固沙、改善生态的理想植被。自 20 世纪 80 年代以来，国内外市场对麻黄素产品需求激增，伴随而来的是对野生麻黄的掠夺式大量采挖，普遍采取砍根方式，对麻黄草造成毁灭性的不可逆转的破坏，严重破坏了麻黄自

图 11.3　草麻黄(陈虎彪摄)

然分布区的生态环境，野生资源几近枯竭。而且对于严酷荒漠环境中的麻黄，一经挖根就极难在自然的条件下恢复原有植被，失去了麻黄这一灌木层的庇护，低层优质的牧草也受破坏，导致水土流失加剧，草原生态破坏、土壤沙漠化、荒漠化趋势日益加重。2000 年国务院 13 号文件明令禁止了野生麻黄的采挖和销售，要求建立麻黄草资源的保护和建设责任制。草麻黄被我国列为国家二级保护植物。

4. 珙桐（*Davidia involucrata*）

蓝果树科珙桐属落叶乔木，又称"水梨子"，高 15~20 米；两性花与雄花同株，由多数的雄花与 1 个雌花或两性花成近球形的头状花序，基部具纸质花瓣状的苞片 2~3 枚，初淡绿色，继变为乳白色，远看像鸽子，故珙桐也被称为鸽子树。果实为长卵圆形核果，紫绿色具黄色斑点，种子 3~5 枚；果梗粗壮，圆柱形。花期 4 月，果期 10 月。产湖北西部、湖南西部、四川以及贵州和云南两省的北部。生于海拔 1 500~2 200 米的润湿的常绿阔叶落叶阔叶混交林中。

珙桐（图 11.4）为中国特有的单属植物，蓝果树科植物只有一属两种，只是一种叶面有毛，另一种叶面无毛光滑的为光叶珙桐。珙桐是 1 000 万年前新生代第三纪留下的孑遗植物，在第四纪冰川时期，大部分地区的珙桐相继灭绝，1869 年在四川穆坪被发现，在中国少数地区有幸存而成为"活化石"。野生种只生长在中国西南四川省和中部湖北省和周边地区。珙桐已被列为国家一级重点保护野生植物，属孑遗植物，也是全世界著名的观赏植物。

图 11.4　珙桐

5. 管花肉苁蓉（*Cistanche tubulosa*）

管花肉苁蓉（图 11.5）为列当科多年生寄生植物，植株高 60~100 厘米，地上部分高 30~35 厘米。肉苁蓉也是我国著名的中药，始载于《神农本草经》，能养五脏、强阴、益精气。素有"沙漠人参"之美誉。在中华人民共和国成立初期，野生肉苁蓉在我国沙地梭梭林、怪柳林中随处可见，资源较为丰富。近年来，由于过度采挖，加上生态环境变化，寄生植物繁殖困难，野生肉苁蓉资源濒临枯竭。野生肉苁蓉被列为中国濒危物种红色名录极危物种，列为二级保护。管花肉

图 11.5　管花肉苁蓉（徐新文摄）

苁蓉为濒危物种，应停止从野外采挖野生肉苁蓉资源，加强对寄主植物的保护，使野生资源恢复。

6. 人参

人参（图 11.6）属多年生草本。根状茎（芦头）结节状；主根粗壮，圆柱形，

图 11.6 野山参（顺庆生摄）

肉质。掌状复叶，小叶常 5 枚。伞形花序顶生。核果浆果状，扁球形，成熟时鲜红色（习称"亮红顶"）。根和根状茎（人参）能大补元气、复脉固脱、补脾益肺、生津养血，安神益智。分布于东北。栽培人参常称为园参，野生人参常称为山参，播种在山林野生状态下自然生长的称为林下山参，习称籽海，广泛栽培于吉林和辽宁。根据《野山参鉴定及分等质量 GB/T 18765-2015》国家标准，播种后，自然生长于深山密林 15 年以上的人参可称之为野山参。野山参作为第三纪子遗植物，一般生长在海拔 1 000~2 000 米的原始高山森林中，世界上出产野山参的国家有中国、俄罗斯和朝鲜三个国家。中国主要是出自吉林长白山脉；俄罗斯主要出自远东地区；朝鲜主要出自中朝边境接壤的长白山脉。

《本草经集注》卷三人参条有记载，"（人参）一名人街，一名鬼盖，一名神草，一名人微，一名土精，一名血参。如人形者有神，生上党山谷及辽东"。宋代苏轼在《小圃五咏·人参》诗中也是这样写道："上党天下脊，辽东真井底。玄泉倾海腴，白露洒天醴。"这里的海腴就是指人参，历代本草的记载都说明人参曾产于上党及辽东，但到了近代以后，由于自然环境的变迁和人类不断的采挖，资源枯竭，上党地区人参早已灭绝，东北目前野山参也越来越少，已被列为国家一级重点保护野生植物。

7. 铁皮石斛

铁皮石斛（图 11.7）兰科石斛属植物，茎直立，圆柱形，不分枝，具多节；叶二列，基部下延为抱茎的鞘，边缘和中肋常带淡紫色；叶鞘常具紫斑。总状花序常从落了叶的老茎上部发出，具 2~3 朵花；萼片和花瓣黄绿色，唇瓣白色，基部具 1 个绿色或黄色的胼胝体；蕊柱黄绿色，先端两侧各具 1 个紫点。花期 3~6 月。茎加工后称"枫斗"（耳环石斛），能益胃生津，滋阴清热。石斛属植物

我国有 78 种，一半以上可入药。由于野生资源日渐减少，被列为国家一级保护。现在我国有许多地方有人工栽培。实际上除了石斛以外，整个兰科植物都是属于保护的对象。

图 11.7　铁皮石斛（顺庆生摄）

三、保护珍稀濒危植物的措施

保护珍稀濒危植物，首先要提高认识，主动知法守法。保护植物资源不但要保护植物的可更新的资源，而且要保护与其密切相关的生态环境和生态系统，以从根本上保护植物的多样性，挽救珍稀濒危的植物物种。

要遵守《国际生物多样性保护公约》，该公约于 1992 年联合国召开的"联合国环境与发展大会"通过，我国是"公约"的缔约国。这个公约是生物多样性保护与持续利用过程的各个方面的国际性公约。

此外还有 1973 年在美国华盛顿签订的《濒危野生植物种国际贸易公约》，我国于 1980 年 6 月 25 日正式加入，成为该公约的成员国之一。只要植物种类是属于珍稀濒危和列入国际贸易公约附录 Ⅰ、Ⅱ、Ⅲ 都要加以特别的关注，就是植物资源保护的对象。

要熟悉并遵守国内相关的植物资源保护法规，如《国家重点保护的野生药材物种名录》共收载药材 76 种，其中药用植物 58 种，在 58 种药用植物中，属于二级保护的 13 种，属于三级保护的 45 种。重要的还有《中华人民共和国森林法》（1984 年 9 月 20 日第六届全国人大常委会第七次会议通过，2000 年 1 月 29 日颁布施行）；《中华人民共和国自然保护法条例》（1994 年 12 月 1 日起施行）；此外还有《国家重点保护植物名录》、《中国植物红皮书》（《国家重点保护植物名录》）、《中国珍稀濒危保护植物名录（第一册）》、《国家重点保护野生植物名录（第一批）》、《中国生物多样性保护行动》、《野生药材资源保护管理条例》等。

珍稀濒危植物资源保护具体又包括就地保护与迁地保护等方法。

1. 就地保护

就地保护是原地保存原来的生态环境下的植物物种与野生植物种类。为了加强保护珍稀濒危野生植物，依法划出一定面积予以特殊保护和管理的区域，原地保存在动植物原来的生态环境条件下的野生植物种类，对珍稀濒危植物种类的保护有其重要的意义。美国建立了世界上第一个自然保护区"黄石公园"

（1872 年），世界上第二个自然保护区是澳大利亚的"皇家国家公园"（1979 年）。我国的自然保护区从 20 世纪 50 年代开始，广东鼎湖山建立第一个自然保护区（1956 年），以保护南亚热带季雨林，福建万木林自然保护区（1957 年），以保护中亚热带常绿阔叶林，云南西双版纳自然保护区（1958 年）以保护热带雨林、季雨林。到 1991 年自然保护区已发展到 708 个，总面积占国土面积的 5.83%，至 2000 年，其数量已超过 1 000 个，总面积已占国土面积的 10% 以上，接近发达国家的水平。

2. 迁地保护

迁地保护就是在植物原产地以外的地方保存和植物种质资源，但最主要的指植物的物种资源。迁地保护包括两类保存方法：一类是以保存野生植物的植物园、树木园或种质圃；另一类是保存种质资源的种子库。

植物园（或树木园）的起源可以追溯到古代的中国和地中海附近的一些国家，目前，全世界有较大的植物园（树木园）1 400 多个，各国的植物园都把收集和保存种质，特别是本地特有、稀有、濒危的种类放到重要的位置。

我国近代植物的发展从 20 世纪 20 年代开始，现在全国植物园总数已超过 100 个，保存了各种高等植物近万种，其中引种的濒危植物占已公布的濒危植物种类的 80% 以上，在这些引种的濒危植物中，药用植物占 30% 左右。从引种栽培的植物类型看，我国的植物园以综合性植物园和树木园为主，还有中草药植物园、沙生植物园、观赏植物园等。

种子资源的种子库也是迁地保存的方法。保存方法通常是将种子放在低温低湿的环境下长期保存，一般为长期保存和中期保存。长期库温度一般是 $-18℃$，中期库温度 $0~10℃$，种子含水量控制在 5%~8%，这种条件只能贮藏正常型种子，顽拗型种子需要用种质圃、组培技术或液氮技术保存。

世界上第一座长期种子库，在美国科罗拉多州柯林斯堡的国家种子贮藏实验室，于 1958 年建成。它是目前世界保存种质材料最多的种子库，入库种子 23 万份。日本种子贮藏室建于 1965 年，入库种子 15 万份。全世界现有种子库 400 多座，其中长期 40 多座，收集保存的植物种质资源总数为 260 万份，估计重复份数占 60%，而实际上是 130 万份，其中 97% 是以种子形式保存的。资源保存较多的国家有美国、前苏联、中国、日本和印度。世界上 13 个农业研究中心有 9 个与种质资源保存有关，保存资源总数 46.5 万份。

我国的种质资源长期保存工作自 20 世纪 80 年代初开始。1978 年成立中国农科院品种资源所，1983 年就建成国家种子 1 号库，1984 年种子开始入库，能容纳25万份种子，现作为交换库使用。1986年国家种子2号库落成并投入使用，是目前世界上容量最大、现代化程度较高的长期库。它除了保存国内种质材料外，还承担全球油菜、大白菜、萝卜和亚洲地区小麦的长期保存任务。国家2号库还在青海省建立了一个复份库，目前入库种子已达150万份。继国家种子库以后，各省、自治区、直辖市也开始建立种子库。建立于1996年的中国科学院西双版纳热带植物园内建立了珍稀濒危特有植物种质资源库，主要任务是收集、保藏和分发我国重要稀有濒危特有植物种质资源。

3. 人工栽培和养殖

植物的野生资源有限，对其进行人工栽培和养殖，就可以减少人们对野生资源的需求，在客观上保护了野生资源。在自然条件下，它的生长过程经常受到环境因素的影响和限制，不能摆脱水分、气候、土壤等条件的制约。此外，还可以利用生物技术，扩大繁殖濒危植物物种和创造转基因的新物种及寻找替代种和代用品。为了保护生物的多样性、保护珍稀濒危种质资源，通过植物之间的亲缘关系，寻找紧缺药材的代用品和新资源，尤其是寻找重点保护的野生植物的代用物种具有重要的意义，这也是一条有效的和值得探索的途径。

12

第十二章 《植物与生命》课题 实践活动拓展及探索

一、实践活动拓展的类别和内容

1. 实践活动拓展的类别

（1）实践活动界定

青少年利用课余、课外时间，一般情况在老师指导下或学生自己设计组织开展的科技、艺术、体育等活动，统称为实践活动。它最大的特征是通过"实践"来体验感受活动的乐趣，习得知识与技能，掌握过程与方法，培养情感态度价值感。实践活动能很好地利用各种资源，不受时间和空间的限制，对课堂基础教育教学的不足进行补充和延伸，是素质教育的有效载体。

（2）本书实践活动拓展的类别

其实实践活动的类别有许许多多，这里所指的实践活动拓展是针对本书各章节内容，有的放矢地进行选择设计的，所以这些拓展活动必定是属于科技范畴植物学科领域的。实践活动可以分为制作与观察类、实验探究类、课题研究类、方案设计类、科学实践类、辩论类、现场竞赛类、综合类等等类别。

2. 实践活动拓展的内容和本书参考章节

为考虑实践活动参考本书各章节内容的方便，所设计的拓展活动也按本书章节先后顺序来向大家呈现。

【第一章 绪论·拓展实践活动】

活动 1. 植物的光合作用实验

目的：理解光合作用发生的场所和产物的判定方法以及其原理，体验生物探究中的科学方法。通过此实验拓展学习养成爱护绿色植物的情感。

提供下列器材和材料：植物天竺葵（也称入蜡红）、黑色卡纸、剪刀、夹子、碘液、CO_2——$Ca(OH)_2$ 溶液或酸碱指示剂、乳酸——pH 试纸、脂肪——苏丹Ⅲ或苏丹Ⅳ染液等，请你选择所需要的，来设计一个实验来证明植物吸收太阳的光能，把水和 CO_2 合成有机物并释放出氧气，并写出实验报告。

活动 2. 生态瓶的制作与观察

目的：先制作后观察理解生态系统的含义，提高保护生态环境的意识。

生态瓶，就是将少量的植物，以这些植物为食的动物和其他非生物物质放入一个密闭的光口瓶中，形成的一个人工模拟的微型生态系统。

选择不同的微型生态系统类型的动植物种类以及不同的数量，通过观察来分析成功与失败的因素。

【第二章　植物的进化·拓展实践活动】

活动 1. 观看植物进化的音像资料片

活动 2. 以小组为学习单位，制作一幅"植物界的进化史"展板（用虚实结合的方法）。并在学校内进行展出，评选出最佳、优秀、优胜奖。

【第三章　丰富多彩的植物多样性】

一、孢子植物的多样性·拓展实践活动

根据本章节各种孢子植物（藻类植物、苔藓植物、蕨类植物）品种特性的介绍，请对自己感兴趣的，选择一至二种孢子植物（目前为止已有学生开展过研究课题除外，如上海市同洲模范学校的"蕨类植物对土壤中砷的吸收作用研究"、上海市吴淞中学的"葫芦藓防止霉变的实验"等。）在网上搜索后排除雷同，拟订设计一个研究课题方案并撰写论文，去参加青少年科技创新大赛的优秀项目成果评选。（具体研究方法也可参照本章第二节课题研究的方法）

二、种子植物多样性 · 拓展实践活动

变性是植物繁育系统普遍存在的一种现象，请课后上网，依靠网络优势等渠道，进一步了解变性现象其中的奥秘。

设计一个具有科学性、可操作性的，利用变性规律调节栽培植物的性别朝着人们期待性别方向发展的课题方案，提供给有关单位参考实施，并积极参与或关注实施结果。

【第四章　园林植物与观赏植物·拓展实践活动】

根据各式各样的园林植物特性，为了提高家庭环境质量，丰富课余生活，积极做一个家庭绿化美化"设计师",共同参与编写《家庭阳台绿化设计方案集》,为上海城市绿化增加绿色百分点出力做贡献。

附: 设计表

家庭阳台绿化设计方案　　　　　　　编号:

设计者	学　校
方案设计名称	
阳台面积	阳台形状（草图）
阳台原有植物品种数量和名称	
要增加的植物品种和数量及理由	

方案设计图解（图文结合）

【第五章　我们身边的园艺植物·拓展实践活动】

我们身边的园艺植物不管是种类繁多的果树、还是形形色色的蔬菜,除少部分依靠营养器官繁殖外,大部分通过种子来进行繁殖的。由于种子种类的各不相同,如果树有仁果类、核果类、浆果类、坚果类;蔬菜有根茎类、叶菜类、花果类、瓜类等,促使种子发芽出土的方法也不同。请根据各种种子的特性,选择果树、蔬菜不同的类别种子来进行发芽探究,并把观察的情况和数据填入下表。

不同种子发芽试验观察记录表

所选植物的名称	种子类别	种子处理的方法	观察情况记录			
			出芽日期	出芽率	芽幼苗长势	备注

【第六章 植物医药·拓展实践活动】

根据本章节所介绍的植物品种药用知识、机理，加上你的网络及有关书籍的查找，合作完成医药植物名录（学习单）相关内容的填写。

医药植物名录

名录制作者：_____　　　　　　完成日期：___年__月__日

植物种名名称	别名	拉丁文	科名	主要产地	药理作用
人参					
金银花					
大黄					
菊花					
灵芝					
黄芪					
冬虫夏草					
……					

【第七章 植物能源·拓展实践活动】

根据植物能源的产生原理，请你设计一张人们开发植物能源的"生态村"蓝图。如在"生态村"里，如何种植？多少规模？使用什么技术来开发利用植物能源？它对生活、社会产生什么积极的意义？各植物之间所开发的能源有何内在的联系？（要求：图文并茂、设计科学、清晰美观）

开发植物能源的"生态村"蓝图

设计者：_____　　　所在学校：_____　　　完成设计日期：_____

【第八章　农作物的多样性·拓展实践活动】

农作物与我们的生活（衣、食、行）休戚相关，特别是"食"。民以食为天，在学习本章内容后，请根据"归纳、演绎"方法，开展以下两个拓展实践活动，并对在学校附近、社区附近的民众进行广泛的宣传。

活动 1. 食用作物"营养成分、营养价值大搜索"

采用归纳法，对谷类、饮料、薯类、油料作物的营养成分和营养价值进行搜索，并将它们印成表格小册子，在全民科学月中，分发给居民做宣传。

活动 2. 烟草危害演绎"秀"

除了本章内容学习外，还可以查找更多的资料，进行补充，以演绎"秀"的形式，如小品、情景剧、实验等，在全民科学月中，给更多的民众做宣传，以劝阻告诫改变吸烟的不良习惯。

【第九章　植物引种驯化和入侵·拓展实践活动】

活动 1. 通过观看 PPT，让我们来认识更多的"外来入侵植物"

活动 2. 现场识别

（按照识别光盘顺序和时间，将每一个你通过学习认识的品种，填入下表）

现场识别"外来入侵植物"表

编号	外来入侵植物名称	编号	外来入侵植物名称
1		14	
2		15	
3		16	
4		17	
5		18	
6		19	
7		20	
8		21	
9		22	
10		23	
11		24	
12		25	
13		……	

活动 3. 清除外来入侵植物

目前对付"外来入侵植物"最直接有效的方法就是人工拔除。请你在自己生活学习的区域内，找到"外来入侵植物"将它们消除，并把有关信息记录下表。

姓名	学校	班级
发现品种名称	数量/株	估计面积/m²
拔除日期	周围其他植物品种名称	
发现地点	请用图与文字描述如下：	

【第十章 转基因植物的生物安全·拓展实践活动】

认真学习并消化第七章内容，在班级内，将同学分成甲、乙两组。甲、乙两组分别挑选 4 人参加辩论，用抽签的形式，决定担当正方或反方。其余同学作为甲、乙两组的支持者和啦啦队。

正方题为：基因植物对于人们生活利大于弊；反方题为：基因植物对于人们生活弊大于利。

辩论规则：

1）队员分工：每方 4 人，均有主辩手、二辩、三辩和四辩。

2）第一阶段为分别陈述，有主辩手作主要陈述，二、三、四辩手作补充陈述，时间各方为 12 分钟（4 人分别为 5、3、2、2 分钟）。

3）第二阶段为自由辩论，先有正方提问，反方回答（时间为 6 分钟），回答方每个辩手均能回答；后有反方提问，正方回答（时间为 6 分钟），回答方每个辩手均能回答。

4）第三阶段为主题小品表演，每队各 3~5 分钟。

5）第四阶段为总结归纳，强调各自观点。时间各 3 分钟。

6）由 3~5 名教师作为评委，对正反双方辩论做好记录和评分。最终评出优胜队、最佳辩手并当场公布评选结果。

【第十一章　珍稀濒危植物·拓展实践活动】

活动 1. 策划设计一个保护珍稀濒危植物的科学实践活动方案

根据本章节内容的学习，关键是要落实在行动上。请以小组为单位，策划设计一个保护珍稀濒危植物资源的科学实践活动方案讨论分析后，挑选其中最优秀的，加以实施，参加每年一届的青少年科技创新大赛科学实践活动的评选，为学校争光。

科学实践活动方案设计条目为：活动主题名称、活动目的、活动方法与过程（活动主要内容、形式、对象、普及面、时间接点等）、活动预期效果、经费预算，并将上述条目内容填入下面的方案设计表。

保护珍稀濒危植物资源的科学实践活动方案设计表

方案设计小组名称：　　　　组长：　　　　组员：

活动主题名称	
活动目的	
活动方法与过程	（内容多，可以增加附页）
预期效果	
经费预算	

二、中小学校园植物分类　科普活动优秀案例介绍

为了便于大家的设计和组织实施，特地选择下面一个优秀科普实践活动设计案例，以及优秀科普实践活动总结报告，供大家参考。

1. 活动参与对象：小学五年级～初中二年级中小学生。

2. 活动适合地区：城镇、农村学校内凡有校园植物（包括木本、草本、藤本）的，均可开展此活动。

3. 活动目的：

① 给校园植物分别标上科学名称，防止张冠李戴，纠正学生在植物分类中模糊、错误概念（如将二球悬铃木误称为"法国梧桐"，将小叶女贞、珊瑚、黄杨等冬天常绿植物统称为"冬青"等）。

② 能扩大学生知识面，帮助他们熟悉掌握一些常见植物的习性、栽培管理措施，通过自己亲自辛勤养护的艰苦性来劝阻不文明的乱采摘花草、乱踏绿化的不良习惯行为，从而推动校园绿化工作正常有序地进行。

③ 通过查阅资料、统计汇编校园植物名录，来培养学生掌握研究生物科学的基本方法。

▲ 活动主要内容：了解植物分类知识，调查校园植物品种资源，采集制作植物蜡叶标本，给植物挂上科学名称，整理编印校园植物名录，参加实践分类知识和识别等竞赛。

▲ 活动特点：大多数学校均有种植的植物，校园内随处可见，节约活动经费，较易推广普及。尽管此活动内容为传统项目，但它能培养学生综合性能力，深受师生和领导欢迎。如组织得法、引导得好，也可在区、县级以上层面普及推广。

▲ 活动组织方法及实施步骤（过程）：

① 宣传发动：校级可召开有关班主任教师会议，区、县级可以召开学校生物或常识科技教师会议，宣传开展活动的意义，统一认识。会后通过黑板报、画廊、广播进行广泛发动，让更多的学生参与。

② 组织落实：请有关教师负责，建立班级、校级植物兴趣小组，辅导学生开展活动。

③ 技术培训：校或区级开设"植物分类知识"讲座，印发有关资料，详细介绍编写植物名录、植物学名牌的具体要求和细则，有条件的还可以请一些专家到校作具体辅导。

④ 活动调查：由教师带领学生在本校内调查各种植物，采集制作标本，整理成校园植物名录印发给每个学生，反复让学生识别。调查中有少数不认识的植物，可与有关植物专家联系，请他们帮助鉴定。

⑤ 核实挂牌：调查活动结束后，请区少科站或有关单位生物教师、专家到校核实，及时纠正错误等，核实无误后，才给所有植物挂上学名牌。

⑥ 竞赛评比：校级由各班派出几名分类成绩较好的学生，区级可由各校派出参赛队到指定地点进行实践分类竞赛，评出若干名"植物分类小专家"，颁发科技活动奖章和奖品。

⑦ 活动所需要器材：标本夹、枝剪、白卡纸、标签纸、白胶、虎钳、铅丝、塑料垫板、打洞机等。

⑧ 参考资料：《常见植物 400 种彩色观察图谱》，上海教育出版社，1990 年 5 月第一版；《花卉园艺》，中国建筑工业出版社，1981 年 11 月第一版；《观赏植物》，上海市少科站编印；《中国花经》，上海文化出版社，1990 年 8 月第一版等。

案例："万童行动献绿草创建生态新宝山"优秀科普实践活动总结报告

活动摘要

活动从 1998 年 4 月开始，至 11 月止，历时 8 月。全区共有 60 余所中小学、幼儿园的 10 833 名学生积极参加了献草、演讲、征文、知识竞赛及植草实验等系列科普活动。

活动分区级献草、校级献草、区级系列竞赛和总结表彰 3 个阶段进行，环环紧扣，有条不紊。

本活动突出以学生为主体，在老师指导下，广泛开展青少年为校园、社区、家乡添绿增色献上"三自草"，旨在培养青少年学生的社会公众意识，使生态环境保护装心中，科技实践见行动，并以此作为宝山区生物与环境活动的突破口，推动生物与环境活动的蓬勃开展。

据不完全统计，全区万名学生向家乡宝山献草 1 446 平方米，参加征文 2 674 人，演讲 1 705 人，知识竞赛 2 243 人，植草实验 144 人，收到了明显的社会效应。《新民晚报》、《青少年科技报》、《青年报》、《上海教育电视台》、《宝钢日报》等十几家新闻媒体对此活动做了及时报道，市环境教育协调委员会、市生物与环境科学实践活动办公室、市花卉科技公司都对此活动给予高度评价，并在 1999 年全市范围内推广"三自草"活动。

1. 选题目的

以中小学生为主体，在老师的指导下，广泛开展红领巾为校园、为社区、为家乡添绿增色献上"三自草"（自己花上有意义的零用钱购置草籽、化肥、泥土；自己动手种植一方方绿草；自己参与管理研究），旨在培养青少年的社会公众意识，结合 STS 教育，争当小主人，使生态环境保护装心中，科技实践见行动。

普及植草知识，开展种植实验，重在参与，把此项大型科普活动作为宝山区第五届生物与环境科学实践活动的突破口，并在活动中去认识观察，勤于发现问题，努力去研究和解决问题，从而推动生物科技活动的蓬勃开展。

了解绿草在整个生态环境中的作用与地位，向学生、教师、家长及社会市民进行游说、演讲的广而告之宣传，真正形成植草、管理、研究、献草、宣传、为社会做实事的青少年系列实践活动。

2. 活动过程

此项大型科普活动从 1998 年 4 月开始，至 11 月止，历时 8 个月，整个过程一环紧扣一环，由区少科站统一部署，统一组织指导，各中小学均有一名少先队大队辅导员负责学校组织工作，有一名科技总辅导员协同生物科技教师（小学为常识科技教师）负责学校活动指导。具体来讲，我们把活动分为 3 个阶段。

第一阶段：区级献草行动（4 月 20 日开始播种、管理，至 6 月 6 日区级献草）

此阶段区少科站对基层中小学负责指导的教师进行培训，待他们实践操作在纸盒内种草技术要领掌握后，每校购买回 20 套材料，包括草籽（品种为美国进口的常绿、特性优美低保养的蒿羊矛，或早熟禾）、花泥、奥扑尔营养液、文字资料及管理记录表，于 4 月 20~28 日前种植并加强植后管理，至 6 月 4 日前对种植的绿草进行最后一次修剪以统一绿草的高度。于 6 月 6 日世界环境日后一天（原定在 6 月 5 日，因是星期五不影响学校正常教学秩序故改在 6 月 6 日），在宝山区最热闹的牡丹江路宝钢文化中心进行隆重的献草仪式。并将活动方案报知上海市环境教育协调委员会，他们认为此活动影响面大，派出市教委体卫艺科处、市教研室、市少科站、市生物与环境科学实践活动办公室领导和专家亲临宝山指导，并将此区级活动纳入市级环境教育活动轨道，拟定了"学校、社区——我们共同的绿色家园"万童献绿草活动策划书，提高了活动规格，更扩大了其社会效应。

6 月 6 日清早，一支支献草队伍、一支支宣传队伍从四面八方汇聚至宝钢文化中心，学生代表宣读了倡议书，650 只气球放飞蓝天，象征着"六·五环境日"的希望。献草的方队、长队接受检阅后，走向宝杨路，由东向西的树底下泥土顿见绿莹莹的长廊。同时进行了各种形式的宣传活动，有"亲亲绿色新宝山"幼儿环保艺术表演、百米长卷画、伞面作画、歌舞等；有"爱我绿色新宝山"小学生竞技游戏；有"建设绿色新宝山"中学生创造表演，以及宝钢月浦绿色社区代表队的宣传。植草宣传活动吸引了众多市民驻足观看，新闻媒体派出的小记者自愿队不但对植草学生进行了采访，而且也加入了植草行列，使活动达到高潮。

第二阶段：校级献草行动（5 月 5 日开始播种、管理，至 6 月 30 日前校级献草）

各校根据学生向校园、新村街道、社区献草面积，到区少科站购买领取材料，于 5 月 5 日第二批种植绿草，并加以管理。利用学校红领巾广播台、黑板报、科技橱窗等宣传阵地进行爱绿护绿宣传，于放暑假前进行校级献草，由于种植献草面积不同，地点不同，时间不同，所以校级献草仪式不作统一规定，由学校根据实际情况自行决定和进行。

第三阶段：区级绿草系列竞赛总结表彰（10 月校级初赛，11 月区级竞赛，12 月表彰）

区级绿草系列竞赛有"我爱绿色新宝山"征文评比；"啊！小草"演讲赛；"绿草知识知多少"竞赛；植草实验研究报告论文评比等。

各校根据本区活动计划，将 4 项竞赛先在班内、校内进行选拔，至 11 月选派一定数量的学生参与区级系列竞赛，活动结束后，由学校填写系统活动和献草统计表，认真做好整个活动小结，上报区少科站。

区少科站根据各校活动普及面、活动质量、重视态度、系列竞赛成绩，表彰先进指导教师和学校活动团体奖。

3. 活动结果

据活动表格资料不完全统计表明，全区有 60 余所中小学、幼儿园的 10 833 名学生积极投入此项活动行列，学生向区级献草 256 平方米，向校园、校区添绿 1 190 平方米，参加校级征文 2 674 篇、演讲 1 705 人、知识竞赛 2 243 人、撰写植草实验报告 144 篇，参加区级征文选拔评比 75 篇、演讲选拔 46 人、知识竞赛选拔 67 人、植草实验报告小论文 17 篇。

通过此项大型科普活动，取得了明显的社会效果。

（1）学生用自己的零用钱，投入到有意义的活动中，直接为自己的家乡宝山献草添绿 1 446 平方米，改变了生态环境，增强了小市民的公众意识和责任心，是一项特殊的社会公益活动，也是一项精神文明建设的典型教育活动。正像有的学生说的那样：奉献我们一份爱，增添宝山一片绿。

（2）学生通过翻阅大量资料，掌握一定的知识，利用各种渠道、阵地积极宣传绿色的含义、绿色的重要性，明白了人类生活质量、人类健康与绿色的关系及人类离不开地球，而地球上如果没有绿色，那么人类也将无法生存的道理。在整个了解、掌握、宣传的过程中，使自己的写作能力、观察能力、演讲能力、表演能力、分析能力、解决问题诸能力都得到了明显的提高。

（3）对保护绿化起了积极的促进作用。不但植了绿，而且还要保护绿，学生们纷纷成立护绿小队，劝阻不文明的毁绿行为，用自己实际行动感化社会公众。正像永清街道一居民看到永清小学学生植草、护草的认真态度时所说的那样：现在的孩子、学校真了不起，我们以后也该为社区绿化出一份力。

（4）在植草过程中，学生在老师指导下，对植草的光照、覆土、湿度、肥料都做了实验研究，并成立了一个个生物兴趣小组，开展各项科学实验活动，写出了一篇篇质量上乘的生物小论文，有力地促进了生物科技活动蓬勃、持久地开展。正像团结路小学的小结中所说的那样：一棵棵小小的绿草，绿了宝山，培养了宝山的下一代。

（5）扩大了社会影响。许多新闻单位如宝山电视台、宝钢电视台、上海教育电视台、《宝山报》、《青少年科技报》、《青年报》、《少年报》、《小学科技》、《宝钢日报》、《生物学教学》、《新民晚报》对此活动都做了及时报道，市环境教育协调委员会、市生物与环境科学实践活动办公室都对此活动给予高度评价，扩大了社会影响面。

4. 收获建议

（1）收获

要使活动获得事半功倍的效果，我们体会是必须做到以下几点：

① 要根据当地的条件，符合青少年学生的年龄结构、兴趣爱好，即活动的可行性。

② 活动的设计一定要放手让青少年学生作为主体，自主地参与科技实践活动，即活动的主体性。有利于在活动中启迪学生科学兴趣，探索科学规律，培养科学精神，萌发科学创造火花。

③ 在组织方法上建立区级、校级、班级领导和指导网络，使活动得以有条不紊地进行，即活动的循序渐进性。

④ 活动还要体现时代特征，强调社会化的 STS 教育，跟上时代发展步伐，即活动的社会时代性。

（2）建议

活动虽然告一段落，我们正在酝酿策划下个阶段的活动，即针对 1998 年夏季我国长江、松花江、嫩江流域所发生的特大洪灾原因进行剖析，如何爱绿护绿建绿、防止水土流失，达到生态平衡，并建议全国各地开展"我们绿色的家园"活动——大力种植世纪之树活动，让植绿护绿与世纪同行。

活动 2. 课题研究

根据本章节各种植物资源利用和保护（药用植物、芳香油植物、油脂植物、纤维植物、淀粉植物、鞣料树脂、色素与其他植物）品种特性的介绍，请对自己感兴趣的，选择一种植物，拟订设计一个研究课题方案并撰写论文，去参加青少年科技创新大赛的优秀项目成果评选。（旁人具体研究过课题目录也可参照

本章第二节怎样进行课题研究的第七方面内容）

三、怎样进行课题研究

1. 什么是科学论文

学生在课外科技活动中，对自然科学或社会科学领域中的某一专题或某一现象进行探索意见，把研究过程中所观察记录的资料，加工整理、综合分析、去伪存真，并提出自己的观点，把上述的工作用文字系统全面地表达出来，这就是科学论文。

科学论文是学生在老师指导下对考察、观察和研究科学现象活动的总结，是科学活动的高级形式。它对学生扩大知识领域、培养能力、发展智力和创造力等方面具有重要的实践意义。

2. 科学论文研究的流程

选题—立项—方案设计—论证—修改—实施—撰写论文—答辩。这个流程中，

选题：是关键，选正和选好了课题，即向研究成功迈出了一大步。

立项：在已选的几个课题中，加以确定其中的一个。

方案设计：是选题后的必需的书面文件和工作步骤（即研究前预先拟订的具体研究内容、研究方法和步骤），是论文课题研究的"蓝本"，它对研究的成败、效果的优劣关系极大。

论证：可以请有关教师和专家把关，让他们提出具体的意见，确保在今后研究中少走弯路。

修改：针对论证意见，对原方案设计进行必要的修改。

实施：是研究的重头戏，要对研究对象从各种变化中进行仔细的观察，特别是从量的角度进行研究，将变化过程予以计量和测量，并将这些数据记录下来，有的还需要拍摄照片、保存必要的实物，这些都是研究的原始材料，必不可少。

撰写论文：是研究课题的最后阶段，用统计学进行分析，得出正确的结论，并用规范化的格式和文字写出科学报告、科学总结或科学论文。

答辩：在宣读论文后，接受评审专家的问辩。

实际上科学论文研究的流程也可用这样的公式来表示：知识积累＋细心观察＋勤于思考＋勇于创新＋亲自实践＝论文成果。

3. 怎样选择课题

首先让我们来消除一般学生中普遍存在的两个错误观点，一是将科学研究看得过高、过难，他们认为科学研究是科学家的事，自己没有能力参加，要等

到大学毕业才有可能。二是将科学研究看成空中楼阁，经常是纸上谈兵，没有将研究成果用到实际中来。

其实青少年在科学研究方面成果是很多的，每年有许多学生在科学论文比赛中获奖就是例子。他们的科学研究成果产生了巨大的社会效果：如推动了政府有关环境保护政策的制定与实施；加深了公众对环境保护问题的思考、理解与探索；促进了身边环境问题的解决。上述例证说明课题选择的重要性，怎样才能科学选题呢？研究课题应该具体，课题不宜过大。

课题来源：身边生活学习中发现或关注的问题，社会热点问题，书本、杂志、网上等渠道看到有关问题还可以研究的或需进一步反思考证的，对某些人一点经验进行实践检验，别人的研究课题未完成的部分，某个问题的不同研究方法、不同研究材料的举一反三实践等。

4. 创造性思维启发

为了帮助大家的选题，我们再来进行这样的思考训练：

（1）思维——我最关心的植物问题是什么？（写出五个）

我所关心的每个植物问题中最令我关注的两个小问题是什么？

我为什么那样关注这样的小问题？

（2）方向——我能不能对我关注的植物问题加以分析讨论？

我究竟对它了解多少？

（3）专题——我对这个植物问题的哪一方面更有兴趣？

我是否有能力开发研究？

社会是否需要这样的研究？

（4）题目——我已经选择的研究专题对自己的能力是否合适？

怎样使这个专题更为具体？

我具体要研究什么？

5. 完成科学论文课题的方法（常用研究方法有三种，即考察法、观察法、**实验法**）

（1）考察法：（也称调查法）就是调查某一区域内的某些物种种类组成、数量和分布上的规律性。如环境保护中抗性植物和指示植物的调查；生物气候现象中的各种动植物随气候变化的调查，等等。

这种研究方法花钱少，不需要复杂的仪器设备，一般的中小学生都可以进行。但指导教师事先应适当辅导，让学生预先掌握一定的植物分类知识，并且事先要订好周密的调查考察计划（即方案设计）。

考察法的操作步骤

① 首先要根据被考察对象的具体情况制定好考察时间。

② 考察地域范围对用考察法的研究来说极为重要，在选题时即应对被考察的地域范围有一个初步的框定。

③ 考察用具、材料须在考察方案中列出清单，并事先准备好，以免在实际操作时顾此失彼，增添不必要的麻烦。

④ 对所有考察数据进行统计、分析，做出结论和建议等。

（2）观察法：对某种物体的个体进行仔细的观察，以了解掌握其生活习性和生长发育的规律性。这种研究方法，被观察的对象必须有一定的数量。因为只对一个个体进行观察，其偶然性的因素会影响研究的结论。有时还要进行重复的观察，多设几个观察点同时进行研究，以得出科学的结论。在观察的同时，应随时注意收集实物资料，则效果更好、证据更充分。

观察法的操作步骤

① 明确观察目的、内容和范围。观察人员在观察前要做到心中有数，观察有的放矢。

② 调查了解。对被观察对象的情况作简略调查，便于掌握基本情况，有利于正确计划整个观察过程。

③ 制订观察计划。根据观察目的、内容和要求订出观察的步骤，计划出如何进行整个观察的过程。

④ 物质准备。如制定记录表格、记录符号和准备观察仪器等。

⑤ 选择最佳观察位置，尽可能不影响观察对象的正常活动，在自然状态下，按原计划进行有目的的观察。

⑥ 在观察过程中对各种现象应及时记录，一般记录在预先准备好的表格上。

⑦ 对观察记录和表格进行汇总、统计、分析，得出观察结果。

考察法和观察法一般是在不改变物体的环境条件下进行的研究方法，而实验法则不同。

（3）实验法：是在人为改变某个环境因素的条件下，观察在某一特定环境下，环境对其产生的影响，找出其中带有规律性研究成果来。

实验法要注意对照的科学性。在研究过程中，除了一个条件不同、其他条件都要求尽量一致，以避免其他因素影响了实验。实验法研究的对象，其数量（样本数）也要有一定的量。

实验法的操作步骤

① 根据研究课题的目的要求，提出一个因果关系的假设。

② 从这一假设出发经过抽样法，选择实验对象，决定实验研究的组织形式。

③ 对实验组实施实验研究，即施加自变量的影响，控制组施加常规措施。

④ 准备实验用具，包括仪器、药品、统一的记录表格等。

⑤ 对实验材料经过整理、统计后对结果进行比较；

⑥ 验证假设，对开始时的假设做出肯定或否定的结论。

不管是考察法、观察法还是实验法都要对研究对象从各种变化中进行仔细的观察，特别是从量的角度进行研究，将变化过程予以计量和测量，并将这些数据记录下来，用统计学分析，得出正确的结论。

在实际研究中，这 3 种方法不是截然分开的，而常常以某种方法为主，兼有其他方法。选用哪一种方法为主要研究手段，要依课题的内容、性质来决定。

6. 方案设计个案介绍

（1）蚌埠市郊野菜资源调查

① 研究目的

野草是人类可食的在自然条件下生长繁殖的一类植物，无农药污染、风味独特、营养保健功能强，越来越受到人们的喜爱，市场需求逐年增长。为此，我们利用节假日上山下乡走访集市，对它进行调查，想通过自己的调查研究，更多地了解菜篮里的这个新宠儿，为我市菜篮子工程建设广积资料、献计献策。

② 研究方法

调查点：蚌埠市郊面积 416 平方公里，300 多个自然村，我们按梅花形取样，选择 5 个位于山坡、湖滨、河岸、平原、洼地，具有森林、草地、灌丛、农田和水生植被的自然村为调查点，使调查结果具有地区代表性。

采访对象：选择对蚌埠地区野菜种类、分布、采集期、食用方法、野菜家植化、生态环境营养保健价值、市场需求最为了解的老农、家庭主妇、中医世家和菜贩子。

调查时间：根据蚌埠气候、季节和野菜的物候期，我们将在春季调查 7 次，在夏秋季各 2 次。

调查活动的程序编排：采访—野菜形体和生态环境观察—采集—烹调—试食—鉴定—拍照—标本压制—编制蚌埠地区野菜《名录》—撰写小论文。

（2）常绿树种抗 SO_2 特性的研究

① 研究目的

SO_2 是我国工矿城市最主要的大气污染物之一。开展此课题研究是为了选择抗 SO_2 常绿树种在 SO_2 大气污染物严重的地区种植，来保护环境。

② 研究材料与方法

调查地区的选择：在 SO_2 大气污染物较重的和较轻的地区选择两个点作为调查点。

调查树种的选择：在两个调查点选择几种常绿树种（如常绿阔叶树、常绿灌木、常绿针叶树）作为调查树种。

两地被选择的调查树种长势和受害程度的测定（并做出抗性分析）

两地被选择的调查树种叶片含量的测定（将两地被选择的调查树种各选 3~5 棵，在每棵树的中部按东南西北 4 个方向采集树叶，用蒸馏水清洗，以 60~80℃ 的温度烘干，粉碎后过 60 目筛子筛选，制成分析样品，用自动测硫仪进行树叶含 S 量的精确测定，做出比较。

7. 植物学科他人已经研究过及获奖的课题部分目录参考

市场内食用菌含铅量的测定与对策研究；

红心甜芦粟中细菌类群的研究；

无患子天然洗涤剂的清污力测试对环境影响的探究；

红叶石楠是否通过叶绿素特征的改变来适应夜间照明；

用黄花蒿植物汁液防止"菜青虫"的研究；

常绿树种抗 SO_2 特性的研究；

使大阪松、黑松树桩水培成活的新方法探究；

"松针叶可以保鲜防止橘子霉变"的研究；

红花酢浆草"记忆行为"的发现与探索；

常春藤和爬山虎植物在同一块地上种植先后或同时栽培方法比较研究；

人参果引种的尝试；

学校水族馆部分水生植物水质净化的影响；

非洲菊组培苗生根方法改进探究；

古树后续资源的调查与建议；

铁棍山药的组织培养及快速繁殖；

园林植物扶芳藤低温胁迫研究；

生物抑制剂对水葫芦超氧化物歧化酶的影响；

三角梅品种遗传关系及其杂色原因的初探；

巴豆等 8 种有毒植物活性成分的提取和毒杀柑橘全爪螨试验；

杨柳科植物叶的解剖特征；

SO_2 对几种绿化及观赏植物生理因子影响的实验；

芦荟试管苗生根壮苗新法研究；

关于薇甘菊植株激素活性及其应用的研究；

紫茎泽兰对蕨类植物金毛狗化感作用的研究；

果品适宜储藏温度简易判定法；

利用体细胞变异筛选玉米耐盐突变体的研究；

芦荟抗紫外线辐射机理的研究；

不同管理方式对羊草种群生物量的影响；

菊花组织培养技术初探；

特耐阴植物——野扇花的引种栽培实验；

竹子离体繁殖及开花诱导技术初探；

植物柚果皮对油漆毒性的吸附作用的研究；

西兰花和黄瓜轮作对黄瓜枯萎病及其生长和产量的影响；

夹竹桃叶提取液杀虫效果的探究；

威灵仙药材野生转家种试验研究；

秋茄生长对赤潮影响的实验研究；

新疆野生沙葱生长现状及与栽培种的繁殖比较；

马齿苋的抑菌性能观察及其防腐效果实验；

选育优质抗流胶病水蜜桃树种的实践与探索；

刺五茄叶提取物的优化及抗疲劳作用研究；

改善盐碱地局部环境提高银杏苗成活率技术研究；

某地区矮桦（*Betula nana L*）形态解剖学特征及其环境适应性；

水培黄瓜在不同时期对大量元素的动态研究及其品质对比；

一种高效节能提取蓝莓果渣中花青素的方法及其抗氧化活性研究；

……

8. 怎样撰写科学论文

（1）论文撰写的要素与格式

科学小论文是学生科学研究的总结，而不是文学作品。小论文有其特有的规范性，它包括若干内容及层次：

①论文题目 ②摘要 ③引言，也称研究目的 ④材料和研究方法 ⑤结果 ⑥讨论 ⑦参考文献。

上述摘要和参考文献两项可以由作者自己决定是否省略外，其余几个组成部分都是必须具备，不可缺少的。

（2）怎样来撰写

论文撰写的步骤

① 确定题目

论文的题目应符合以下要求，

首先要新颖，即科学论文题目要有新意，对读者既有吸引力，又有阅读价值，还能促进研究工作的进一步深入。

其次要准确，即题目要能准确反映科学论文的内容。

第三要简短，即论文题目要简短明了，让读者一看论文题目就明白作者所研究和论述的问题。

② 草拟提纲

草拟提纲时应考虑：

首先安排好科学论文的基本框架及合理配置框架的各个部分。

其次，选择突出的最有价值的论点和论据，并根据报告的内容，选取典型的材料（图表、照片等）。

第三，安排好科学论文的篇幅，如全文的字数，以及各部分约占多少字。

③ 撰写初稿

初稿撰写时，

首先注意提出论点、界定概念、进行推论要体现科学性。

其次，注意论点明确、论据确凿，论述应具有严密的逻辑性。

第三，注意数据与文字表述的有机结合。

④ 修改定稿

论文的修改定稿大致可以从以下三方面看手。

首先是修改内容。修改前应进一步查阅文献，看一下引文是否全面、客观、恰当；理论建构是否正确；方法使用是否得当，数据处理是否客观；研究结果是否新颖、一目了然，分析讨论是否深刻。

其次是修改结构。从文章结构的角度进行修改，总体布局如何，层次结构是否清晰、合理，详略是否得当。

第三是修改语言。仔细检查全文用词是否恰切，句法是否有误，尽量删繁就简，用科学、准确的语言表达研究成果。通常科学论文经多次修改后才能定稿。

9. 论文评选标准（"三自"和"三性"原则）

（1）三自

① 自己选题。选题必须是作者本人发现、提出的。

② 自己设计和研究。设计中的创造性贡献，必须是作者本人构思、完成的。主要论点的论据必须是作者通过观察、考察、实验等研究手段亲自获得的。

③ 自己撰写。论文必须是作者本人撰写的。

（2）三性

① 科学性。包括选题与成果的科学技术意义；技术方案的合理性；研究方法的正确性、科学理论的可靠性、选题与结论科学意义的合理性。

② 先进性。包括新颖程度、先进程度、难易程度（指该项研究论文的选题、立意有创意，有现实意义。研究结论所具有的科学价值和学术水平）。

③ 实用性。指该项研究论文的适应与影响范围、应用与推广前景。

10. 研究成果的交流——答辩

青少年的课题论文完成后，就要根据科学论文的内容进行答辩准备。青少年论文答辩的实质是一种科学交流。只有科研水平加上科学交流能力，才能构成对一个科学工作者的完整评价。青少年的研究成果应该予以开发和推广，使其成果的潜在价值转化为现实价值，尤其是应用性较强的研究成果，更具推广价值。

课题研究论文答辩是一门科学交流的艺术，是体现青少年综合素质的一个方面，也是青少年课题研究的最后一个环节。在科学交流中同样存在着规范与科学精神等问题，因此答辩这个环节掌握的好坏，往往直接影响到整个课题研究成果的展示。

为了培养青少年将来能从事正规的科学研究，以及顺利通过科学论文的答辩，在研究他们的答辩技巧时就要站在正规的科学论文宣读和答辩要求的高度，不能停留在一般青少年演讲活动的水平上。科技辅导员应当学习、了解和熟悉青少年科学论文答辩的基本规则，并事先对青少年进行答辩技巧等相关训练。

青少年在参加论文答辩时，除了把握好时间外，还特别要注意掌握论文答辩的语言技巧。

（1）组织语言介绍内容的技巧

首先要开宗明义。把最重要的事情放在最前面讲，要讲得非常明确，一言以蔽之。然后再展开细节。

其次要朴实无华。是什么说什么，有什么说什么。不要用过分的形容词，尽量不用修饰词。

第三，以数据说话。用数据来说明事实，使人感到可信。当数据量很大的时候，可以做成直观的图表，将数据进行加工整理，直观表达。第四，要言之有据。

要从正确性、继承性与创新性、实用性和先进性等方面使评委能够理解和接受。第五，要留有余地。不要拔高，不要扩大范围，拔得越高风险越大。特别对于"创新性"的提法要留有余地，说得太绝对会引发别人的质疑。

（2）语言速度的掌握

青少年在进行论文答辩时，语言交流必须使用标准普通话。宣读速度以每秒 3 个字为宜。